"十四五"高等职业教育计算机类专业新形态一体化系列教材

高级路由与交换技术项目化教程

罗定福　王玉贤　崔　炜◎主　编
刘文洁　庄海晶　邓　勇　刘邦桂◎副主编

中国铁道出版社有限公司
CHINA RAILWAY PUBLISHING HOUSE CO., LTD.

内 容 简 介

本书是“十四五”高等职业教育计算机类专业新形态一体化系列教材之一，基于网络技术发展趋势和新时代对网络技术人才的需求而编写。全书内容以企业实际网络应用案例为载体，以企业网络中涉及的网络技术为核心，以“职业岗位—学习领域—项目任务”为主线，以锐捷等主流国产网络设备为操作平台，与企业共同设计了11个不同网络的组建项目，包括中小型基础企业网络、高可靠型网络、极简型网络、安全型企业网络、易管理型企业网络、双核心三层架构企业网络、多出口灵活选路企业网络、大型企业网络、IPv6企业网络、总分型企业网络、多厂商融合企业网络。此外本书设有学习性工作任务，以便于实践操作。

本书适合作为高等职业院校计算机网络技术、信息安全技术应用等专业的教材，还可作为参加网络认证考试的读者及网络爱好者的参考书。

图书在版编目（CIP）数据

高级路由与交换技术项目化教程 / 罗定福，王玉贤，崔炜主编. -- 北京 : 中国铁道出版社有限公司，2024. 8. -- （“十四五”高等职业教育计算机类专业新形态一体化系列教材）. -- ISBN 978-7-113-31342-5

Ⅰ. TN915. 05

中国国家版本馆CIP数据核字第2024J5B531号

书　　名：高级路由与交换技术项目化教程
作　　者：罗定福　王玉贤　崔炜

策　　划：唐　旭　　　　**编辑部电话**：（010）51873202
责任编辑：刘丽丽
封面设计：刘　颖
责任校对：安海燕
责任印制：樊启鹏

出版发行：中国铁道出版社有限公司（100054，北京市西城区右安门西街8号）
网　　址：https://www.tdpress.com/51eds/
印　　刷：北京联兴盛业印刷股份有限公司
版　　次：2024年8月第1版　2024年8月第1次印刷
开　　本：850 mm×1 168 mm　1/16　**印张**：13.75　**字数**：308千
书　　号：ISBN 978-7-113-31342-5
定　　价：59.80元

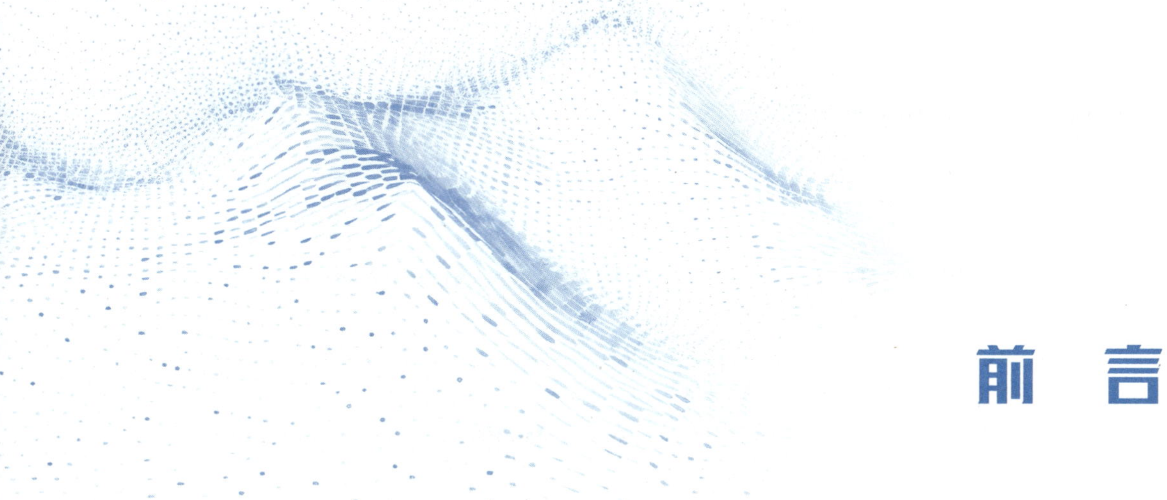

前 言

随着信息技术的迅猛发展和大数据时代的全面到来，国家大力推进“互联网+”战略，信息化和网络化已成为经济发展的重要引擎。网络技术已经成为社会经济发展的重要推动力。网络基础设施的建设和优化是国家信息化战略的重要组成部分，也是各行各业数字化转型的关键支撑。网络设备优化和路由技术应用成为企业信息化建设的核心内容。

在这样的发展形势下，社会对网络技术人才的需求不断增加，特别是在大数据、云计算、物联网等新兴技术领域，网络技术人才的作用愈发重要。

“高级路由与交换技术”和“网络设备调优”等课程是广东松山职业技术学院建设的广东省高水平专业群——“大数据技术”专业群的核心课程。本书的编写源于广东省专业教学资源库课程的开发需求，旨在为这些核心课程提供高质量的教学资源。本书通过系统地讲解高级路由与交换技术和网络设备调优的相关知识和技能，不仅可以满足学校教学的需要，也可用于相关证书认证考试。

本书以锐捷等主流国产网络设备为操作平台，以企业实际网络应用案例为载体，以企业网络中涉及的网络技术为核心，以“职业岗位—学习领域—项目任务”为主线，与企业共同设计了11个不同网络的组建项目，包括中小型基础企业网络、高可靠型网络、极简型网络、安全型企业网络、易管理型企业网络、双核心三层架构企业网络、多出口灵活选路企业网络、大型企业网络、IPv6企业网络、总分型企业网络、多厂商融合企业网络。

本书采用项目化编写体例，每个项目都是先介绍项目目标，包括知识目标、技能目标、素养目标等；再接收任务，包括任务导学、前期知识回顾、项目知识学习等；再进一步完成该项目的各任务，包括项目需求分析、项目规划设计、项目实施、项目联调测试等；最后是单元测试。项目的编写架构如下图所示。

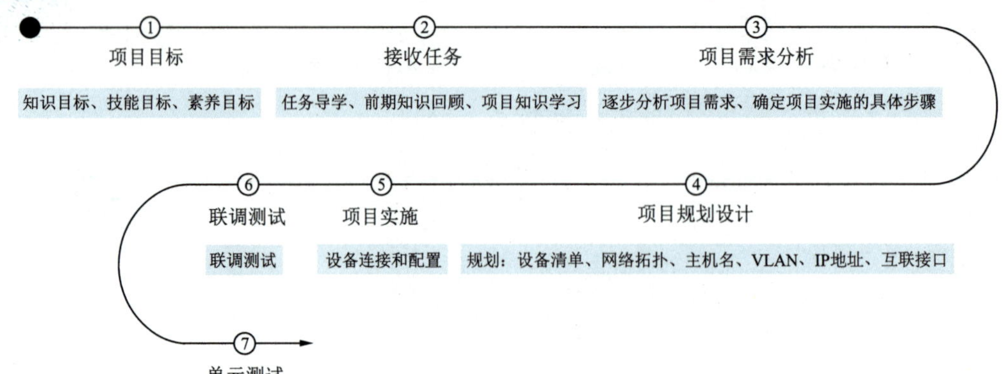

本书具有以下特色：

（1）系统性：本书详细而系统地讲解了高级路由与交换技术，内容涉及 VSU、OSPF、BGP、IPv6、VPN 等。

（2）实践性：本书从计算机网络的行业需求和实战应用角度出发，通过 11 个项目，对完整的项目实施工作流程进行实战演练，有利于综合提升学习者的岗位技能和操作水平。

（3）校企合作：本书编者团队有学校教师和企业工程师。教师针对岗位特点提出需要掌握的技能知识，并做好相关知识点的提炼；工程师根据岗位的要求提供相关实践资料。双方共同编写提纲、案例内容，达到既能符合学校教育要求，又能反映企业岗位特征及技术的特点。本书作为高水平专业群课岗融合项目成果，将企业、行业、学校、学生四方引入，产教深度融合，具有一定的开拓性和创新性。

（4）考证价值：本书的知识点基本涵盖了中锐 1+X 认证、锐捷 RCNP 认证、华为网络工程师认证等。学习本书有助于通过认证考试。

（5）配套资料丰富：本书配套完整 PPT、电子讲义、教学及操作视频，还包括教案、课程标准、教学日历、考试大纲等完整的教学材料。

（6）多平台开发：本书以锐捷命令为主，还包括华为等国产主流厂商命令。

本书共 11 个项目，知识大纲及相关教学建议如下：

项 目 名 称	主 要 内 容	学时数
项目 1　组建中小型基础企业网络	1. 中小型网络设计结构 2. 搭建网络环境 3. 配置基础网络	4
项目 2　组建高可靠型网络	1. 多生成树协议 2. 生成树辅助功能 3. 虚拟网关冗余协议	8

续表

项 目 名 称	主 要 内 容	学时数
项目 3　组建极简型网络	1. 交换机虚拟化 2. 双主机检测机制 3. 链路检测协议	4
项目 4　组建安全型企业网络	1. 端口安全 2. 动态主机配置协议监听功能 3. 互联网协议源防护 4. 地址解析协议检测 5. 快速链路检测协议 6.CPU 保护协议	8
项目 5　组建易管理型企业网络	1. 日志功能 2. 安全外壳协议 3. 简单网络管理协议 4. 端口镜像	4
项目 6　组建双核心三层架构企业网络	1. 多区域最短路径优先协议 2. 路由重发布 3. 路由策略 4. 特殊优化	8
项目 7　组建多出口灵活选路企业网络	1. 浮动静态路由 2. 策略路由	4
项目 8　组建大型企业网络	1. 边界网关协议基本概念 2. 边界网关协议基本配置 3. 边界网关协议路由属性	4
项目 9　组建 IPv6 企业网络	1. IPv6 的地址获取方式 2. IPv6 基本协议 3. IPv6 的路由协议的配置 4. 隧道技术	8
项目 10　组建总分型企业网络	1. 虚拟专用网络基础知识 2. 通用路由封装隧道 3. 二层传输协议和安全套接层虚拟专用网络 4. 互联网协议安全虚拟专用网络	8
项目 11　组建多厂商融合企业网络	1. 华为设备配置 2. 使用华为设备组建网络	4
学 时 合 计		64

本书由罗定福、王玉贤、崔炜任主编，刘文洁、庄海晶、邓勇、刘邦桂任副主编，参与编写工作的还有郝颖、徐定强、曹光忠、程彩凤、黄焕冲、杨文国、叶润发、张小亮、王芸、徐文义、李超、王斌、姚远、叶青、劳玉婷。本书配套的教学资源，均已上传至职教云平台和中国铁道出版社教育资源数字化平台（https://www.tdpress.com/51eds）。

由于编者水平有限，书中难免有不足之处，欢迎读者对本书提出宝贵意见和建议。

编者

2024 年 5 月

附：扫描下方二维码了解“高级路由与交换技术”课程详情。

课程概述

目录

项目 1

组建中小型基础企业网络

所谓“九层之台，起于累土；千里之行，始于足下”。任何一件事、一项工作的成功都在于由小到大、由少到多地逐步积累。万丈高楼平地起，基础决定一切。基础是成功的关键，只有稳固的基础才能承载更大的重量。

本项目通过组建中小型基础企业网络，带领读者回顾一下计算机网络的基础知识，为后续组建大中型企业网络的项目做好准备。

项目目标

知识目标

- 掌握 VLAN 的部署方法。
- 掌握 VLAN 间路由的部署方法。
- 掌握静态路由的部署方法。
- 掌握 NAT 的部署方法。

技能目标

- 掌握拓扑结构设计的方法。
- 掌握划分子网的方法。
- 掌握网络设备配置的方法。
- 掌握文档编写配置的方法。

素养目标

- 激发学生学习兴趣，快乐学习。
- 培养学生自主探究应用知识的能力。
- 培养学生积极交流的团队合作意识。
- 让学生体验到在一件事中基础的重要性。

接收任务

任务导学

五星公司位于广东省韶关市，公司需要建立企业网络。目前，公司有市场部、财务部、工程部、行政部四个部门，每个部门人数在 10 人以内。目前公司已经申请了一根出口线路，公网地址为 200.1.100.0/30，运营商端使用 200.1.100.2。由于用户数量较少，因此公司决定组建中小型基础企业网络。

想了解更多详情，请自行扫码观看视频。

项目1

公司安排工程师小王完成本项目。小王与客户沟通后了解到本项目的需求如下：

（1）本项目本着节约的原则，采用单核心结构，并且省略汇聚层交换机。

（2）能够实现内外网的互联互通。

（3）全网采用静态路由。

（4）实现设备远程管理，所有用户名和密码都设置为 woaizuguo。

前期知识回顾

在开始本项目前，小王需要回顾一下之前学习过的知识，请扫描下方的二维码观看相关知识的讲解视频进行学习。

（1）如何访问锐捷交换机？

（2）CLI 命令行界面是什么样的？

（3）什么是设备主机名和接口描述？

（4）二层交换机是如何工作的？
（5）交换机有哪些常用运行管理命令？
（6）什么是 VLAN？
（7）在锐捷交换机上，VLAN 帧的封装标准是什么？
（8）VLAN 如何配置？

任务 1　组建中小型基础企业网络需求分析

所谓需求分析，就是为本项目的每个需求逐一找到对应的实现方法。

工作过程 1：逐步分析项目需求

根据上述项目需求逐条进行分析，过程如下：

需求如下：

（1）本项目本着节约的原则，采用单核心结构并且省略汇聚层交换机。

实现方法如下：

➢ 本项目的网络拓扑为单核心网络，接入交换机直接连接核心交换机。

需求如下：

（2）能够实现内外网的互联互通。

（3）全网采用静态路由。

实现方法如下：

➢ 在全网设备配置基本信息。
➢ 在核心层及接入层配置 VLAN 及 SVI。
➢ 在出口及核心层配置静态路由。
➢ 出口设备配置 NAT。

需求如下：

（4）实现设备远程管理，所有用户名和密码都设置为 woaizuguo。

实现方法如下：

➢ 在全网设备配置 Telnet 功能。

工作过程 2：确定项目实施的具体步骤

想了解更多详情，请自行扫码观看知识讲解视频。

视频1.1

将以上需求分析进行整合，可知项目实施步骤如下：

（1）配置设备基本信息。

（2）配置 VLAN 及 IP 地址（含 SVI）。

（3）配置静态路由。

（4）配置 NAT。

（5）配置设备远程登录。

配置完成后，还需进行项目联调与测试。

任务 2　组建中小型基础企业网络规划设计

将以上需求分析及实现方法进行整合，可知项目实施工作过程如下：

- 规划设备清单。
- 规划网络拓扑。
- 规划设备主机名。
- 规划 VLAN。
- 规划 IP 地址。
- 规划设备互联接口。

下面将按照这个过程，为本项目进行规划设计。

工作过程 1：规划设备清单

本项目设备清单见表 1-1。

表 1-1　设备清单

序号	类型	设备	厂商	型号	数量	备注
1	硬件	二层接入交换机	锐捷	RG-S2910-24GT4XS-E	2 台	接入交换机
2	硬件	三层接入交换机	锐捷	RG-5310-24GT4XS	1 台	核心交换机
3	硬件	出口路由器	锐捷	RG-RSR20-X	1 台	出口设备
4	硬件	双绞线	—	—	若干米	—
5	硬件	计算机	—	—	3 台	配置设备及测试用
6	软件	SecureCRT	—	6.5 版本及以上	1 套	配置设备用

工作过程 2：规划网络拓扑

该项目的网络拓扑图如图 1-1 所示。

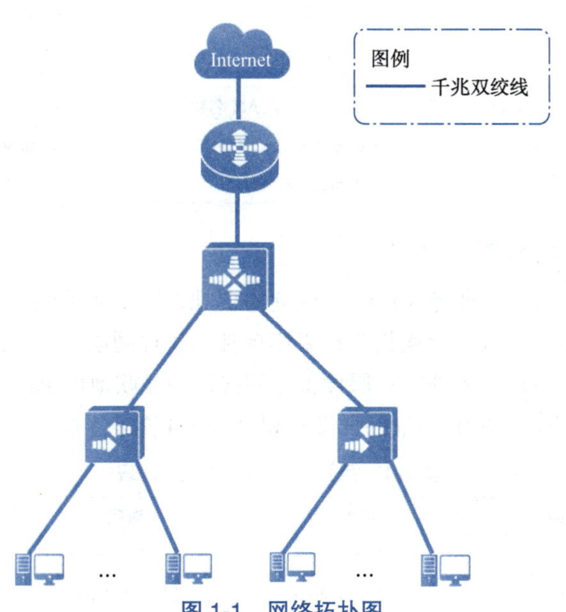

图 1-1　网络拓扑图

工作过程 3：规划设备主机名

设备名称用于标识一台设备的名字，在实际应用过程中可以根据需求进行命名。项目中合理地对设备进行命名，可以便于对设备进行维护和管理。该项目中网络设备命名规范为：AA-BB-CC-DD。其中：

- AA：表示设备的物理位置。WX 表示五星公司。
- BB：表示设备的角色。JR 为接入交换机，HX 为核心交换机，CK 为出口设备。
- CC：表示设备型号，具体可参见设备清单。
- DD：表示设备序号，如 01、02 等。

表 1-2 所示为本项目所有设备的命名。

表 1-2　设备主机名表

序号	设备型号	设备主机名	备注
1	RG-S2910-24GT4XS-E	WX-JR-S2910-01	接入交换机 1
2	RG-S2910-24GT4XS-E	WX-JR-S2910-02	接入交换机 2
3	RG-5310-24GT4XS	WX-HX-S5310-01	核心交换机
4	RG-RSR20-X	WX-CK-RSR20-01	出口设备

工作过程 4：规划 VLAN

本项目为各部门的用户及接入交换机管理业务各自分配了 VLAN。VLAN 的规划信息见表 1-3。

表 1-3　VLAN 规划表

序号	VLAN ID	VLAN 名称	备注
1	10	ShiChangBu_VLAN	市场部 VLAN
2	20	CaiWuBu_VLAN	财务部 VLAN
3	30	GongChengBu_VLAN	工程部 VLAN

续表

序号	VLAN ID	VLAN 名称	备注
4	40	XingZhengBu_VLAN	行政部 VLAN
5	100	Manage_VLAN	二层设备管理 VLAN

工作过程 5：规划 IP 地址

四个部门总共有四个业务 VLAN，因此需要规划四个业务网段，同时还要规划接入交换机的管理地址。接入交换机管理采用单独的管理网段，业务地址及管理地址的网关都位于核心交换机。另外，三层设备之间接口的互联地址也需要规划。

综上所述，本项目中 IP 地址的详细规划见表 1-4 至表 1-6。

表 1-4　用户业务 IP 地址规划表

序号	区域	IP 地址	掩码	网关
1	市场部	192.168.10.0	255.255.255.0	192.168.10.254
2	财务部	192.168.20.0	255.255.255.0	192.168.20.254
3	工程部	192.168.30.0	255.255.255.0	192.168.30.254
4	行政部	192.168.40.0	255.255.255.0	192.168.40.254

表 1-5　接入交换机管理地址规划表

序号	设备名称	管理接口	IP 地址	掩码	网关
1	WX-JR-S2910-01	SVI100	192.168.100.1	255.255.255.0	192.168.100.254
2	WX-JR-S2910-02	SVI100	192.168.100.2	255.255.255.0	192.168.100.254
3	WX-HX-S5310-01	SVI100	192.168.100.254	255.255.255.0	—

表 1-6　设备互联 IP 地址规划表

序号	本端设备名称	本端 IP 地址	对端设备名称	对端 IP 地址
1	WX-HX-S5310-01	192.168.255.1/30	WX-CK-RSR20-01	192.168.255.2/30
2	WX-CK-RSR20-01	200.1.100.1/30	ISP	200.1.100.2/30

需要说明的是，本项目是有 ISP 线路的。但如果没有 ISP 线路，可用一台路由器或三层交换机来模拟 ISP。这里使用路由器，Loopback 0 配置 IP 地址 12.34.56.78/32。

工作过程 6：规划设备互联接口

该项目中，网络设备之间的互联接口规划的规范为：Con_To_ 对端设备名称 _ 对端接口名，具体规划见表 1-7。

表 1-7　设备互联接口规划表

本端设备	接口	接口描述	对端设备	接口	接口描述
WX-CK-RSR20-01	Gi0/0	Con_To_WX-HX-S5310-01_Gi0/3	WX-HX-S5310-01	Gi0/3	Con_To_WX-CK-RSR20-01_Gi0/0
	Gi0/1	Con_To_ISP	ISP	—	Gi0/1
WX-HX-S5310-01	Gi0/1	Con_To_WX-JR-S2910-01_Gi0/1	WX-JR-S2910-01	Gi0/1	Con_To_WX-HX-S5310-01_Gi0/1
	Gi0/2	Con_To_WX-JR-S2910-02_Gi0/1	WX-JR-S2910-02	Gi0/1	Con_To_WX-HX-S5310-01_Gi0/2

为了方便接下来的项目实施，在图 1-1 所示网络拓扑图的基础上进行细化，将主机名称、IP 地址、VLAN、接口编号等信息标注在网络拓扑图中，得到该项目详细的网络拓扑图，如图 1-2 所示。

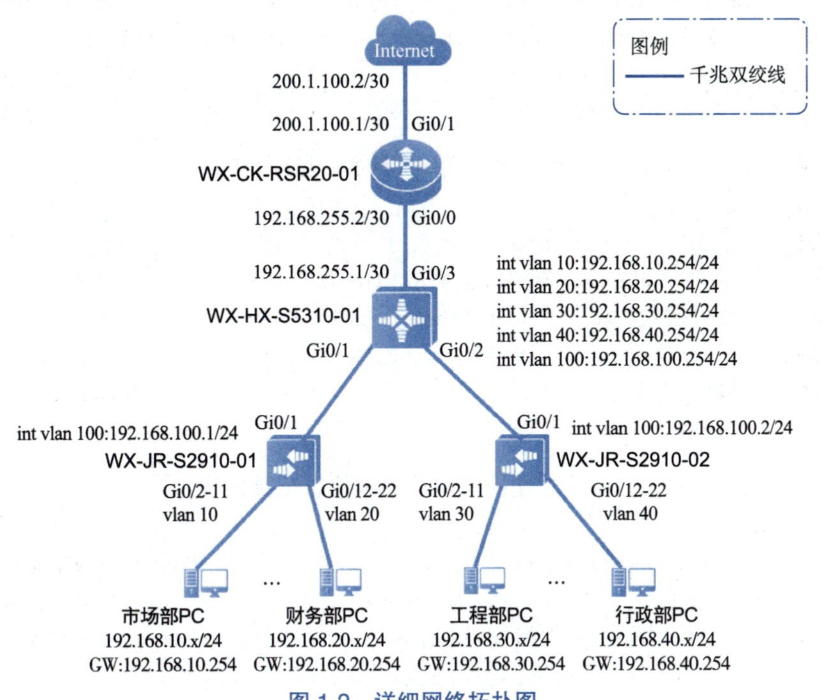

图 1-2　详细网络拓扑图

想了解更多详情，请自行扫码观看知识讲解视频。

视频1.2

任务 3　组建中小型基础企业网络项目实施

工作过程 1：按照拓扑连接设备

1. 任务目标

按照图 1-2 所示详细网络拓扑图，用双绞线连接本项目的设备。

2. 具体操作

这里的操作是物理连接，按照表 1-7 所示设备互联接口规划表进行连线。由于篇幅有限，这里不再赘述。

工作过程 2：设备基本信息

1. 任务目标

在开始功能性配置之前，先完成前期规划表中涉及的所有网络设备的基本配置，包括主机名、端口描述等。

2. 具体操作

➢ WX-JR-S2910-01（接入交换机 1）的基本信息配置如下：

```
    Ruijie>enable                                              //进入特权模式
    Ruijie#configure terminal                                  //进入全局配置模式
    Ruijie(config)#hostname WX-JR-S2910-01                     //配置主机名
    WX-JR-S2910-01(config)#interface gigabitethernet 0/1 //进入接口配置模式
    WX-JR-S2910-01(config-if-GigabitEthernet 0/1)#description Con_To_WX-
HX-S5310-01_Gi0/1                                              //配置接口描述
    WX-JR-S2910-01(config-if-GigabitEthernet 0/1)#exit//返回全局配置模式
```

➢ WX-JR-S2910-02（接入交换机 2）的基本信息配置如下：

```
    Ruijie>enable                                              //进入特权模式
    Ruijie#configure terminal                                  //进入全局配置模式
    Ruijie(config)#hostname WX-JR-S2910-02                     //配置主机名
    WX-JR-S2910-02(config)#interface gigabitethernet 0/1 //进入接口配置模式
    WX-JR-S2910-02(config-if-GigabitEthernet 0/1)#description Con_To_
WX-HX-S5310-01_Gi0/2                                           //配置接口描述
    WX-JR-S2910-02(config-if-GigabitEthernet 0/1)#exit//返回全局配置模式
```

➢ WX-HX-S5310-01（核心交换机）的基本信息配置如下：

```
    Ruijie>enable                                              //进入特权模式
    Ruijie#configure terminal                                  //进入全局配置模式
    Ruijie(config)#hostname WX-HX-S5310-01                     //配置主机名
    WX-HX-S5310-01(config)#interface gigabitethernet 0/1 //进入接口配置模式
    WX-HX-S5310-01(config-if-GigabitEthernet 0/1)#description Con_To_
WX-JR-S2910-01_Gi0/1                                           //配置接口描述
    WX-HX-S5310-01(config-if-GigabitEthernet 0/1)#exit//返回全局配置模式
    WX-HX-S5310-01(config)#interface gigabitethernet 0/2 //进入接口配置模式
    WX-HX-S5310-01(config-if-GigabitEthernet 0/2)#description Con_To_
WX-JR-S2910-02_Gi0/1                                           //配置接口描述
    WX-HX-S5310-01(config-if-GigabitEthernet 0/2)#exit//返回全局配置模式
    WX-HX-S5310-01(config)#interface gigabitethernet 0/3 //进入接口配置模式
    WX-HX-S5310-01(config-if-GigabitEthernet 0/3)#description Con_To_
WX-CK-RSR20-01_Gi0/0                                           //配置接口描述
    WX-HX-S5310-01(config-if-GigabitEthernet 0/3)#exit  //返回全局配置模式
```

➢ WX-CK-RSR20-01（出口设备）的基本信息配置如下：

```
    Ruijie>enable                                              //进入特权模式
    Ruijie#configure terminal                                  //进入全局配置模式
    Ruijie(config)#hostname WX-CK-RSR20-01                     //配置主机名
    WX-CK-RSR20-01(config)#interface gigabitethernet 0/0  //进入接口配置模式
    WX-CK-RSR20-01(config-if-GigabitEthernet 0/0)#description Con_To_
WX-HX-S5310-01_Gi0/3                                           //配置接口描述
    WX-CK-RSR20-01(config-if-GigabitEthernet 0/0)#exit //返回全局配置模式
    WX-CK-RSR20-01(config)#interface gigabitethernet 0/1  //进入接口配置模式
```

```
WX-CK-RSR20-01(config-if-GigabitEthernet 0/1)#description Con_To_ISP
                                              //配置接口描述
WX-CK-RSR20-01(config-if-GigabitEthernet 0/1)#exit //返回全局配置模式
```

工作过程 3：配置 VLAN 及 IP 地址

1. 任务目标

在出口设备、核心交换机及两台接入交换机上创建相关 VLAN 及 IP 地址。

2. 具体操作

➢ WX-JR-S2910-01（接入交换机 1）上的 VLAN 及 IP 地址配置如下：

```
WX-JR-S2910-01(config)#vlan 10                  //创建用户VLAN
WX-JR-S2910-01(config-vlan)#name ShiChangBu_VLAN  //VLAN命名
WX-JR-S2910-01(config-vlan)#vlan 20             //创建用户VLAN
WX-JR-S2910-01(config-vlan)#name CaiWuBu_VLAN   //VLAN命名
WX-JR-S2910-01(config-vlan)#vlan 100            //创建管理VLAN
WX-JR-S2910-01(config-vlan)#name Manage_VLAN    //VLAN命名
WX-JR-S2910-01(config-vlan)#interface gigabitethernet 0/1 //进入接口
WX-JR-S2910-01(config-if-GigabitEthernet 0/1)#switchport mode trunk
                                                //设置TRUNK
WX-JR-S2910-01(config-if-GigabitEthernet 0/1)#interface range
gigabitethernet 0/2-11                          //设置TRUNK
WX-JR-S2910-01(config-if-range)#switchport access vlan 10//划分VLAN
WX-JR-S2910-01(config-if-range)#interface range gigabitethernet
0/12-22                                         //设置TRUNK
WX-JR-S2910-01(config-if-range)#switchport access vlan 20//划分VLAN
WX-JR-S2910-01(config-if-range)#interface vlan 100//创建SVI接口
WX-JR-S2910-01(config-if-vlan 100)#description Manage //SVI接口配置描述
WX-JR-S2910-01(config-if-vlan 100)#ip address 192.168.100.1 255.255.255.0
                                                //配置SVI接口地址
WX-JR-S2910-01(config-if-vlan 100)#exit         //退回全局模式
WX-JR-S2910-01(config)#ip route 0.0.0.0 0.0.0.0 192.168.100.254  //配置网关
```

➢ WX-JR-S2910-02（接入交换机 2）上的 VLAN 及 IP 地址配置如下：

```
WX-JR-S2910-02(config)#vlan 30                  //创建用户VLAN
WX-JR-S2910-02(config-vlan)#name GongChengBu_VLAN //VLAN命名
WX-JR-S2910-02(config-vlan)#vlan 40             //创建用户VLAN
WX-JR-S2910-02(config-vlan)#name XingZhengBu_VLAN //VLAN命名
WX-JR-S2910-02(config-vlan)#vlan 100            //创建管理VLAN
WX-JR-S2910-02(config-vlan)#name Manage_VLAN    //VLAN命名
WX-JR-S2910-02(config-vlan)#interface gigabitethernet 0/1//进入接口
WX-JR-S2910-02(config-if-GigabitEthernet 0/1)#switchport mode trunk
                                                //设置TRUNK
```

```
WX-JR-S2910-02(config-if-GigabitEthernet 0/1)#interface range
gigabitethernet 0/2-11                                   //设置TRUNK
WX-JR-S2910-02(config-if-range)#switchport access vlan 30//划分VLAN
WX-JR-S2910-02(config-if-range)#interface range gigabitethernet
0/12-22                                                  //设置TRUNK
WX-JR-S2910-02(config-if-range)#switchport access vlan 40//划分VLAN
WX-JR-S2910-02(config-if-range)#interface vlan 100//创建SVI接口
WX-JR-S2910-02(config-if-vlan 100)#description Manage //SVI接口配置描述
WX-JR-S2910-02(config-if-vlan 100)#ip address 192.168.100.2
255.255.255.0                                            //配置SVI接口地址
WX-JR-S2910-02(config-if-vlan 100)#exit                  //退回全局模式
WX-JR-S2910-02(config)#ip route 0.0.0.0 0.0.0.0 192.168.100.254  //配置网关
```

➢ WX-HX-S5310-01（核心交换机）上的 VLAN 及 IP 地址配置如下：

```
WX-HX-S5310-01(config)#vlan 10                           //创建用户VLAN
WX-HX-S5310-01(config-vlan)#name ShiChangBu_VLAN   //VLAN命名
WX-HX-S5310-01(config-vlan)#vlan 20                      //创建用户VLAN
WX-HX-S5310-01(config-vlan)#name JiShuYanFaBu_VLAN//VLAN命名
WX-HX-S5310-01(config-vlan)#vlan 30                      //创建用户VLAN
WX-HX-S5310-01(config-vlan)#name GongChengBu_VLAN //VLAN命名
WX-HX-S5310-01(config-vlan)#vlan 40                      //创建用户VLAN
WX-HX-S5310-01(config-vlan)#name XingZhengBu_VLAN //VLAN命名
WX-HX-S5310-01(config-vlan)#interface range gigabitethernet 0/1-2
                                                         //进入接口
WX-HX-S5310-01(config-range)#switchport mode trunk//设置trunk
WX-HX-S5310-01(config-range)#interface vlan 10     //创建SVI接口
WX-HX-S5310-01(config-if-vlan 10)#description GW_ShiChangBu
                                                         //SVI接口配置描述
WX-HX-S5310-01(config-if-vlan 10)#ip address 192.168.10.254
255.255.255.0                                            //配置SVI接口地址
WX-HX-S5310-01(config-if-vlan 10)#interface vlan 20  //创建SVI接口
WX-HX-S5310-01(config-if-vlan 20)#description GW_CaiWuBu //SVI接口配置描述
WX-HX-S5310-01(config-if-vlan 20)#ip address 192.168.20.254
255.255.255.0                                            //配置SVI接口地址
WX-HX-S5310-01(config-if-vlan 20)#interface vlan 30 //创建SVI接口
WX-HX-S5310-01(config-if-vlan 30)#description GW_GongChengBu
                                                         //SVI接口配置描述
WX-HX-S5310-01(config-if-vlan 30)#ip address 192.168.30.254
255.255.255.0                                            //配置SVI接口地址
WX-HX-S5310-01(config-if-vlan 30)#interface vlan 40  //创建SVI接口
WX-HX-S5310-01(config-if-vlan 40)#description GW_XingZhengBu
                                                         //SVI接口配置描述
WX-HX-S5310-01(config-if-vlan 40)#ip address 192.168.40.254
255.255.255.0                                            //配置SVI接口地址
```

```
    WX-HX-S5310-01(config-if-vlan 40)#interface vlan 100  //创建SVI接口
    WX-HX-S5310-01(config-if-vlan 100)#description GW_Manage
                                                           //SVI接口配置描述
    WX-HX-S5310-01(config-if-vlan 100)#ip address 192.168.100.254
255.255.255.0                                              //配置SVI接口地址
    WX-HX-S5310-01(config-if-vlan 100)#interface range gigabitethernet
0/3                                                        //进入接口
    WX-HX-S5310-01(config-if-GigabitEthernet 0/3)#no switchport
                                                           //设置路由模式
    WX-HX-S5310-01(config-if-GigabitEthernet 0/3)#ip address
192.168.255.1 255.255.255.252                              //配置接口IP地址
    WX-HX-S5310-01(config-if-GigabitEthernet 0/3)#exit //退回全局模式
```

➢ WX-CK-RSR20-01（出口设备）上的 VLAN 及 IP 地址配置如下：

```
    WX-CK-RSR20-01(config)#interface gigabitethernet 0/0   //进入接口配置模式
    WX-CK-RSR20-01(config-if-GigabitEthernet 0/0)#ip address
192.168.255.2 255.255.255.252                              //配置接口IP地址
    WX-CK-RSR20-01(config-if-GigabitEthernet 0/0)#exit//返回全局配置模式
    WX-CK-RSR20-01(config)#interface gigabitethernet 0/1 //进入接口配置模式
    WX-CK-RSR20-01(config-if-GigabitEthernet 0/1)#ip address 200.1.100.1
255.255.255.252                                            //配置接口IP地址
    WX-CK-RSR20-01(config-if-GigabitEthernet 0/1)#exit  //返回全局配置模式
```

工作过程 4：配置静态路由

1. 任务目标

在核心交换机及出口设备上配置静态路由。

2. 具体操作

➢ WX-HX-S5310-01（核心交换机）的静态路由配置如下：

```
    WX-HX-S5310-01(config)#ip route 0.0.0.0 0.0.0.0 192.168.255.2
                                                           //配置默认路由
```

➢ WX-CK-RSR20-01（出口设备）的静态路由配置如下：

```
    WX-CK-RSR20-01(config)#ip route 0.0.0.0 0.0.0.0 200.1.100.2
                                                           //配置默认路由
    WX-CK-RSR20-01(config)#ip route 192.168.0.0 255.255.0.0
192.168.255.1                                              //配置静态路由
```

工作过程 5：配置 NAT

1. 任务目标

在出口设备上配置 NAT。

2. 具体操作

➢ WX-CK-RSR20-01（出口设备）的 NAT 配置如下：

```
WX-CK-RSR20-01(config)#interface gigabitethernet 0/0
                                                //进入内网口
WX-CK-RSR20-01(config-if-GigabitEthernet 0/0)#ip nat inside
                                                //设置接口类型
WX-CK-RSR20-01(config-if-GigabitEthernet 0/0)#int gigabitethernet
0/1                                             //进入外网口
WX-CK-RSR20-01(config-if-GigabitEthernet 0/1)#ip nat outside
                                                //设置接口类型
WX-CK-RSR20-01(config-if-GigabitEthernet 0/1)#exit
WX-CK-RSR20-01(config)#access-list 1 permit 192.168.0.0
0.0.255.255                                     //创建ACL
WX-CK-RSR20-01(config)#ip nat pool nat netmask 255.255.255.252
                                                //创建NAT地址池
WX-CK-RSR20-01(config-nat)#address 200.1.100.1 200.1.100.1
WX-CK-RSR20-01(config-nat)#exit
WX-CK-RSR20-01(config)#ip nat inside source list 1 pool nat
overload                                        //创建NAT规则
```

工作过程 6：配置设备 Telnet

1. 任务目标

在全网设备上开启 Telnet，实现远程管理。

2. 具体操作

➢ WX-JR-S2910-01（接入交换机 1）上的 Telnet 配置如下：

```
WX-JR-S2910-01(config)#username woaizuguo password woaizuguo
                                                //配置全局用户名和密码
WX-JR-S2910-01(config)#enable secret woaizuguo //配置加密的特权密码
WX-JR-S2910-01(config)#line vty 0 4             //进入远程配置模式
WX-JR-S2910-01(config-line)#login local
                          //使用本地用户名密码进行远程登录认证
WX-JR-S2910-01(config-line)#exit                //退出远程配置模式
```

➢ WX-JR-S2910-02（接入交换机 2）上的 Telnet 配置如下：

```
WX-JR-S2910-02(config)#username woaizuguo password woaizuguo
                                                //配置全局用户名和密码
WX-JR-S2910-02(config)#enable secret woaizuguo //配置加密的特权密码
WX-JR-S2910-02(config)#line vty 0 4             //进入远程配置模式
WX-JR-S2910-02(config-line)#login local //使用本地用户名密码进行远程登录认证
WX-JR-S2910-02(config-line)#exit                //退出远程配置模式
```

➢ WX-HX-S5310-01（核心交换机）上的 Telnet 配置如下：

```
WX-HX-S5310-01(config)#username woaizuguo password woaizuguo
                                        //配置全局用户名和密码
WX-HX-S5310-01(config)#enable secret woaizuguo //配置加密的特权密码
WX-HX-S5310-01(config)#line vty 0 4          //进入远程配置模式
WX-HX-S5310-01(config-line)#login local //使用本地用户名密码进行远程登录认证
WX-HX-S5310-01(config-line)#exit             //退出远程配置模式
```

➢ WX-CK-RSR20-01（出口设备）上的 Telnet 配置如下：

```
WX-CK-RSR20-01(config)#username woaizuguo password woaizuguo
                                        //配置全局用户名和密码
WX-CK-RSR20-01(config)#enable secret woaizuguo //配置加密的特权密码
WX-CK-RSR20-01(config)#line vty 0 4          //进入远程配置模式
WX-CK-RSR20-01(config-line)#login local//使用本地用户名密码进行远程登录认证
WX-CK-RSR20-01(config-line)#exit             //退出远程配置模式
```

任务 4　组建中小型基础企业网络联调测试

项目实施完成后，需要对网络的运行状态进行测试。本次测试包括两个方面：基本连通性及设备远程管理。

工作过程 1：测试基本连通性

1. 任务目标

将两部门的 PC 接入网络，并配置相应 IP 地址，测试是否能 PING 通内外网。

2. 具体操作

将市场部 PC 连接到 WX-JR-S2910-01（接入交换机 1）的 Gi0/2 接口，IP 设置为 192.168.10.1/24，网关设置为 192.168.10.254。将工程部 PC 连接到 WX-JR-S2910-02（接入交换机 2）的 Gi0/2 接口，IP 设置为 192.168.30.1/24，网关设置为 192.168.30.254；

市场部 PC 分别 PING 工程部 PC 和外网地址，结果如图 1-3 和图 1-4 所示，显示内外网都能 PING 通。

```
C:\Users\admin>ping 192.168.30.1

正在 Ping 192.168.30.1 具有 32 字节的数据:
来自 192.168.30.1 的回复: 字节=32 时间<1ms TTL=64
来自 192.168.30.1 的回复: 字节=32 时间<1ms TTL=64
来自 192.168.30.1 的回复: 字节=32 时间<1ms TTL=64
来自 192.168.30.1 的回复: 字节=32 时间=1ms TTL=64

192.168.30.1 的 Ping 统计信息:
    数据包: 已发送 = 4，已接收 = 4，丢失 = 0 (0% 丢失)，
往返行程的估计时间(以毫秒为单位):
    最短 = 0ms，最长 = 1ms，平均 = 0ms
```

图 1-3　结果显示市场部 PC 可以访问工程部 PC

```
C:\Users\admin>ping 12.34.56.78

正在 Ping 12.34.56.78 具有 32 字节的数据:
来自 12.34.56.78 的回复: 字节=32 时间<1ms TTL=64
来自 12.34.56.78 的回复: 字节=32 时间=1ms TTL=64
来自 12.34.56.78 的回复: 字节=32 时间=1ms TTL=64
来自 12.34.56.78 的回复: 字节=32 时间=1ms TTL=64

12.34.56.78 的 Ping 统计信息:
    数据包: 已发送 = 4，已接收 = 4，丢失 = 0 (0% 丢失)，
往返行程的估计时间(以毫秒为单位):
    最短 = 0ms，最长 = 1ms，平均 = 0ms
```

图 1-4　结果显示市场部 PC 可以访问外网地址

工作过程 2：测试设备远程管理

1. 任务目标

测试 Telnet 功能是否正常。

2. 具体操作

用市场部 PC 远程登录 WX-HX-S5310-01（核心交换机），分别输入对应的用户名和密码（woaizuguo），结果如图 1-5 所示，说明可顺利进入核心交换机。

```
C:\Users\admin>telnet 192.168.10.254
User Access Verification
Username:woaizuguo
Password:

WX-HX-S5310-01>enable
Password:
WX-HX-S5310-01#
```

图 1-5　在用户 PC 成功登录到核心交换机

想了解更多详情，请自行扫码观看知识讲解视频。

视频1.3

至此，本项目圆满完成。

单元测试

1. 锐捷交换机支持（　　）。

A. Console　　B. Telnet　　C. ssh　　D. 以上都可以

2. 锐捷交换机 Console 口波特率默认是（　　）。

A. 1　　B. 9 600　　C. 57 600　　D. 100 000

3. 锐捷交换机初次登录时，第一个进入的模式是（　　）。

A. 用户模式　　B. 特权模式　　C. 全局配置模式　　D. 接口模式

4. 在锐捷交换机上使用 ping 命令是在（　　）。

A. 用户模式　　B. 特权模式　　C. 全局配置模式　　D. 接口模式

5. 锐捷交换机设置设备主机名的命令是（　　）。

A. hostname XX　　B. sysname XX　　C. name XX　　D. host XX

6. 锐捷交换机设置接口描述的命令是（　　）。

A. name XX　　B. description XX　　C. hostname XX　　D. sysname XX

7. 二层交换机转发数据依靠数据的（　　）字段。

A.I P 地址　　B. MAC 地址　　C. 端口号　　D. 协议

8. 二层交换机转发数据依靠（　　）。

A. 路由表　　B. ARP 表　　C. MAC 地址表　　D. 流表

9. 锐捷交换机查看当前配置的命令是（　　）。

A. show running-configure　　B. show cpu

C. show ip route　　D. show arp

10. 重启锐捷交换机的命令是（　　）。

A. reboot　　B. reload　　C. shut　　D. off

11. VLAN 的中文名称是（　　）。

A. 虚拟局域网　　B. 虚拟城域网　　C. 虚拟广域网　　D. 虚拟专用网

12. 锐捷交换机创建 VLAN 10 的命令是（　　）。

A. vlan 10　　B. interface vlan 10

C. interface 10　　D. 10

13. 锐捷交换机最多支持（　　）Mbit/s 的 VLAN。

A. 10　　B. 100　　C. 4094　　D. 10000

14. 将锐捷交换机接口设为 TRUNK 的语句是（　　）

A. switchport mode access　　B. switchport mode trunk

C. no switchport　　D. 以上都不对

15. 锐捷交换机 VLAN 打标签使用（　　）协议。

A. IEEE 802.1Q　　B. IEEE 802.11N

C. IEEE 802.1D　　D. IDDD 802.1W

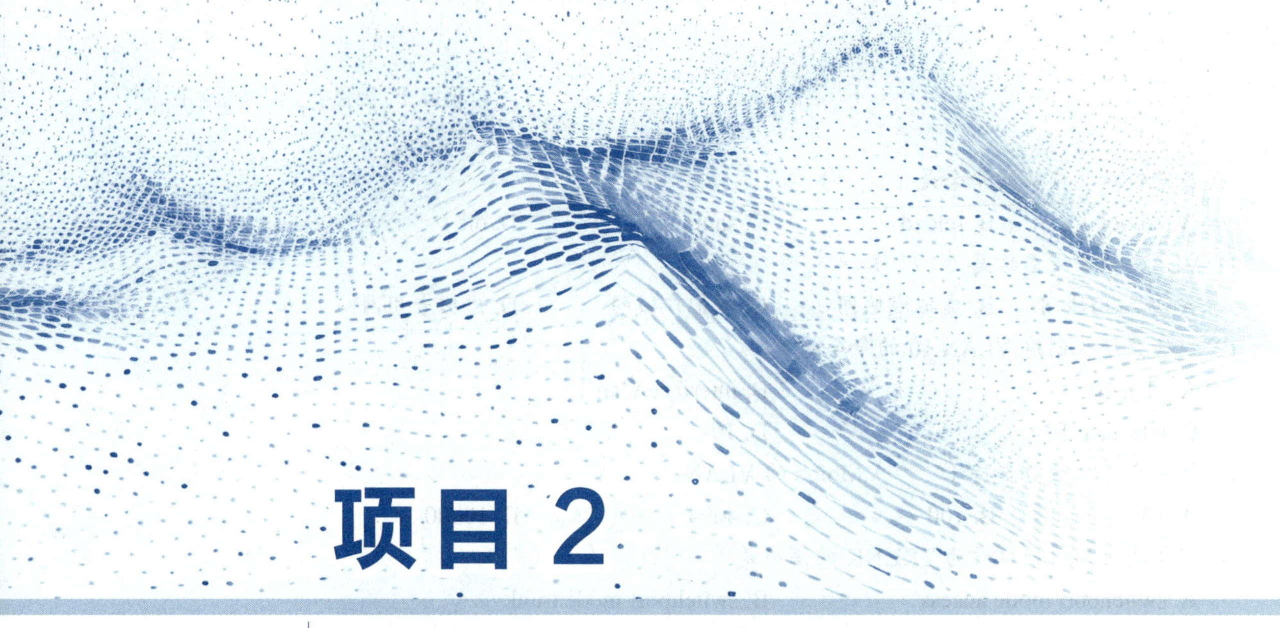

项目 2

组建高可靠型网络

在实际网络中，总避免不了各种非技术因素造成的网络故障和服务中断。因此，提高系统容错能力、提高故障恢复速度、降低故障对业务的影响，是提高系统可靠性的有效途径。

所谓组建高可靠型网络，就是网络中的汇聚层或核心层等重要的网络设备或线路实现冗余备份。这样即便其中一台重要的网络设备或线路出现故障，网络仍然可以正常运行。本项目通过组建高可靠型网络，实现汇聚层交换机及线路的冗余备份。

项目目标

知识目标

- 理解交换机 MSTP 的应用场景及优势。
- 熟悉交换机 MSTP 的配置方法。
- 了解 VRRP 网关冗余协议。
- 掌握 VRRP 的原理及配置。

技能目标

- 掌握高可靠型网络的设计与配置方法。
- 能独立完成高可靠型网络的联调测试及常见故障处理。
- 掌握锐捷设备的配置方法。
- 掌握项目文档的编写方法。

素养目标

- 培养学生冗余备份和防患于未然的意识。

接收任务

任务导学

曹溪公司位于广东省韶关市，目前有市场部和技术研发部两个部门，每个部门各10 人。最近因为业务较多，汇聚交换机经常因性能不足而出现故障，从而造成断网现象。为了实现汇聚交换机冗余备份，公司决定采购两台汇聚交换机，组建高可靠型网络。

由于前期网络规划不合理，本项目需要重新规划和部署整个网络。考虑到公司业务的特殊性，本项目只部署内部网络，不涉及出口设备及线路。

公司安排工程师小王完成本项目。小王与客户沟通后了解到本项目的需求如下：

（1）实现不同部门间用户隔离。

（2）能够实现汇聚交换机冗余，保证当汇聚交换机出故障时，业务不中断。

（3）当网络中的互联线路出现故障时，相关网络设备能及时发现故障，并自动切换线路，实现链路冗余备份。

（4）开启全网设备的远程管理功能，所有用户名和密码都设置为 woaizuguo。

想要了解更多详情，请自行扫码观看视频。

项目2

前期知识回顾

在开始本项目前，小王需要回顾一下之前学习过的知识，请扫描下方的二维码观看相关知识的讲解视频进行学习。

（1）生成树协议是如何工作的？

（2）快速生成树是如何工作的？

（3）生成树协议如何配置？

（4）单臂路由的工作原理是什么？

视频2.0.1

视频2.0.2

视频2.0.3

视频2.0.4

项目知识学习

回顾学习过的知识后，要完成本项目，小王还需要学习新知识，为此，他向公司资深的罗工程师（下称罗工）请教后学到了以下知识。

1. 小王：罗工您好，请问什么是多实例生成树？

罗工：多生成树协议的英文全称是 multiple instances spanning trees protocol，简称为 MSTP，它能够在同一个网络拓扑中同时建立多个相互独立的生成树实例，每个生成树实例分别关联不同的 VLAN。而且每个生成树实例的选择都是独立的。MSTP 提供了多个数据转发路径和负载均衡，提高了网络容错能力，因为一个转发路径的故障不会影响其他实例。

一个生成树实例只能存在于具备一致的 VLAN 实例分配的桥中，必须用同样的 MST 配置信息来配置一组桥，这使得这些桥能放到一组生成树实例中。具备同样的 MST 配置信息的互连的桥构成多生成树区。

2. 小王：多生成树协议 MSTP 相比于生成树协议 STP 和快速生成树协议 RSTP 有何不同？

罗工：多生成树协议相比于传统的生成树协议和快速生成树协议主要有下面两点不同。

（1）迁移方式和负载分担不同。生成树协议 STP 和快速生成树协议 RSTP 虽然也能提供二层防护的功能，但它们在局域网内使得所有交换机共享一棵生成树，不能按 VLAN 阻塞冗余链路。而 MSTP 可以弥补这样的缺陷，它允许不同 VLAN 的流量沿各自的路径分发，从而为冗余链路提供了更好的负载分担机制。

（2）管理方便。MSTP 提供多域的功能。不同的域可以配置不同的 VLAN 和实例的映射关系。多生成树域之间是相互独立的。若端口收到 MST 配置标识和本设备一致的 MST BPDU，则认为对端设备和本设备属于同一个多生成树域，否则认为对端设备属于另外一个多生成树域。配置多设备于同一个多生成树域中，才能体现 MSTP 负载分担的优势。因此需合理划分 MST 域，确保域内设备的 MST 配置标识相同。

3. 小王：MSTP 中的主要概念有哪些？

罗工：MSTP 常见概念有 MST 域、VLAN 映射表、CST、IST、CIST、域根、总根。

（1）MST 域：由交换网络中的多台设备及它们之间的网段所构成。这些设备具备以下条件：都开启了生成树协议，域名相同；VLAN 与实例间映射关系的配置相同；MSTP 修正值的配置相同。

（2）VLAN 映射表：MST 域的一个属性，用来描述 VLAN 与实例间的映射关系。默认所有的 VLAN 映射到实例 0。MSTP 就是根据 VLAN 映射表来实现负载分担的。

（3）CST：中文名称为公共生成树，是一棵连接交换网络中所有 MST 域的单生成树。如果把每个 MST 域都看作一台“设备”，CST 就是这些“设备”通过 STP 协议、RSTP 协议计算生成的一棵生成树。

（4）IST：中文名称为内部生成树，是 MST 域内的一棵生成树。它是一个特殊的实例，通常也称为实例 0，所有 VLAN 默认都映射到实例 0 上。

（5）CIST：中文名称是公共和内部生成树，是一棵连接交换网络内所有设备的单生成树、所有 MST 域的 IST 再加上 CST 就共同构成了整个交换网络的一棵完整的单生成树，即 CIST。

（6）域根：MST 域内 IST 或 MSTI 的根桥。MST 域内各生成树的拓扑不同，域根也可能不同。

（7）总根：CIST 的根桥。

4. 小王：MSTP 常见配置命令有哪些？

罗工：下面讲一下 MSTP 的主要配置命令。

（1）主 MSTP 配置命令如下：

```
Ruijie(config)# spanning-tree                        //全局开启生成树
Ruijie(config)# spanning-tree mst configuration      //进入MSTP域进行配置
Ruijie(config-mst)# instance 1 vlan 10,30   //设置VLAN和实例1的映射关系
Ruijie(config-mst)# instance 2 vlan 20,40   //设置VLAN和实例2的映射关系
Ruijie(config)# spanning-tree mst 1 priority 4096   //设置实例1的优先级为主
Ruijie(config)# spanning-tree mst 2 priority 8192   //设置实例2的优先级为备
```

（2）备 MSTP 配置命令如下：

```
Ruijie(config)# spanning-tree ....                   //全局开启生成树
Ruijie(config)# spanning-tree mst configuration      //进入MSTP域进行配置
Ruijie(config-mst)# instance 1 vlan 10,30   //设置VLAN和实例1的映射关系
Ruijie(config-mst)# instance 2 vlan 20,40   //设置VLAN和实例2的映射关系
Ruijie(config)# spanning-tree mst 1 priority 8192 //设置实例1的优先级为备
Ruijie(config)# spanning-tree mst 2 priority 4096 //设置实例2的优先级为主
```

（3）查看 MSTP 命令如下：

```
show spanning-tree mst configuration        //查看各设备上的实例映射关系
show spanning-tree summary                  //查看实例生成树拓扑状态
```

5. 小王：什么是 VRRP？

罗工：VRRP 是虚拟路由器冗余协议的英文名称 virtual router redundancy protocol 的缩写，其功能是将可以承担网关功能的一组路由设备（路由器或三层交换机等网络层设备）加入备份组中，形成一台虚拟路由器，并为该虚拟路由器指定虚拟 IP 地址。VRRP 通过选举机制决定哪台路由器承担转发任务。局域网内的主机仅需要知道这台

虚拟路由器的虚拟 IP 地址，并将其设置为网关的 IP 地址即可。局域网内的主机通过这台虚拟路由器与外部网络进行通信。

VRRP 在提高可靠性的同时，简化了主机的配置。在具有组播或广播能力的局域网（如以太网）中借助 VRRP 能在某台路由器出现故障时仍然提供高可靠的链路，有效避免单一链路发生故障后网络中断的问题。

6. 小王：VRRP 有哪些重要概念？

罗工：VRRP 路由器、虚拟路由器、Master 路由器、Buckup 路由器都是 VRRP 的重要概念。

（1）VRRP 路由器：是指运行 VRRP 协议的路由器。该路由器可以由一个或多个虚拟路由器组成。

（2）虚拟路由器：英文名称为 virtual router，又称 VRRP 备份组，通常被当作一个共享局域网内主机的默认网关，包括一个虚拟路由器标识符和一组虚拟 IP 地址。

（3）Master 路由器：在一个 VRRP 备份组中，只有 Master 路由器负责 ARP 响应和转发 IP 数据包。如果该设备是 IP 地址拥有者，通常它将成为 Master 路由器。

（4）Buckup 路由器：在一个 VRRP 备份组中，Backup 路由器不承担 ARP 响应和转发 IP 数据包的任务，只负责监听 Master 路由器的状态。当 Master 路由器出现故障时，它们将有机会通过选举成为新的 Master 路由器。

7. 小王：VRRP 主要配置命令有哪些？

罗工：下面讲一下 VRRP 主要配置命令。

（1）主 VRRP 配置命令如下：

```
Ruijie(config)# interface vlan 10                    //进入VLAN三层接口
Ruijie(config-if-VLAN 10)# ip address 192.168.10.1//设置IP地址
Ruijie(config-if-VLAN 10)# vrrp 10 ip 192.168.10.254  //指定虚拟IP地址
Ruijie(config-if-VLAN 10)# vrrp 10 priority 150//设置VRRP备份组的优先级
Ruijie(config-if-VLAN 10)# vrrp 10 track GigabitEthernet 0/2 30
                                                     //设置上行追踪接口
```

（2）备 VRRP 配置命令如下：

```
Ruijie(config)# interface vlan 10                    //进入VLAN三层接口
Ruijie(config-if-VLAN 10)# ip address 192.168.10.2//设置IP地址
Ruijie(config-if-VLAN 10)# vrrp 10 ip 192.168.10.254//指定虚拟IP地址
Ruijie(config-if-VLAN 10)# vrrp 10 priority 120//设置VRRP备份组的优先级
Ruijie(config-if-VLAN 10)# vrrp 10 track GigabitEthernet 0/2 30
                                                     //设置上行追踪接口
```

（3）VRRP 查看命令如下：

```
Show vrrp brief                                   //查看VRRP的设备角色信息
Show vrrp interface                               //查看具体VRRP备份组信息
```

想了解更多详情，请自行扫码观看知识讲解视频。

视频2.1

视频2.2

视频2.3

视频2.4

8. 小王：MSTP 与 VRRP 是如何联动的？

罗工：MSTP+VRRP 双核心应用方案是 MSTP 协议的一个典型应用场景。该方案采用层次化网络架构，使用 MSTP 与 VRRP 协议实现冗余备份和 VLAN 负载均衡，提高网络系统可用性。此架构的主要优点在于结构的层次化。每一层网络设备的容量指标、特点和功能，都可针对其网络位置和作用进行优化，以加强系统稳定性和可靠性。该方案通常采用三层（核心层、汇聚层和接入层）或二层（核心层和接入层）架构。在三层架构中，MSTP 与 VRRP 通常运行在汇聚交换机和接入交换机之间，其典型联动应用场景如图 2-1 所示。

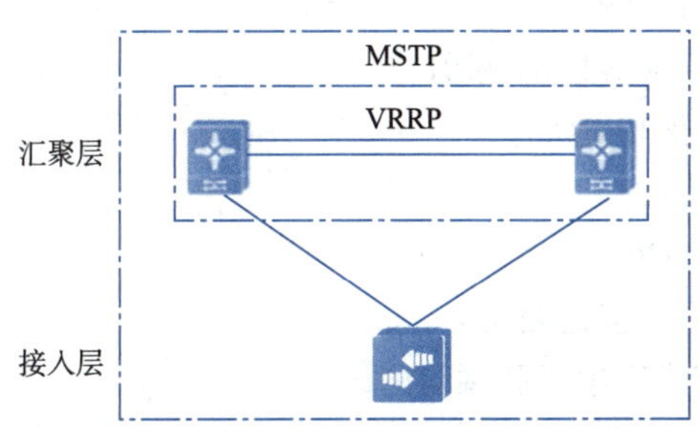

图 2-1　MSTP+VRRP 联动典型应用场景

任务 1　组建高可靠型网络需求分析

所谓需求分析，就是为本项目的每个需求逐一找到对应的实现方法。

工作过程 1：逐步分析项目需求

通过前期的学习，可知本项目的网络拓扑为双核心网络。接下来根据上述项目需求逐条进行分析，过程如下：

需求如下：

（1）实现不同部门间用户隔离。

实现方法如下：

➢ 在全网设备配置基本信息。

➢ 在接入层进行相应的 VLAN 划分。

需求如下：

（2）能够实现汇聚交换机冗余，保证当汇聚交换机出故障时，业务不中断。

（3）当网络中的互联线路出现故障时，相关网络设备能及时发现故障，并自动切换线路，实现链路冗余备份。

实现方法如下：

➢ 在接入层和汇聚层配置 MSTP。

➢ 在汇聚层配置 VRRP。

需求如下：

（4）开启全网设备的远程管理功能，所有用户名和密码都设置为 woaizuguo。

实现方法如下：

➢ 在全网设备配置 Telnet 远程访问功能。

工作过程 2：确定项目实施的具体步骤

将以上需求分析进行整合，可知项目实施步骤如下：

（1）配置交换机基本信息。

（2）配置交换机 MSTP。

（3）配置端口聚合和 VLAN 修剪。

（4）配置 VLAN 及 IP 地址。

（5）配置设备 Telnet。

（6）配置设备 VRRP。

（7）配置三层互联与静态路由。

配置完成后，还需进行项目联调与测试。

想了解更多详情，请自行扫码观看知识讲解视频。

视频2.5

任务 2　组建高可靠型网络规划设计

本项目规划需要完成以下工作：

➢ 规划设备清单。

➢ 规划网络拓扑。

➢ 规划设备主机名。

➢ 规划 VLAN。

➢ 规划 IP 地址。

➢ 规划设备互联接口。

下面将按照这个步骤，为本项目进行规划设计。

工作过程 1：规划设备清单

本项目设备清单见表 2-1。

表 2-1　设备清单

序号	类型	设备	厂商	型号	数量	备注
1	硬件	接入交换机	锐捷	RG-S2910-24GT4XS-E	1 台	接入交换机
2	硬件	汇聚交换机	锐捷	RG-S5310-24GT4XS	2 台	汇聚交换机
3	硬件	核心交换机	锐捷	RG-S5750C-24GT8XS	1 台	核心交换机
4	硬件	万兆光纤线及模块	锐捷	XG-SFP-CU-1M	2 对	核心交换机互联
5	硬件	双绞线	—	—	若干米	—
6	硬件	计算机	—	—	3 台	配置设备及测试用
7	软件	SecureCRT	—	6.5 版本及以上	1 套	配置设备用

工作过程 2：规划网络拓扑

该项目的网络拓扑图如图 2-2 所示。

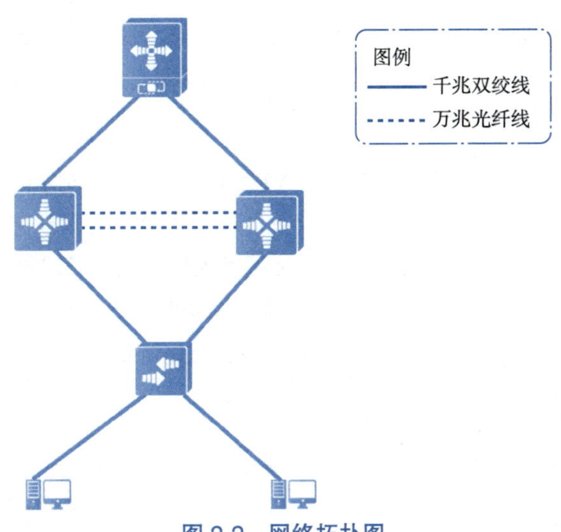

图 2-2　网络拓扑图

工作过程 3：规划设备主机名

设备名称用于标识一台设备的名字，在实际应用过程中可以根据需求进行命名。项目中合理地对设备进行命名，可以便于对设备进行维护和管理。该项目中网络设备命名规范为：AA-BB-CC-DD。其中：

- AA：表示设备的物理位置。CX 表示在曹溪公司。
- BB：表示设备的角色。JR 为接入交换机，HJ 为汇聚交换机，HX 为核心交换机。
- CC：表示设备型号，具体可参见设备清单。
- DD：表示设备序号，如 01、02 等。

表 2-2 所示为本项目所有设备的命名。

表 2-2　设备主机名表

序号	设备型号	设备主机名	备注
1	RG-S2910-24GT4XS-E	CX-JR-S2910-01	接入交换机
2	RG-5310-24GT4XS	CX-HJ-S5310-01	汇聚交换机 1
3	RG-5310-24GT4XS	CX-HJ-S5310-02	汇聚交换机 2
4	RG-S5750C-24GT8XS	CX-HX-S5750-01	核心交换机

工作过程 4：规划 VLAN

本项目为每个办公用户部门及服务器区分配各自的 VLAN，办公区的接入交换机管理采用单独的管理 VLAN。VLAN 的规划信息见表 2-3。

表 2-3　VLAN 规划表

序号	VLAN ID	VLAN 名称	备注
1	10	ShiChangBu_VLAN	市场部 VLAN
2	20	JiShuYanFaBu_VLAN	技术研发部 VLAN
3	50	Manage_VLAN	二层设备管理 VLAN

工作过程 5：规划 IP 地址

市场部、技术研发部总共有两个业务 VLAN，因此需要规划两个业务网段。同时还要规划接入交换机的管理地址。二层设备管理采用单独的管理网段，业务地址及管理地址的网关都位于核心交换机。另外，还需要规划三层设备之间接口的互联地址。

综上所述，本项目中 IP 地址的详细规划见表 2-4 至表 2-6。

表 2-4　用户业务 IP 地址规划表

序号	区域	IP 地址	掩码	网关	备注
1	市场部	192.168.10.0	255.255.255.0	192.168.10.254	CX-HJ-S5310-01 地址为 192.168.10.252 CX-HJ-S5310-02 地址为 192.168.10.253 VRRP 虚拟地址为 192.168.10.254
2	技术研发部	192.168.20.0	255.255.255.0	192.168.20.254	CX-HJ-S5310-01 地址为 192.168.20.252 CX-HJ-S5310-02 地址为 192.168.20.253 VRRP 虚拟地址为 192.168.20.254

表 2-5　接入交换机管理地址规划表

序号	设备名称	管理接口	IP 地址	掩码	网关	备注
1	CX-JR-S2910-01	SVI50	192.168.50.1	255.255.255.0	192.168.50.254	—
2	CX-HJ-S5310-01	SVI50	192.168.50.252	255.255.255.0	—	VRRP 虚拟地址为 192.168.50.254
3	CX-HJ-S5310-02	SVI50	192.168.50.253	255.255.255.0	—	

表 2-6　设备互联 IP 地址规划表

序号	本端设备名称	本端 IP 地址	对端设备名称	对端 IP 地址
1	CX-HJ-S5310-01	192.168.255.1/30	CX-HX-S5750-01	192.168.255.2/30
2	CX-HJ-S5310-02	192.168.255.5/30	CX-HX-S5750-01	192.168.255.6/30

工作过程 6：规划设备互联接口

该项目中，网络设备之间的互联接口规划的规范为：Con_To_对端设备名称_对端接口名，具体规划详情见表 2-7。

表 2-7　设备互联接口规划表

本端设备	接口	接口描述	对端设备	接口
CX-HJ-S5310-01	TenGi0/25	Con_To_CX-HJ-S5310-02_TenGi0/25	CX-HJ-S5310-02	TenGi0/25
CX-HJ-S5310-01	TenGi0/26	Con_To_CX-HJ-S5310-02_TenGi0/26	CX-HJ-S5310-02	TenGi0/26
CX-HJ-S5310-01	Gi0/2	Con_To_CX-HX-S5750-01_Gi0/1	CX-HX-S5750-01	Gi0/1
CX-HJ-S5310-02	Gi0/2	Con_To_CX-HX-S5750-01_Gi0/2	CX-HX-S5750-01	Gi0/2
CX-HJ-S5310-01	Gi0/1	Con_To_CX-JR-S2910-01_Gi0/1	CX-JR-S2910-01	Gi0/1
CX-HJ-S5310-02	Gi0/1	Con_To_CX-JR-S2910-01_Gi0/2	CX-JR-S2910-01	Gi0/2

为了方便接下来的项目实施，在图 2-2 所示网络拓扑图的基础上进行细化，将主机名称、IP 地址、VLAN、接口编号等信息标注在网络拓扑图中，得到该项目详细的网络拓扑图，如图 2-3 所示。

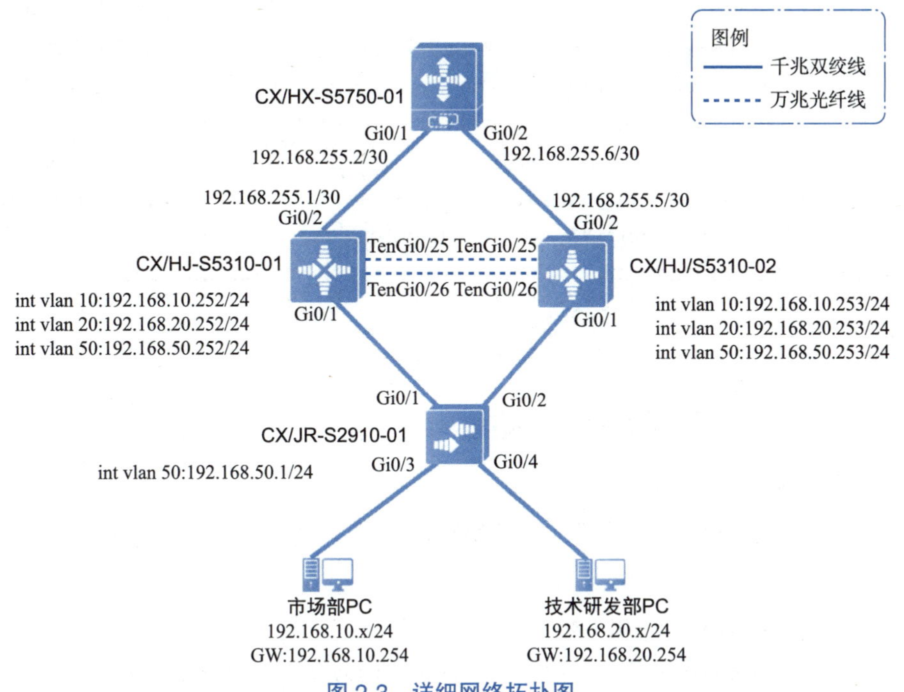

图 2-3　详细网络拓扑图

想了解更多详情，请自行扫码观看知识讲解视频。

视频2.6

任务 3　组建高可靠型网络项目实施

工作过程 1：按照拓扑连接设备

1. 任务目标

按照图 2-3 所示详细网络拓扑图，用双绞线连接本项目的设备。

2. 具体操作

这里的操作是物理连接，按照表 2-7 所示设备互联接口规划表进行连线。

需要说明的是，两台汇聚交换机之间使用两根万兆光纤线（型号为 XG-SFP-CU-1M）连接 TenGi0/25 和 TenGi0/26 端口。为防止两台交换机之间出现二层环路，可以先连接一根线缆。当设备重启之后，再连接另一根线缆。

工作过程 2：配置交换机基本信息

1. 任务目标

在开始功能性配置之前，先完成前期规划表中涉及的所有网络设备的基本配置，包括主机名、端口描述等。

2. 具体操作

以 CX-JR-S2910-01 为例，配置如下：

```
Ruijie>enable                                                    //进入特权模式
Ruijie#configure terminal                                        //进入全局配置模式
Ruijie(config)#hostname CX-JR-S2910-01                           //配置主机名
CX-JR-S2910-01(config)#interface GigabitEthernet 0/1//进入接口配置模式
CX-JR-S2910-01(config-if)#description Con_To_CX-HJ-S5310-01_Gi0/1
                                                                 //配置接口描述
CX-JR-S2910-01(config-if)#exit                                   //返回全局配置模式
CX-JR-S2910-01(config)#interface GigabitEthernet 0/2//进入接口配置模式
CX-JR-S2910-01(config-if)#description Con_To_CX-HJ-S5310-02_Gi0/1
                                                                 //配置接口描述
CX-JR-S2910-01(config-if)#exit                                   //返回全局模式
```

工作过程 3：配置交换机 MSTP

1. 任务目标

在接入交换机和汇聚交换机上配置 MSTP。

2. 具体操作

以 CX-HJ-S5310-01 为例，配置如下：

```
CX-HJ-S5310-01(config)#vlan range 10,20,50                      //创建VLAN
CX-HJ-S5310-01(config-vlan-range)#exit
CX-HJ-S5310-01(config)#spanning-tree mode mstp //配置STP模式为MSTP
CX-HJ-S5310-01(config)#spanning-tree mst configuration
                                                   //进入MSTP域进行配置
CX-HJ-S5310-01(config-mst)#instance 1 vlan 10,50
                                                   //配置VLAN和实例的映射关系
CX-HJ-S5310-01(config-mst)#instance 2 vlan 20
                                                   //配置VLAN和实例的映射关系
CX-HJ-S5310-01(config-mst)#exit                                 //退回全局配置模式
CX-HJ-S5310-01(config)#spanning-tree mst 1 priority 4096 //配置实例的优先级
CX-HJ-S5310-01(config)#spanning-tree mst 2 priority 8192 //配置实例的优先级
```

以 CX-HJ-S5310-02 为例，配置如下：

```
CX-HJ-S5310-02(config)#vlan range 10,20,50                      //创建VLAN
CX-HJ-S5310-02(config-vlan-range)#exit
CX-HJ-S5310-02(config)#spanning-tree mode mstp                  //配置STP模式为MSTP
CX-HJ-S5310-02(config)#spanning-tree mst configuration
                                                     //进入MSTP域进行配置
CX-HJ-S5310-02(config-mst)#instance 1 vlan 10,50
                                                     //配置VLAN和实例的映射关系
CX-HJ-S5310-02(config-mst)#instance 2 vlan 20 //配置VLAN和实例的映射关系
```

```
CX-HJ-S5310-02(config-mst)#exit               //退回全局配置模式
CX-HJ-S5310-02(config)#spanning-tree mst 1 priority 8192
                                              //配置实例的优先级
CX-HJ-S5310-02(config)#spanning-tree mst 2 priority 4096
                                              //配置实例的优先级
```

以 CX-JR-S2910-01 为例，配置如下：

```
CX-JR-S2910-01(config)#vlan range 10,20,50  //创建VLAN
CX-JR-S2910-01(config-vlan-range)#exit
CX-JR-S2910-01(config)#spanning-tree mode mstp  //配置STP模式为MSTP
CX-JR-S2910-01(config)#spanning-tree mst configuration
                                              //进入MSTP域进行配置
CX-JR-S2910-01(config-mst)#instance 1 vlan 10,50
                                              //配置VLAN和实例的映射关系
CX-JR-S2910-01(config-mst)#instance 2 vlan 20//配置VLAN和实例的映射关系
CX-JR-S2910-01(config-mst)#exit               //退回全局配置模式
```

工作过程 4：配置端口聚合和 VLAN 修剪

1. 任务目标

配置两台汇聚交换机端口 VLAN 修剪，包括汇聚交换机的横连与下连。

2. 具体操作

以 CX-HJ-S5310-01 为例，配置如下：

```
CX-HJ-S5310-01(config)#interface AggregatePort 1   //进入横连聚合口
CX-HJ-S5310-01(config-if)#switchport mode trunk    //设置端口为TRUNK
CX-HJ-S5310-01(config-if)#switchport trunk allowed vlan only 10,20,50
                                              //修剪VLAN
CX-HJ-S5310-01(config)#interface range TenGigabitEthernet 0/25-26
                                              //进入物理口
CX-HJ-S5310-01(config-if)#port-group 1        //将物理口加入聚合组
CX-HJ-S5310-01(config-if)#interface GigabitEthernet 0/1
                                              //进入下连口
CX-HJ-S5310-01(config-if)#switchport mode trunk //设置端口为TRUNK
CX-HJ-S5310-01(config-if)#switchport trunk allowed vlan only 10,20,50
                                              //修剪VLAN
```

工作过程 5：配置 VLAN 及 IP 地址

1. 任务目标

在核心交换机、汇聚交换机及接入交换机上创建相关 VLAN 及 IP 地址。

2. 具体操作

汇聚交换机 CX-HJ-S5310-01 的配置如下：

```
CX-HJ-S5310-01(config)#interface vlan 10     //配置市场部用户网关
CX-HJ-S5310-01(config-if)#description GW_ShiChangBu //SVI接口配置描述
CX-HJ-S5310-01(config-if)#ip address 192.168.10.252 255.255.255.0
                                              //配置SVI接口地址
CX-HJ-S5310-01(config-if)#interface vlan 20 //配置技术部用户网关
CX-HJ-S5310-01(config-if)#description GW_JiShuYanFaBu
                                              //SVI接口配置描述
CX-HJ-S5310-01(config-if)#ip address 192.168.20.252 255.255.255.0
                                              //配置SVI接口地址
CX-HJ-S5310-01(config-if)#interface vlan 50 //配置设备管理网关
CX-HJ-S5310-01(config-if)#description GW_Manage   //SVI接口配置描述
CX-HJ-S5310-01(config-if)#ip address 192.168.50.252 255.255.255.0
                                              //配置SVI接口地址
CX-HJ-S5310-01(config-if)#interface GigabitEthernet 0/2 //进入接口
CX-HJ-S5310-01(config-if)#no switchport                //配置路由接口
CX-HJ-S5310-01(config-if)#ip address 192.168.255.1 255.255.255.252
                                                   //配置IP地址
```

汇聚交换机 CX-HJ-S5310-02 的配置如下：

```
CX-HJ-S5310-02(config)#interface vlan 10     //配置市场部用户网关
CX-HJ-S5310-02(config-if)#description GW_ShiChangBu //SVI接口配置描述
CX-HJ-S5310-02(config-if)#ip address 192.168.10.253 255.255.255.0
                                                //配置SVI接口地址
CX-HJ-S5310-02(config-if)#interface vlan 20 //配置技术部用户网关
CX-HJ-S5310-02(config-if)#description GW_JiShuYanFaBu //SVI接口配置描述
CX-HJ-S5310-02(config-if)#ip address 192.168.20.253 255.255.255.0
                                                //配置SVI接口地址
CX-HJ-S5310-02(config-if)#interface vlan 50      //配置设备管理网关
CX-HJ-S5310-02(config-if)#description GW_Manage  //SVI接口配置描述
CX-HJ-S5310-02(config-if)#ip address 192.168.50.253 255.255.255.0
                                                //配置SVI接口地址
CX-HJ-S5310-01(config-if)#interface GigabitEthernet 0/2 //进入接口
CX-HJ-S5310-01(config-if)#no switchport                //配置路由接口
CX-HJ-S5310-01(config-if)#ip address 192.168.255.5 255.255.255.252
                                                   //配置IP地址
```

核心交换机 CX-HX-S5750-01 的配置如下：

```
CX-HX-S5750-01(config)#interface GigabitEthernet 0/1 //进入下行口
CX-HX-S5750-01(config-if)#no switchport              //设置端口为三层口
CX-HX-S5750-01(config-if)#ip address 192.168.255.2 255.255.255.252
                                                 //配置互联IP地址
CX-HX-S5750-01(config-if)#interface GigabitEthernet 0/2 //进入下行口
CX-HX-S5750-01(config-if)#no switchport              //设置端口为三层口
```

```
CX-HX-S5750-01(config-if)#ip address 192.168.255.6 255.255.255.252
                                              //配置互联IP地址
CX-HX-S5750-01(config-if)#exit                //退回全局配置模式
```

工作过程 6：配置设备 Telnet

1. 任务目标

在全网交换机上开启 Telnet，实现远程管理。

2. 具体操作

以接入交换机 ZR-JR-S2910-01 为例，配置如下：

```
ZR-JR-S2910-01(config)#username woaizuguo password woaizuguo
                                              //配置全局用户名和密码
ZR-JR-S2910-01(config)#enable secret woaizuguo //配置加密的特权密码
ZR-JR-S2910-01(config)#line vty 0 4           //进入远程配置模式
ZR-JR-S2910-01(config-line)#login local   //使用本地用户名密码进行远程登录认证
ZR-JR-S2910-01(config-line)#exit              //退出远程配置模式
```

工作过程 7：配置设备 VRRP

1. 任务目标

在两台汇聚交换机上开启 VRRP，并配置上行接口追踪。

2. 具体操作

汇聚交换机 CX-HJ-S5310-01 的配置如下：

```
CX-HJ-S5310-01(config)#interface vlan 10     //进入三层接口
CX-HJ-S5310-01(config-if-VLAN10)#vrrp 10 ip 192.168.10.254
                                  //指定VRRP组号以及指定虚拟地址
CX-HJ-S5310-01(config-if-VLAN10)#vrrp 10 priority 150  //配置VRRP优先级
CX-HJ-S5310-01(config-if-VLAN10)#vrrp 10 track GigabitEthernet 0/2 50
                                  //配置上行追踪，发生故障后优先级降低50
CX-HJ-S5310-01(config-if-VLAN10)#interface vlan 20//进入三层接口
CX-HJ-S5310-01(config-if-VLAN20)#vrrp 20 ip 192.168.20.254
                                  //指定VRRP组号以及指定虚拟地址
CX-HJ-S5310-01(config-if-VLAN20)#vrrp 20 priority 120  //配置VRRP优先级
CX-HJ-S5310-01(config-if-VLAN20)#interface vlan 50//进入三层接口
CX-HJ-S5310-01(config-if-VLAN50)#vrrp 50 ip 192.168.50.254
                                  //指定VRRP组号以及指定虚拟地址
CX-HJ-S5310-01(config-if-VLAN50)#vrrp 50 priority 150  //配置VRRP优先级
CX-HJ-S5310-01(config-if-VLAN50)#vrrp 50 track GigabitEthernet 0/2 50
                                  //配置上行追踪，发生故障后优先级降低50
```

汇聚交换机 CX-HJ-S5310-02 的配置如下：

```
CX-HJ-S5310-02(config)#interface vlan 10                //进入三层接口
CX-HJ-S5310-02(config-if-VLAN10)#vrrp 10 ip 192.168.10.254
                                     //指定VRRP组号以及指定虚拟地址
CX-HJ-S5310-02(config-if-VLAN10)#vrrp 10 priority 120  //配置VRRP优先级
CX-HJ-S5310-02(config-VLAN10)#interface vlan 20        //进入三层接口
CX-HJ-S5310-02(config-if-VLAN20)#vrrp 20 ip 192.168.20.254
                                     //指定VRRP组号以及指定虚拟地址
CX-HJ-S5310-02(config-if-VLAN20)#vrrp 20 priority 150  //配置VRRP优先级
CX-HJ-S5310-02(config-if-VLAN20)#vrrp 20 track GigabitEthernet 0/2 50
                                     //配置上行追踪，发生故障后优先级降低50
CX-HJ-S5310-02(config-VLAN20)#interface vlan 50        //进入三层接口
CX-HJ-S5310-02(config-if-VLAN50)#vrrp 50 ip 192.168.50.254
                                     //指定VRRP组号以及指定虚拟地址
CX-HJ-S5310-02(config-if-VLAN50)#vrrp 50 priority 120  //配置VRRP优先级
```

工作过程 8：配置静态路由

1. 任务目标

配置汇聚交换机与核心交换机间静态路由。

需要说明的是，因为本项目主要体现汇聚层与接入层的高可靠性，故核心交换机的回指路由全部指向 CX-HJ-S5310-01。

2. 具体操作

汇聚交换机 CX-HJ-S5310-01 的配置如下：

```
CX-HJ-S5310-01(config)#ip route 0.0.0.0 0.0.0.0 192.168.255.2
                                                   //配置默认路由
```

汇聚交换机 CX-HJ-S5310-02 的配置如下：

```
CX-HJ-S5310-02(config)#ip route 0.0.0.0 0.0.0.0 192.168.255.6
                                                   //配置默认路由
```

核心交换机 CX-HX-S5750-01 的配置如下：

```
CX-HX-S5750-01(config)#ip route 192.168.10.0 255.255.255.0 192.168.255.1
                                                   //配置回程路由
CX-HX-S5750-01(config)#ip route 192.168.20.0 255.255.255.0 192.168.255.1
                                                   //配置回程路由
```

任务 4　组建高可靠型网络联调测试

项目实施完成后，需要对网络的运行状态进行测试。本次测试包括三个方面：基本连通性、可靠性及设备远程管理。

工作过程 1：测试基本连通性

1. 任务目标

将两部门的 PC 接入网络，并配置相应 IP 地址，测试是否能 PING 通内外网。

2. 具体操作

市场部 PC 分别 PING 技术研发部 PC，能 PING 通，如图 2-4 所示。

```
C:\Users\admin>ping 192.168.20.1

正在 Ping 192.168.20.1 具有 32 字节的数据:
来自 192.168.20.1 的回复: 字节=32 时间<1ms TTL=64
来自 192.168.20.1 的回复: 字节=32 时间=1ms TTL=64
来自 192.168.20.1 的回复: 字节=32 时间=1ms TTL=64
来自 192.168.20.1 的回复: 字节=32 时间=1ms TTL=64

192.168.20.1 的 Ping 统计信息:
    数据包: 已发送 = 4，已接收 = 4，丢失 = 0 (0% 丢失)，
往返行程的估计时间(以毫秒为单位):
    最短 = 0ms，最长 = 1ms，平均 = 0ms
```

图 2-4　市场部可以访问技术研发部

工作过程 2：测试可靠性

1. 任务目标

将核心交换机 CX-HX-S5750-01 的 Gi0/2 接口关闭，测试 VLAN 20 的用户是否能正常切换到备份网关设备。

2. 具体操作

此处查看汇聚交换机 CX-HJ-S5310-01 信息，此时 VLAN 10 和 VLAN 50 的主网关在 CX-HJ-S5310-01 上，而 VLAN 20 主网关在 CX-HJ-S5310-02 上，符合项目需求，如图 2-5 所示。

```
CX-HJ-S5310-01#show vrrp brief
Interface      Grp  Pri  timer  Own  Pre  State   Master addr          Group addr
VLAN 10         10  150  3.41    -    P   Master  192.168.10.252       192.168.10.254
VLAN 20         20  120  3.53    -    P   Backup  192.168.20.253       192.168.20.254
VLAN 50         50  150  3.41    -    P   Master  192.168.50.252       192.168.50.254
```

图 2-5　关闭核心交换机 CX-HX-S5750-01 的 Gi0/2 接口前 VRRP 主备情况

然后将核心交换机 CX-HX-S5750-01 的 Gi0/2 接口关闭，这时由于 CX-HJ-S5310-02 的上联接口变为 Down 状态，VLAN 20 对应接口的优先级主动从 150 减少 50，变成 100。所以 VLAN 20 用户的主网关切换到了 CX-HJ-S5310-02，符合项目需求，如图 2-6 所示。

```
CX-HJ-S5310-01#show vrrp brief
Interface      Grp  Pri  timer  Own  Pre  State   Master addr          Group addr
VLAN 10         10  150  3.41    -    P   Master  192.168.10.252       192.168.10.254
VLAN 20         20  120  3.53    -    P   Master  192.168.20.252       192.168.20.254
VLAN 50         50  150  3.41    -    P   Master  192.168.50.252       192.168.50.254
```

图 2-6　关闭核心交换机 CX-HX-S5750-01 的 Gi0/2 接口后 VRRP 主备情况

工作过程 3：测试设备远程管理

1. 任务目标

测试 Telnet 功能是否正常。

2. 具体操作

用汇聚交换机远程登录接入交换机，分别输入对应的用户名和密码（woaizuguo），顺利进入核心交换机，如图 2-7 所示。

想了解更多详情，请自行扫码观看知识讲解视频。

视频2.7

```
CX-HJ-S5310-01#telnet 192.168.50.1
Trying 192.168.50.1, 23...

User Access Verification

Username:woaizuguo
Password:*********

User's password is too weak. Please change the password!


CX-JR-S2910-01>en

Password:*********


User's password is too weak. Please change the password!
CX-JR-S2910-01#
```

图 2-7 通过汇聚远程访问接入交换机

至此，本项目圆满完成。

单元测试

1. MSTP 比 RSTP 增加了（　　）。

A. 网桥　　B. 实例　　C. 端口状态　　D. 快速收敛机制

2. MSTP 是根据（　　）来阻塞端口的。

A. 端口　　B. 单个 VLAN　　C. instance　　D. zesr

3. 不同厂家的 MSTP 设备互联互通需要满足三个条件，不包括（　　）。

A. 封装协议一致　　B. 映射颗粒一致

C. 映射方向一致　　D. 传输方向一致

4. 如果两台交换机需要运行在一个域需要满足（　　）。

A. 域名一致　　B. 修订号一致

C. VLAN 和实例映射关系一致　　D. 以上都要

5. MSTP 中，以下角色端口不属于 IST 的端口角色的是（　　）。

A. 根端口　　B. 指定端口　　C. MASTER 端口　　D. 备份端口

6. 局域网中出现了 VRRP 双主现场导致流量不时中断，那么造成该 VRRP 双主的不可能原因有（　　）。

A. BFD 中断

B. 其中一台网关设备的上联口中断

C. 两台设备的 VRID 不匹配

D. 心跳线中断，导致两台网关设备无法交换 VRRP 报文

7. 在 VRRP 的配置过程中，可命令行配置的有效优先级不包括（　　）。

A. 10　　B. 254　　C. 1　　D. 255

8. 管理员在配置 VRRP 时，（　　）是必须配置的。

A. 抢占延时　　B. 虚拟路由器的优先级

C. 抢占模式　　D. 虚拟 IP 地址

9. VRRP 组内进行路由器切换时，新路由器会发送（　　）报文，确保主机可以正确发送数据。

A. VRRP 报文　　B. 免费 ARP　　C. 普通 ARP　　D. TRAP 报文

10. 下面不属于 VRRP 状态机的是（　　）。

A. Initialize　　B. Master　　C. Forwarding　　D. Buckup

11. VRRP 的报文的组播目的地址是（　　）。

A. 224.0.0.18　　B. 224.0.0.15　　C. 224.0.0.10　　D. 224.0.0.19

12. 当前都默认运行 MSTP 协议，那么关于默认状态的描述，下列哪个选项正确的？（　　）

A. 1

B. 2

C. 3

D. 每一个交换机运行于一个独立的 region

13. VRRP 虚拟路由器配置 VRID 是 3，虚拟 IP 地址是 100.1.1.10，那么虚 102 拟 MAC 地址是（　　）。

A. OO-OO-SE-00-01-64　　B. OO-OO-SE-00-01-03

C. 01-00-SE-00-01-64　　D. 01-00-SE-00-01-03

14. 在排除 VRRP 备份组双故障时，在配置 VRRP 备份组两端的 VLAN if 接口上执行 diss play this 命令后，下列说法错误的是（　　）。

A. 需要检查接口上的备份组 ID 是否相同

B. 需要检查 VRRP 组的虚拟 IP 地址是否相同

C. 需要检查接口 IP 地址是否在同一网段

D. 不需要检查 VRRP 中通告报文时间间隔是否相同

15. 以下配置中，能实现 VRRP 保护毫秒级倒换的是（　　）。

A. Link BFD　　B. PEER BFD　　C. TRACK BFD　　D. BFD_PW

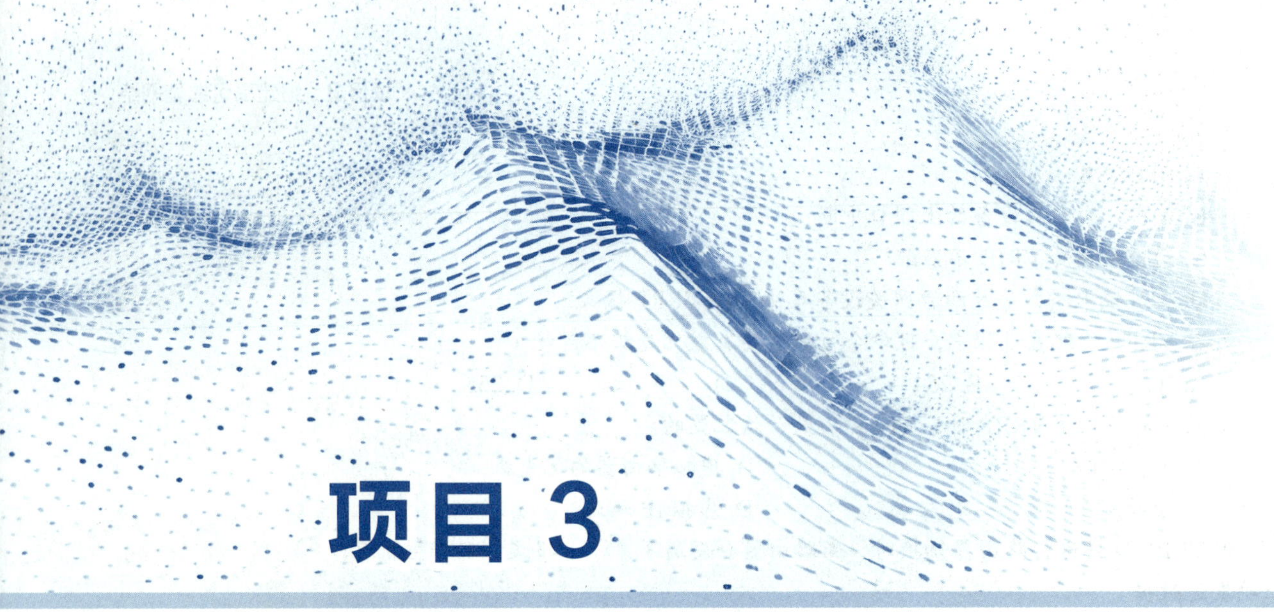

项目 3

组建极简型网络

在工作和生活中，很多时候需要化繁为简。拉尔夫·爱默生曾说过：“简单，就是伟大的事情。”把事情简单化，是一种了不起的思维能力。现在虚拟化技术的发展日渐成熟。使用虚拟化等技术可以使网络额度组建工作化繁为简。

本项目将组建极简型网络，就是通过使用交换机虚拟化技术，将多台核心交换机在逻辑上变成一台高性能的交换机，再集中将用户的网关等配置全部集中配置在核心交换机上。这样就减少了在汇聚层交换机的配置命令，极大地简化网络部署的配置方法，降低了汇聚层交换机的压力。

项目目标

知识目标

- 理解交换机虚拟化的应用场景及优势。
- 熟悉交换机虚拟化的选举原则及启动过程。
- 掌握交换机虚拟化的配置方法。
- 了解双主机检测机制。
- 掌握 BFD 原理及配置。

技能目标

- 掌握极简型网络的设计与配置方法。
- 能独立完成极简型网络的联调测试及常见故障处理。
- 掌握锐捷设备的配置方法。
- 掌握项目文档的编写方法。

素养目标

- 养成冗余备份的好习惯。
- 培养快速恢复故障的思想。
- 具备将事情简化的思维能力。

接收任务

任务导学

曹溪公司位于广东省韶关市。目前公司成立的分公司有市场部、技术研发部两个部门，每个部门各 10 人。公司要为分公司建立办公网络，目前已申请了一条出口线路，公网 IP 为 200.1.100.0/30，网关为 200.1.100.2。为了实现冗余备份，公司采购了两台核心交换机。随着虚拟化技术的成熟，为简化公司网络的逻辑拓扑结构，公司决定组建极简型网络。

公司安排工程师小王完成本项目。小王与客户沟通后了解到本项目的需求如下：

（1）实现内网和外网的互联互通，使内网用户能够访问外网（即互联网）。

（2）全网采用静态路由。

（3）实现设备远程管理，所有用户名和密码都设置为 woaizuguo。

（4）确保可靠性，实现核心交换机的冗余性，并实现主、从设备间的毫秒级切换。

想要了解更多详情，请自行扫码观看视频。

项目3

前期知识回顾

在开始本项目前，小王需要回顾一下之前学习过的知识，请扫描下方的二维码观看相关知识的讲解视频进行学习。

NAT 的工作原理是什么？

视频3.0

项目知识学习

回顾学习过的知识后，要完成本项目，小王还需要学习新知识，为此，他向公司资深的罗工程师（下称罗工）请教后学到了以下知识。

1. 小王：罗工您好，请问什么是 VSU 技术？

罗工：VSU 的英文全称是 virtual switch unit，中文名称为虚拟交换单元，是一种把多台物理交换机组合成一台虚拟交换机的新技术。通过 VSU 虚拟化之后的多台交换机，在逻辑上变成了一台交换机。

2. 小王：VSU 和传统的冗余技术相比有哪些优势？

罗工：VSU 的优势主要有三点。

（1）简化管理。例如，两台交换机使用传统冗余技术，这两台交换机仍是独立的两台设备，无论从登录、配置、运维等各方面来看，它们都是独立的。但这两台交换机运行了 VSU 后，就从逻辑上虚拟成了一台交换机。工程师只需要对其中的主交换机进行配置和管理即可，从而达到事半功倍的效果。

（2）简化网络拓扑。图 3-1 所示是一个具有双核心交换机的网络拓扑图。如果两台核心交换机上部署了 VSU，则在逻辑上就简化成单核心的网络拓扑结构了，如图 3-2 所示，从而实现化繁为简的效果。

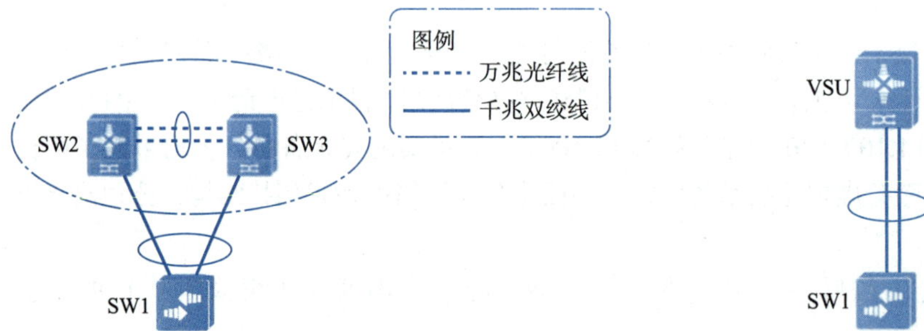

图 3-1　双核心网络实际拓扑图　　图 3-2　简化后的 VSU 逻辑拓扑图

（3）故障恢复时间缩短到毫秒级。由于在运行 VSU 时，各交换机之间会使用专用的线路进行互联。因此当某台交换机出现故障的时候，其他交换机会在毫秒间快速感知到，并接替对方继续工作，使网络更加稳定。

3. 小王：VSU 中主要涉及哪些概念？

罗工：VSU 技术主要涉及的概念有 Domain ID、Switch ID、交换机优先级、VSL、机箱角色等。

（1）Domain ID：是 VSU 的标识符，作为 VSU 的一个属性，主要用来区分不同的 VSU。只有 Domain ID 相同的交换机，才能运行 VSU。Domain ID 的取值范围是 1 到 255，默认值是 10。

（2）Switch ID：是交换机在 VSU 中的成员编号，是成员交换机的一个属性。在一个 VSU 中，成员设备的编号必须是唯一的，如果建立 VSU 的两个成员设备的编号相同，则不能建立 VSU。一般设置主机箱的编号为 1。

（3）交换机优先级：用来在角色选举过程中确定成员交换机的角色，也是成员交换机的一个属性。交换机优先级越高，被选举为主机箱的可能性越大。优先级取值范围是 1 到 255，默认优先级是 100。如果想让某台交换机被选举为主机箱，一般方法是提高该交换机的优先级。

（4）虚拟交换链路：英文名称是 virtual switching link，缩写为 VSL，是一条用来在各成员交换机之间传输控制报文的特殊聚合链路。除控制报文外，可能存在跨机箱的数据报文也会通过 VSL 传输。为减少控制报文丢失的可能性，通常要设置控制报文的优先级高于数据报文的优先级。

（5）机箱角色：以两台交换机运行 VSU 为例，当刚开始运行 VSU 时，两台机箱通过选举算法确定主从身份，其中一台机箱作为主机箱，另外一台机箱作为从机箱。在控制面，主机箱处于 Active 状态，从机箱处于 Standby 状态，主机箱把控制面信息实时同步到从机箱，从机箱收到控制报文，需要转交给主机箱处理。在数据面，两台机箱都处于 Active 状态，即都参与数据报文的转发。

4. 小王：什么是 VSU 双主机检测？

罗工：如果两台设备组成的 VSU 中间的 VSL 链路故障中断，会导致 VSU 的两个相邻成员设备物理上不连通，由原来的一个 VSU 变为现在的两个 VSU，这个过程称为 VSU 的分裂，如图 3-3 所示。

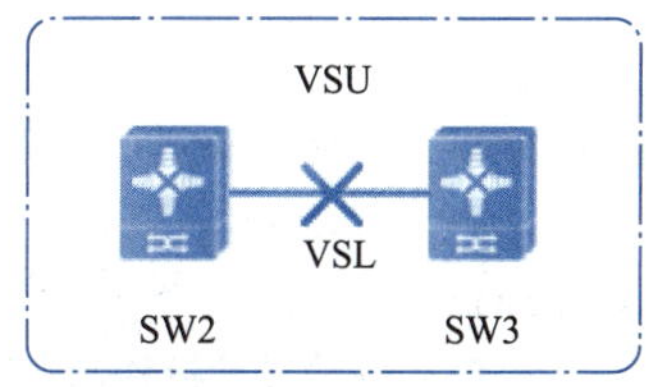

=

+

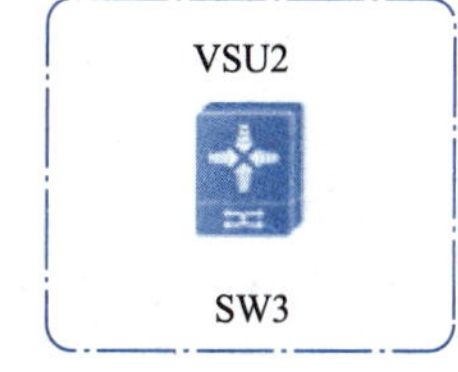

图 3-3　VSU 分裂过程

VSU 分裂时，网络上会出现两个配置相同的主机，这种情况称为双主机。此时，两台交换机的所有虚接口（VLAN 接口和环回接口等）的配置相同。为了防止网络中出现 IP 地址冲突，需要一种策略来解决双主机存在的问题。

要规避双主机的出现，首先要能够及时检测出网络中出现的双主机。目前检测双主机有两种方案：一种是基于双向转发检测（bidirectional forwarding detection，BFD）；另一种是基于 VSU 与接入交换机之间组建的聚合链路进行检测。这里重点介绍前者。

BFD 是一个用于检测两个转发点之间故障的网络协议，是一种双向转发检测机制，可以提供毫秒级的检测，实现链路的快速检测。BFD 通过与上层路由协议联动，可以实现路由的快速收敛，确保业务的永续性。

BFD Echo 报文采用 UDP 封装，目的端口号为 3784，源端口号在 49152 到 65535 的范围内。目的 IP 地址为发送接口的地址，源 IP 地址由配置产生（配置的源 IP 地址要避免产生 ICMP 重定向）。

在 VSU 的应用案例中，通常需要在两台交换机之间建立一条独立的双主机检测链路。当 VSL 断开时，两台交换机开始通过双主机检测链路发送检测报文，收到对端发来的双主机检测报文，就说明对端仍在正常运行，存在两台主机。BFD 双主机检测示意图如图 3-4 所示。

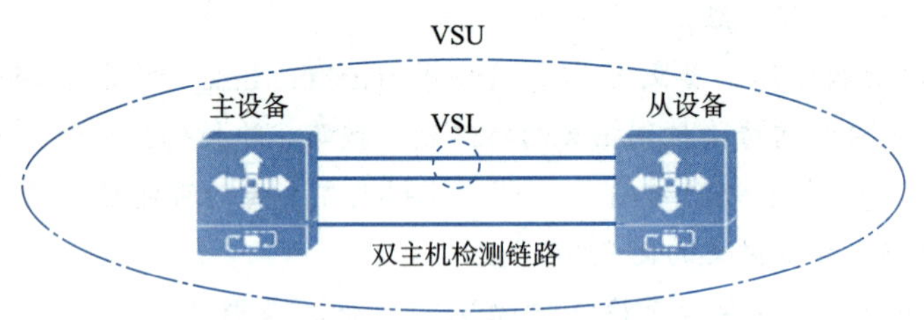

图 3-4 BFD 双主机检测示意图

BFD 的双主机检测端口必须是三层路由口。二层口、三层 AP 口或 SVI 口等其他接口都不能作为 BFD 的检测端口。因此需要将进行双主机检测的接口由交换机配置为路由口。这里需要注意，在单机模式下，接口编号采用二维格式（如 GigabitEthernet 1/1），而在 VSU 中，接口编号采用三维格式（如 GigabitEthernet 1/1/1），第一维表示成员编号。

5. 小王：VSU 如何配置？

罗工：VSU 的主要配置有配置 VSU 域、配置 VSL、设置虚拟化模式、配置双主机检测、查看命令。

（1）配置 VSU 域命令如下：

```
Ruijie(config)#switch virtual domain domain-id        //设置Domain ID
Ruijie(config-vs-domain)#switch switch-id             //设置Switch ID
Ruijie(config-vs-domain)#switch switch-id priority priority
                                                      //设置交换机优先级
Ruijie(config-vs-domain)#exit
```

（2）配置 VSL 命令如下：

```
Ruijie(config)#vsl-port                                //进入VSL链路
Ruijie(config-vs-port)#port-member interface interface-id   //加入成员接口
Ruijie(config-vs-port)#end
```

（3）设置虚拟化模式命令如下：

```
Ruijie# switch convert mode virtual              //运行模式转换为虚拟化模式
```

说明：配置完上述命令，交换机会确认是否重启，输入“y”，等待重启完成即可。

想了解更多详情，请自行扫码观看知识讲解视频。

视频3.1

视频3.2

视频3.3

（4）配置双主机检测命令如下：

```
Ruijie(config)#switch virtual domain domain-id
Ruijie(config-vs-domain)#dual-active detection bfd    //设置检测模式为BFD
Ruijie(config-vs-domain)#dual-active bfd interface interface
                                                //添加检测的接口
```

（5）查看命令如下：

```
show switch virtual                             //查看VSU运行状态
show switch virtual config                      //查看VSU配置信息
show switch virtual dual                        //查看BFD双主机检测状态
```

任务 1　组建极简型网络需求分析

所谓需求分析，就是为本项目的每个需求逐一找到对应的实现方法。

工作过程 1：逐步分析项目需求

通过前期的学习，可知本项目的网络拓扑为双核心网络。接下来根据上述项目需求逐条进行分析，过程如下：

需求如下：

（1）能够实现内网和外网的互联互通，使内网用户能够访问外网（即互联网）。

（2）全网采用静态路由。

实现方法如下：

➢ 在全网设备配置基本信息。

➢ 在核心及接入层配置 VLAN 及 SVI。

➢ 在出口及核心层配置静态路由。

➢ 出口设备配置 NAT。

需求如下：

（3）实现设备远程管理，所有用户名和密码都设置为 woaizuguo。

实现方法如下：

➢ 在全网设备配置 Telnet 功能。

需求如下：

（4）确保可靠性，实现核心交换机的冗余性，并实现主、从设备间的毫秒级切换。

实现方法如下：

➢ 在核心配置 VSU 及双主机检测机制。

➢ 在核心及接入层、核心及出口分别部署端口聚合。

工作过程 2：确定项目实施的具体步骤

将以上需求分析及实现方法进行整合，可知项目实施步骤如下：

（1）规划配置 VSU。

（2）配置设备基本信息。

（3）配置端口聚合。

（4）配置 VLAN 及 SVI。

（5）配置设备远程登录。

（6）配置静态路由。

（7）配置 NAT。

配置完成后，还需进行项目联调与测试。

想了解更多详情，请自行扫码观看知识讲解视频。

视频3.4

任务 2　组建极简型网络规划设计

本项目规划需要完成以下工作：

- 规划设备清单。
- 规划网络拓扑。
- 规划设备主机名。
- 规划 VLAN。
- 规划 IP 地址。
- 规划设备互联接口。

下面将按照这个步骤，为本项目进行规划。

工作过程 1：规划设备清单

本项目设备清单见表 3-1。

表 3-1　设备清单

序号	类型	设备	厂商	型号	数量	备注
1	硬件	二层接入交换机	锐捷	RG-S2910-24GT4XS-E	1 台	接入交换机
2	硬件	三层接入交换机	锐捷	RG-5310-24GT4XS	2 台	核心交换机
3	硬件	出口路由器	锐捷	RG-RSR20-X	1 台	出口设备
4	硬件	万兆光纤线及模块	锐捷	XG-SFP-CU-1M	2 对	核心交换机互联
5	硬件	双绞线	—	—	若干米	—
6	硬件	计算机	—	—	3 台	配置设备及测试用
7	软件	SecureCRT	—	6.5 版本及以上	1 套	配置设备用

工作过程 2：规划网络拓扑

该项目的网络拓扑图如图 3-5 所示。

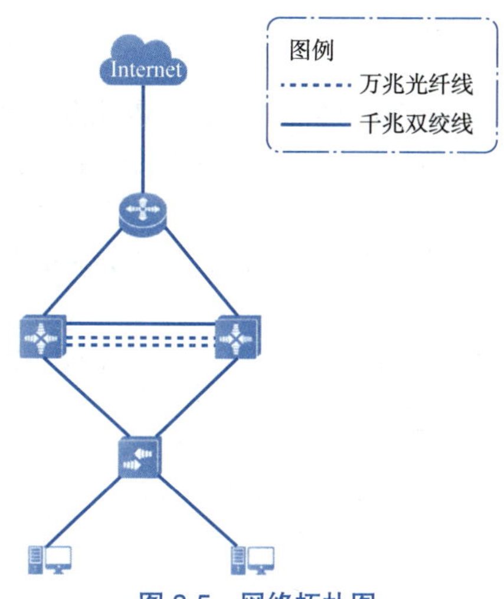

图 3-5　网络拓扑图

工作过程 3：规划设备主机名

设备名称用于标识一台设备的名字，在实际应用过程中可以根据需求进行命名。项目中合理地对设备进行命名，可以便于对设备进行维护和管理。该项目中网络设备命名规范为：AA-BB-CC-DD，其中：

➢ AA：表示设备的物理位置。曹溪公司表示为 CX。

➢ BB：表示设备的角色。接入交换机表示为 JR，核心交换机表示为 HX，出口设备表示为 CK。

➢ CC：表示设备型号，具体可参见设备清单。

➢ DD：表示设备序号，其中做完 VSU 后的核心交换机表示为 VSU。

表 3-2 为本项目所有设备的型号及名称。

表 3-2　设备型号及主机名名称

序号	设备型号	设备主机名	备注
1	RG-S2910-24GT4XS-E	CX-JR-S2910-01	接入交换机
2	RG-5310-24GT4XS	CX-HX-S5310-VSU	核心交换机
3	RG-RSR20-X	CX-CK-RSR20-01	出口设备

工作过程 4：规划 VLAN

本项目为市场部及技术研发部的用户、二层交换机管理各自分配了 VLAN。VLAN 的规划信息见表 3-3。

表 3-3　VLAN 规划表

序号	VLAN ID	VLAN 名称	备注
1	10	ShiChangBu_VLAN	市场部 VLAN
2	20	JiShuYanFaBu_VLAN	技术研发部 VLAN
3	50	Manage_VLAN	二层设备管理 VLAN

工作过程 5：规划 IP 地址

市场部、技术研发部总共有两个业务 VLAN，因此需要规划两个业务网段，同时还要规划接入交换机的管理地址。二层设备管理采用单独的管理网段，业务地址及管理地址的网关都位于核心交换机。另外，还需要规划三层设备之间接口的互联地址。

综上所述，本项目的 IP 地址详细规划见表 3-4 ~ 表 3-6。

表 3-4　用户业务 IP 地址规划表

序号	区域	IP 地址	掩码	网关
1	市场部	192.168.10.0	255.255.255.0	192.168.10.254
2	技术研发部	192.168.20.0	255.255.255.0	192.168.20.254

表 3-5　接入交换机管理地址规划表

序号	设备名称	管理接口	IP 地址	掩码	网关
1	CX-JR-S2910-01	SVI50	192.168.50.1	255.255.255.0	192.168.50.254

表 3-6　设备互联 IP 地址规划表

序号	本端设备名称	本端 IP 地址	对端设备名称	对端 IP 地址
1	CX-HX-S5310-VSU	192.168.255.1/30	CX-CK-RSR20-01	192.168.255.2/30
2	CX-CK-RSR20-01	200.1.100.1/30	ISP	200.1.100.2/30

需要说明的是，本项目需要使用 ISP 线路。如果在模拟环境中没有 ISP 线路，可用一台路由器或三层交换机来模拟 ISP，本书在此处使用路由器来模拟 ISP，并在 Loopback 0 接口上配置 IP 地址 12.34.56.78/32 模拟某外网网址，用于内网用户测试。由于路由器配置 IP 地址为基本操作，故而后面的内容不再展开介绍。

工作过程 6：规划设备互联接口

该项目中，网络设备之间的互联接口规划的规范为：Con_To_ 对端设备名称 _ 对端接口名，具体规划见表 3-7。

表 3-7　设备互联接口规划表

<table>
<tr><th>本端设备</th><th>接口</th><th>接口描述</th><th>对端设备</th><th>接口</th><th>接口描述</th></tr>
<tr><td rowspan="3">CX-CK-RSR20-01</td><td>Gi0/0</td><td>Con_To_CX-HX-S5310-01_Gi0/3</td><td>CX-HX-S5310-01</td><td>Gi0/3</td><td>Con_To_CX-CK-RSR20-01_Gi0/0</td></tr>
<tr><td>Gi0/1</td><td>Con_To_CX-HX-S5310-02_Gi0/3</td><td>CX-HX-S5310-02</td><td>Gi0/3</td><td>Con_To_CX-CK-RSR20-01_Gi0/1</td></tr>
<tr><td>Gi0/2</td><td>Con_To_ISP</td><td>ISP</td><td>—</td><td>—</td></tr>
<tr><td rowspan="4">CX-HX-S5310-01</td><td>TenGi0/25</td><td>Con_To_CX-HX-S5310-02_TenGi0/25</td><td>CX-HX-S5310-02</td><td>TenGi0/25</td><td>Con_To_CX-HX-S5310-01_TenGi0/25</td></tr>
<tr><td>TenGi0/26</td><td>Con_To_CX-HX-S5310-02_TenGi0/26</td><td>CX-HX-S5310-02</td><td>TenGi0/26</td><td>Con_To_CX-HX-S5310-01_TenGi0/26</td></tr>
<tr><td>Gi0/4</td><td>Con_To_CX-HX-S5310-02_Gi0/4</td><td>CX-HX-S5310-02</td><td>Gi0/4</td><td>Con_To_CX-HX-S5310-01_Gi0/4</td></tr>
<tr><td>Gi0/1</td><td>Con_To_CX-JR-S2910-01_Gi0/1</td><td>CX-JR-S2910-01</td><td>Gi0/1</td><td>Con_To_CX-HX-S5310-01_Gi0/1</td></tr>
<tr><td>CX-HX-S5310-02</td><td>Gi0/1</td><td>Con_To_CX-JR-S2910-01_Gi0/2</td><td>CX-JR-S2910-01</td><td>Gi0/2</td><td>Con_To_CX-HX-S5310-02_Gi0/1</td></tr>
<tr><td rowspan="2">CX-JR-S2910-01</td><td>Gi0/3</td><td>—</td><td>市场部 PC</td><td>—</td><td>—</td></tr>
<tr><td>Gi0/4</td><td>—</td><td>技术研发部 PC</td><td>—</td><td>—</td></tr>
</table>

需要说明，在连线时为了区分两台核心交换机，将部署在左边的命名为 CX-HX-S5310-01，部署在右边的命名为 CX-HX-S5310-02。在配置时不再区分，统一命名为 CX-HX-S5310-VSU。

为了方便接下来的项目实施，在图 3-5 所示网络拓扑图的基础上进行细化，将主机名称、IP 地址、VLAN、接口编号等信息标注在网络拓扑图中，得到该项目详细的网络拓扑图，如图 3-6 所示。

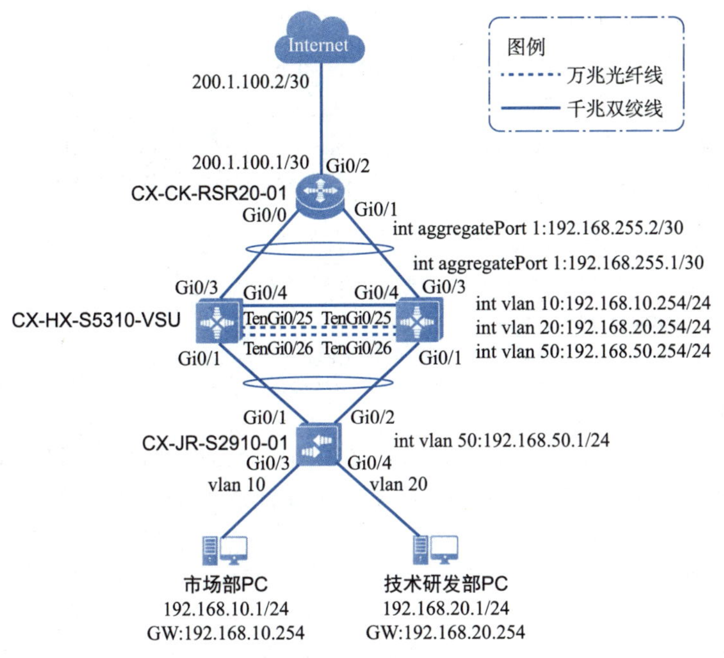

图 3-6　详细网络拓扑图

想了解更多详情，请自行扫码观看知识讲解视频。

视频3.5

任务 3　组建极简型网络项目实施

工作过程 1：按照拓扑连接设备

1. 任务目标

按照图 3-6 所示详细网络拓扑图，用双绞线连接本项目的设备。

2. 具体操作

这里的操作是物理连接，按照表 3-7 所示设备互联接口规划表进行连线。

需要说明的是，两台核心交换机之间使用两根万兆光纤线（型号：XG-SFP-CU-1M）连接 TenGi0/25 和 TenGi0/26 端口。为防止两台交换机之间出现二层环路，可以先连接一根线缆。当设备重启之后，再连接另一根线缆。

工作过程 2：在核心交换机配置 VSU

1. 任务目标

在开始配置设备基本信息之前，先进行 VSU 的配置，包括 VSU 基本参数、VSL 链路、交换机工作模式转换、双主机检测等。

2. 具体操作

（1）配置 VSU 基本参数。

➢ 核心交换机 CX-HX-S5310-01 中的配置如下：

```
Ruijie(config)#switch virtual domain 1        //设置Domain ID
Ruijie(config-vs-domain)#switch 1             //设置Switch ID
Ruijie(config-vs-domain)#switch 1 priority 150 //设置交换机优先级
```

➢ 核心交换机 CX-HX-S5310-02 中的配置如下：

```
Ruijie(config)#switch virtual domain 1        //设置Domain ID
Ruijie(config-vs-domain)#switch 2             //设置Switch ID
Ruijie(config-vs-domain)#switch 2 priority 120 //设置交换机优先级
```

（2）配置 VSL 链路。

VSL 是 VSU 配置的一个重要部分，必须两台核心交换机都要进行配置，否则 VSU 将无法正常建立。两台核心交换机 VSL 的配置命令相同，配置如下：

```
Ruijie(config)#vsl-port                       //进入VSL链路
Ruijie(config-vs-port)#port-member interface TenGigabitEthernet 0/25
                                              //VSL中加入成员接口
Ruijie(config-vs-port)#port-member interface TenGigabitEthernet 0/26
                                              //VSL中加入成员接口
```

（3）交换机工作模式转换。

交换机默认工作在单机模式（standalone）下，本项目需要将其工作模式从单机模式转换为虚拟化模式（virtual）。两台设备执行相同的转换命令，建议先转换主机箱，再转换从机箱，只不过转换之间需要进行 VSU 配置的保存。配置如下：

```
Ruijie#switch convert mode virtual  //运行模式转换为虚拟化模式
Convert switch mode will automatically backup the "config.text" file
and then delete it, and reload the switch. Do you want to convert switch
to virtual mode? [no/yes]y                 //输入“y”后按【Enter】键确认
```

说明：选择转换模式之后，设备会重新启动。两台设备重新启动后，会通过 VSL 收发控制报文，完成 VSU 建立，整个过程需要 10 ～ 15 分钟。VSU 建立之后，只需要登录主机箱就可以完成核心交换机的相关配置和查看命令，无须登录从设备。

（4）双主机检测配置。

双主机检测的配置如下：

```
Ruijie(config)#interface GigabitEthernet 1/0/4
```

```
                                            //进入参与双主机检测的端口
Ruijie(config-if-GigabitEthernet 1/0/4)#no switchport
                                            //将三层聚合的端口转换为路由口
Ruijie(config-if-GigabitEthernet 1/0/4)#interface GigabitEthernet 2/0/4
                                            //进入参与双主机检测的端口
Ruijie(config-if-GigabitEthernet 2/0/4)#no switchport
                                            //将三层聚合的端口转换为路由口
Ruijie(config-if-GigabitEthernet 2/0/4)#exit         //退出接口模式
Ruijie(config)#switch virtual domain 1              //设置Domain ID
Ruijie(config-vs-domain)#dual-active detection bfd
                                            //设置双主机检测模式为BFD
Ruijie(config-vs-domain)#dual-active bfd interface GigabitEthernet 1/0/4
                                            //添加参与双主机检测的接口
Ruijie(config-vs-domain)#dual-active bfd interface GigabitEthernet 2/0/4
                                            //添加参与双主机检测的接口
```

配置完 VSU 后，进行阶段性测试，查看 VSU 的状态。测试结果如图 3-7 所示，显示 VSU 运行状态正常。

```
Ruijie#show switch virtual
Switch_id    Domain_id    Priority    Position    Status    Role       Description
----------------------------------------------------------------------------------
1(1)         1(1)         150(150)    LOCAL       OK        ACTIVE
2(2)         1(1)         120(120)    REMOTE      OK        STANDBY
```

图 3-7　VSU 运行状态正常

再查看 BFD 双主机检测机制的运行状态，结果如图 3-8 所示，显示运行正常。

```
Ruijie#show switch virtual dual-active bfd
BFD dual-active detection enabled: Yes
BFD dual-active interface configured:
  GigabitEthernet 1/0/4: UP
  GigabitEthernet 2/0/4: UP
```

图 3-8　BFD 双主机检测机制运行正常

工作过程 3：配置交换机基本信息

1.任务目标

在开始功能性配置之前，先完成前期规划表中涉及的所有网络设备的基本配置，包括主机名、端口描述等。

2. 具体操作

由于基本配置已经在前面章节中多次出现，所以此处仅以接入交换机 CX-JR-S2910-01 为例进行说明，配置如下：

```
Ruijie>enable                                        //进入特权模式
Ruijie#configure terminal                            //进入全局配置模式
Ruijie(config)#hostname CX-JR-S2910-01               //配置主机名
```

```
CX-JR-S2910-01(config)#interface GigabitEthernet 0/1 //进入接口配置模式
CX-JR-S2910-01(config-if-GigabitEthernet 0/1)#description Con_To_CX-HX-S5310-01_Gi0/1
                                                          //配置接口描述
CX-JR-S2910-01(config-if-GigabitEthernet 0/1)#exit//返回全局配置模式
CX-JR-S2910-01(config)#interface GigabitEthernet 0/2//进入接口配置模式
CX-JR-S2910-01(config-if-GigabitEthernet 0/2)#description Con_To_CX-HX-S5310-02_Gi0/1
                                                          //配置接口描述
CX-JR-S2910-01(config-if-GigabitEthernet 0/2)#exit//返回全局模式
```

工作过程 4：配置端口聚合

1. 任务目标

按前面规划设计的内容，在出口设备 CX-CK-RSR20-01、核心交换机 CX-HX-S5310-VSU、接入交换机 CX-JR-S2910-01 上配置三层聚合端口或二层聚合端口，并对聚合端口进行相关配置。

2. 具体操作

在出口设备 CX-CK-RSR20-01 和核心交换机 CX-HX-S5310-VSU 上配置三层端口聚合。核心交换机 CX-HX-S5310-VSU 的配置如下：

```
CX-HX-S5310-VSU(config)#interface range GigabitEthernet 1/0/3,2/0/3
                                                  //进入参与聚合的端口
CX-HX-S5310-VSU(config-if-range)#no switchport
                                              //将参与三层聚合的端口转换为路由口
CX-HX-S5310-VSU(config-if-range)#exit                     //退出接口模式
CX-HX-S5310-VSU(config)#interface aggregateport 1  //创建聚合端口Ag1
CX-HX-S5310-VSU(config-if-aggregatePort 1)#no switchport
                                              //将参与三层聚合的端口转换为路由口
CX-HX-S5310-VSU(config-if-aggregatePort 1)#ip address 192.168.255.1 255.255.255.252
                                                          //配置互联IP地址
CX-HX-S5310-VSU(config-if-aggregatePort 1)#exit    //退出接口模式
CX-HX-S5310-VSU(config)#interface range GigabitEthernet 1/0/3,2/0/3
                                                  //进入参与聚合的端口
CX-HX-S5310-VSU(config-if-range)#port-group 1
                                                  //将成员端口加入聚合组Ag1
CX-HX-S5310-VSU(config-if-range)#exit             //退回全局配置模式
```

出口设备 CX-CK-RSR20-01 的配置如下：

```
CX-CK-RSR20-01(config)#interface range gigabitethernet 0/0-1
                                                  //进入参与聚合的端口
CX-CK-RSR20-01(config-if-range)#route-port-group 1
                                                  //将成员端口加入聚合组Ag1
CX-CK-RSR20-01(config-if-range)#exit              //退回全局配置模式
```

```
CX-CK-RSR20-01(config)#interface route-aggregateport 1 //创建聚合端口Ag1
CX-CK-RSR20-01(config-if-aggregatePort 1)#ip address 192.168.255.2 255.255.255.252
                                                        //配置IP地址
CX-CK-RSR20-01(config-if-aggregatePort 1)#exit          //退回全局配置模式
```

在核心交换机 CX-HX-S5310-VSU 和接入交换机 CX-JR-S2910-01 上配置二层端口聚合。此处以核心交换机 CX-HX-S5310-VSU 的配置为例，接入交换机 CX-JR-S2910-01 的配置与其相同，配置如下：

```
CX-HX-S5310-VSU(config)#interface range GigabitEthernet 1/0/1,2/0/1
                                                 //进入参与聚合的端口
CX-HX-S5310-VSU(config-if-range)#port-group 2  //将成员端口加入聚合组Ag2
CX-HX-S5310-VSU(config-if-range)#interface aggregatePort 2
                                                 //进入聚合端口Ag2
CX-HX-S5310-VSU(config-if-aggregatePort 2)#switchport mode trunk
                                                 //将聚合端口Ag2设为TRUNK
CX-HX-S5310-VSU(config-if-aggregatePort 2)#exit       //退出接口模式
```

工作过程 5：配置 VLAN 及 IP 地址

1. 任务目标

按照项目规划，在出口设备 CX-CK-RSR20-01、核心交换机 CX-HX-S5310-VSU 及接入交换机 CX-JR-S2910-01 上创建 VLAN 及 IP 地址。

2. 具体操作

此处以核心交换机 CX-HX-S5310-VSU 为例，其聚合接口的配置在工作过程 4：配置端口聚合中已经完成，其余配置如下：

```
CX-HX-S5310-VSU(config)#vlan 10                        //创建用户VLAN
CX-HX-S5310-VSU(config-vlan)#name ShiChangBu_VLAN      //VLAN命名
CX-HX-S5310-VSU(config-vlan)#vlan 20                   //创建用户VLAN
CX-HX-S5310-VSU(config-vlan)#name JiShuYanFaBu_VLAN    //VLAN命名
CX-HX-S5310-VSU(config-vlan)#vlan 50                   //创建管理VLAN
CX-HX-S5310-VSU(config-vlan)#name Manage_VLAN          //VLAN命名
CX-HX-S5310-VSU(config-vlan)#interface vlan 10         //配置市场部用户网关
CX-HX-S5310-VSU(config-if-vlan 10)#description GW_ShiChangBu
                                                        //SVI接口配置描述
CX-HX-S5310-VSU(config-if-vlan 10)#ip address 192.168.10.254 255.255.255.0
                                                        //配置SVI接口地址
CX-HX-S5310-VSU(config-if-vlan 10)#interface vlan 20 //配置技术部用户网关
CX-HX-S5310-VSU(config-if-vlan 20)#description GW_JiShuYanFaBu
                                                        //SVI接口配置描述
CX-HX-S5310-VSU(config-if-vlan 20)#ip address 192.168.20.254 255.255.255.0
                                                        //配置SVI接口地址
```

```
CX-HX-S5310-VSU(config-if-vlan 20)#interface vlan 50
                                            //配置二层设备管理网关
CX-HX-S5310-VSU(config-if-vlan 50)#description GW_Manage
                                            //SVI接口配置描述
CX-HX-S5310-VSU(config-if-vlan 50)#ip address 192.168.50.254 255.255.255.0
                                            //配置SVI接口地址
CX-HX-S5310-VSU(config-if-vlan 50)#exit     //退回全局配置模式
```

工作过程6：配置设备Telnet

1. 任务目标

在全网交换机及出口设备上开启Telnet，实现远程管理，用户名和密码均设为woaizuguo。

2. 具体操作

此处以接入交换机CX-JR-S2910-01为例，配置如下（其余设备的配置命令与其相同）：

```
CX-JR-S2910-01(config)#username woaizuguo password woaizuguo
                                            //配置全局用户名和密码
CX-JR-S2910-01(config)#enable secret woaizuguo //配置加密的特权密码
CX-JR-S2910-01(config)#line vty 0 4         //进入远程配置模式
CX-JR-S2910-01(config-line)#login local
                                //使用本地用户名密码进行远程登录认证
CX-JR-S2910-01(config-line)#exit            //退出远程配置模式
```

工作过程7：配置静态路由

1. 任务目标

在核心交换机CX-HX-S5310-VSU及出口设备CX-CK-RSR20-01配置默认路由及静态路由。

2. 具体操作

（1）核心交换机CX-HX-S5310-VSU的配置如下：

```
CX-HX-S5310-VSU(config)#ip route 0.0.0.0 0.0.0.0 192.168.255.2
                                            //在核心交换机配置默认路由
```

（2）出口设备CX-CK-RSR20-01的配置如下：

```
CX-CK-RSR20-01(config)#ip route 0.0.0.0 0.0.0.0 200.1.100.2
                                            //在出口设备配置默认路由
CX-CK-RSR20-01(config)#ip route 192.168.0.0 255.255.0.0 192.168.255.1
                                            //在出口设备配置静态路由
```

工作过程 8：配置 NAT

1. 任务目标

在出口设备 CX-CK-RSR20-01 配置 NAT。

2. 具体操作

出口设备 CX-CK-RSR20-01 的配置如下：

```
CX-CK-RSR20-01(config)#interface route-aggregatePort 1 //进入内网口
CX-CK-RSR20-01(config-if-Route-aggregatePort 1))#ip nat inside
                                                   //设置接口类型
CX-CK-RSR20-01(config-if-Route-aggregatePort 1)#interface GigabitEthernet 0/2
                                                   //进入外网口
CX-CK-RSR20-01(config-if-GigabitEthernet 0/2)#ip nat outside
                                                   //设置接口类型
CX-CK-RSR20-01(config-if-GigabitEthernet 0/2)#exit
CX-CK-RSR20-01(config)#access-list 1 permit 192.168.0.0 0.0.255.255
                                                   //创建ACL
CX-CK-RSR20-01(config)#ip nat pool nat netmask 255.255.255.252
                                                   //创建NAT地址池
CX-CK-RSR20-01(config-nat)#address 200.1.100.1 200.1.100.1
CX-CK-RSR20-01(config-nat)#exit
CX-CK-RSR20-01(config)#ip nat inside source list 1 pool nat overload
                                                   //创建NAT规则
```

请思考：如何网络内部有 Web 服务器需要对外网用户提供服务，在出口设备上需要如何配置?

答案：为 Web 服务器的相关端口（如 TCP 80）设置端口映射。

任务 4 组建极简型网络联调测试

项目实施完成后，需要对网络的运行状态进行测试。本次测试包括三个方面：基本连通性、可靠性及设备远程管理。

工作过程 1：测试基本连通性

1. 任务目标

将两部门的 PC 接入网络，并配置相应 IP 地址，测试是否能 PING 通内外网。

2. 具体操作

按照网络规划，为市场部和技术研发部 PC 分别配置 IP 地址。再用市场部 PC 分别 PING 技术研发部 PC 和外网地址（按照前面的说明，此处使用 12.34.56.78 模拟外网服务器），都可以 PING 通，结果如图 3-9 和图 3-10 所示，表示都可以访问。

```
C:\Users\xiquw>ping 192.168.20.1

正在 Ping 192.168.20.1 具有 32 字节的数据:
来自 192.168.20.1 的回复: 字节=32 时间=4ms TTL=64
来自 192.168.20.1 的回复: 字节=32 时间=5ms TTL=64
来自 192.168.20.1 的回复: 字节=32 时间=2ms TTL=64
来自 192.168.20.1 的回复: 字节=32 时间=2ms TTL=64

192.168.20.1 的 Ping 统计信息:
    数据包: 已发送 = 4, 已接收 = 4, 丢失 = 0 (0% 丢失),
往返行程的估计时间(以毫秒为单位):
    最短 = 2ms, 最长 = 5ms, 平均 = 3ms
```

图 3-9　市场部可以访问技术研发部

```
C:\Users\xiquw>ping 12.34.56.78

正在 Ping 12.34.56.78 具有 32 字节的数据:
来自 12.34.56.78 的回复: 字节=32 时间=1ms TTL=64
来自 12.34.56.78 的回复: 字节=32 时间=2ms TTL=64
来自 12.34.56.78 的回复: 字节=32 时间=3ms TTL=64
来自 12.34.56.78 的回复: 字节=32 时间=2ms TTL=64

12.34.56.78 的 Ping 统计信息:
    数据包: 已发送 = 4, 已接收 = 4, 丢失 = 0 (0% 丢失),
往返行程的估计时间(以毫秒为单位):
    最短 = 1ms, 最长 = 3ms, 平均 = 2ms
```

图 3-10　市场部可以访问外网

工作过程 2：测试可靠性

1. 任务目标

将核心交换机 CX-HX-S5310-01 关闭，测试在 VSU 切换过程中是否断网。

2. 具体操作

用市场部 PC 持续 PING 外网（IP 地址为 12.34.56.78），在此过程中关闭核心交换机 1（VSU 主设备），发现在 VSU 切换的过程中市场部 PC 的报文没有丢弃，结果如图 3-11 所示。

```
C:\Users\xiquw>ping 12.34.56.78 -t

正在 Ping 12.34.56.78 具有 32 字节的数据:
来自 12.34.56.78 的回复: 字节=32 时间=4ms TTL=64
来自 12.34.56.78 的回复: 字节=32 时间=2ms TTL=64
来自 12.34.56.78 的回复: 字节=32 时间=1ms TTL=64
来自 12.34.56.78 的回复: 字节=32 时间=2ms TTL=64
来自 12.34.56.78 的回复: 字节=32 时间=2ms TTL=64
来自 12.34.56.78 的回复: 字节=32 时间=2ms TTL=64
来自 12.34.56.78 的回复: 字节=32 时间=2ms TTL=64
来自 12.34.56.78 的回复: 字节=32 时间=2ms TTL=64
来自 12.34.56.78 的回复: 字节=32 时间=2ms TTL=64
来自 12.34.56.78 的回复: 字节=32 时间=3ms TTL=64
来自 12.34.56.78 的回复: 字节=32 时间=2ms TTL=64
来自 12.34.56.78 的回复: 字节=32 时间=8ms TTL=64
来自 12.34.56.78 的回复: 字节=32 时间=3ms TTL=64
来自 12.34.56.78 的回复: 字节=32 时间=2ms TTL=64
来自 12.34.56.78 的回复: 字节=32 时间=1ms TTL=64
来自 12.34.56.78 的回复: 字节=32 时间=2ms TTL=64
来自 12.34.56.78 的回复: 字节=32 时间=1ms TTL=64
来自 12.34.56.78 的回复: 字节=32 时间=3ms TTL=64
来自 12.34.56.78 的回复: 字节=32 时间=2ms TTL=64
来自 12.34.56.78 的回复: 字节=32 时间=2ms TTL=64
来自 12.34.56.78 的回复: 字节=32 时间=2ms TTL=64

12.34.56.78 的 Ping 统计信息:
    数据包: 已发送 = 21, 已接收 = 21, 丢失 = 0 (0% 丢失),
往返行程的估计时间(以毫秒为单位):
    最短 = 1ms, 最长 = 8ms, 平均 = 2ms
```

图 3-11　当主核心故障、核心交换机切换时用户数据未丢包

登录核心交换机 CX-HX-S5310-02，查看 VSU 状态，发现其已经成为主设备，说明 VSU 切换正常，结果如图 3-12 所示。

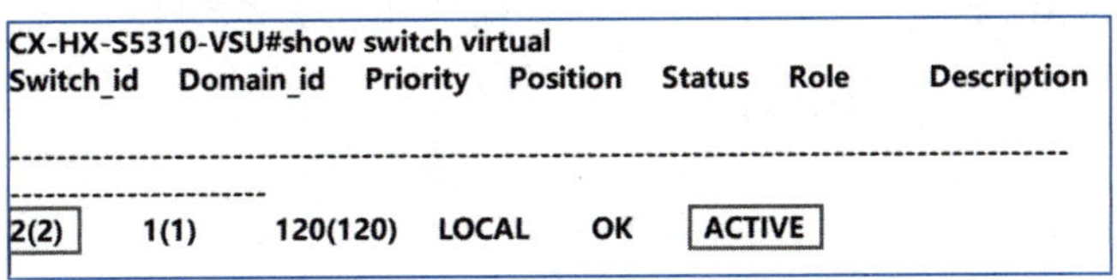

```
CX-HX-S5310-VSU#show switch virtual
Switch_id   Domain_id   Priority   Position   Status   Role      Description
------------------------------------------------------------------------------------
----------------------
2(2)        1(1)        120(120)   LOCAL      OK       ACTIVE
```

图 3-12　核心交换机 CX-HX-S5310-02 正常切换为 VSU 主设备

工作过程 3：测试设备远程管理

1. 任务目标

测试 Telnet 功能是否正常。

2. 具体操作

用市场部 PC 远程登录核心交换机。分别输入对应的远程登录用户名和密码、特权密码（本项目所有用户名和密码都是 woaizuguo），顺利进入核心交换机 CX-HX-S5310-VSU，结果如图 3-13 所示。

想了解更多详情，请自行扫码观看知识讲解视频。

视频3.6

```
C:\Users\xiquw>telnet 192.168.10.254
User Access Verification
Username:woaizuguo
Password:

CX-HX-S5310-VSU>enable
Password:
CX-HX-S5310-VSU#
```

图 3-13　市场部 PC 可以远程登录到核心交换机 CX-HX-S5310-VSU

至此，本项目圆满完成。

单元测试

1. VSU 的全称是（　　）。

　A. 虚拟交换单元　　　　B. 无线交换单元

　C. 虚拟优化平台　　　　D. 虚拟路由冗余

2. 在双核心交换机上部署 VSU 的优势不包括（　　）。

　A. 简化逻辑网络拓扑　　　　B. 增加核心交换机性能

　C. 实现层快速冗余切换　　　　D. 减少 NAT 的配置步骤

3. 两台交换机配置 VSU 的效果属于（　　）。

　A. 逻辑上还是两台交换机，与 VRRP 类似

　B. 逻辑上成为一台交换机

　C. 物理上也成了一台交换机

　D. 以上说法都不对

4. 两台交换机配置 VSU 时，如果 Domain ID 不一致，则（　　）。

A. 无法建立 VSU　　B. 不影响 VSU 建立

C. 建立 VSU 更快　　D. 以上说法都不对

5. 两台交换机配置 VSU 时，其 Switch ID（　　）。

A. 必须一样　　B. 不能一样　　C. 都可以　　D. 都不行

6. 两台交换机配置 VSU 时，其优先级（　　）。

A. 越大越优先　　B. 越小越优先　　C. 不影响选举　　D. 以上说法都不对

7. 两台交换机配置 VSU 时，VSL 的作用是（　　）。

A. 传递管理 / 控制报文，以及部分用户数据

B. 只传递管理 / 控制报文

C. 只传递用户数据

D. 以上说法都不对

8. 配置完 VSU 后，需要将两台交换机切换成（　　）。

A. standalone　　B. virtual　　C. 都可以　　D. 都不行

9. 两台交换机配置 VSU 之后，正常情况下 Console 线需要插在以下哪个设备？（　　）

A. Master　　B. Standby　　C. 都可以　　D. 都不行

10. VSU 的双主机检测功能是在什么时候配置的？（　　）

A. 先做 VSU，再做双主机检测　　B. 先做双主机检测，再做 VSU

C. 在做 VSU 的过程中做双主机检测　　D. 都可以

11. 两台交换机配置了 VSU，接口 Gi 2/0/1 对应的交换机，Switch 编号为（　　）。

A. 0　　B. 1　　C. 2　　D. 3

12. 按行业规范，配置 VSU 时，VSL 的接口至少有（　　）个。

A. 1　　B. 2　　C. 3　　D. 4

13. 将锐捷交换机切换到 VSU 模式，命令为（　　）。

A. Ruijie>switch convert mode virtual

B. Ruijie#switch convert mode virtual

C. Ruijie(config)#switch convert mode virtual

D. Ruijie(config-vsu)#switch convert mode virtual

14. 以下哪个命令可以查看 VSU 角色？（　　）

A. show switch virtual link　　B. show switch role

C. show switch virtual config　　D. 目前无法查看

15. 为防止 VSU 分裂，常使用（　　）技术进行双主机检测。

A. RLDP　　B. PPP　　C. BFD　　D. 以上说法都不对

项目 4

组建安全型企业网络

网络安全的重要性体现在保护个人隐私和财产安全、维护社会稳定和公共利益、保障国家安全以及推动科技创新等多个方面。在数字化时代，加强网络安全防护，提高网络安全意识，共同维护网络空间的安全稳定，是每个人和社会共同的责任。

本项目将组建安全型企业网络。顾名思义，就是在基础网络上部署防环路、防私设 DHCP 服务器、防 ARP 攻击等安全策略，从而保证网络稳定及用户通信的安全。

项目目标

知识目标

- 了解交换机的安全隐患。
- 理解交换机端口安全的概念。
- 掌握端口安全的配置方式。
- 掌握 STP 相关的安全性配置。
- 理解 RLDP 技术。
- 理解 DHCP 的安全隐患和防范措施。
- 掌握 DHCP 相关的安全性配置。
- 掌握 NFPP 的配置。

技能目标

- 掌握安全型企业网络的设计与配置方法。
- 能独立完成安全型企业网络的联调测试及常见故障处理。
- 掌握锐捷设备的配置方法。
- 掌握项目文档的编写方法。

素养目标

- 通过了解交换机的安全技术，培养网络安全意识。

接收任务

任务导学

曹溪公司坐落在广东省韶关市，目前公司有市场部和技术研发部两个部门，每个部门各 10 人，公司计划建立办公网络，为每个部门员工 PC 合理分配 IP 地址。为防止客户机配错 IP 地址，将客户机的 IP 地址均设为 DHCP 自动分配。为了保证交换机的安全性，需要配置一定的安全措施，因此公司决定组建安全型企业网络。

公司安排工程师小王完成本项目。小王与客户沟通后了解到本项目的需求如下：

（1）内部员工之间能够实现网络互访。

（2）全网采用静态路由。

（3）员工 PC 使用 DHCP 方式自动获取 IP 地址。

（4）部署相关安全性配置，包含但不限于防止 ARP 攻击、防止非法 DHCP 服务器接入、防止 DoS 攻击等。

（5）员工 PC 能够通过 Telnet 远程管理交换机。

想要了解更多详情，请自行扫码观看视频。

项目4

前期知识回顾

在开始本项目前，小王需要回顾一下之前学习过的知识，请扫描下方的二维码观看相关知识的讲解视频进行学习。

1. DHCP 协议的工作原理是什么？

2. 如何在锐捷设备上搭建 DHCP 服务器？

3. DHCP 中继代理是什么？

视频4.0.1

视频4.0.2

视频4.0.3

项目知识学习

回顾学习过的知识后，要完成本项目，小王还需要学习新知识，为此，他向公司资深的罗工程师（下称罗工）请教后学到了以下知识。

1. 小王：罗工您好，请问端口安全的作用是什么？

罗工：端口安全功能是通过对 MAC 地址表的配置，来实现在某一端口只允许一台或者几台确定的设备访问此台交换机端口，从而减少交换机被非法报文攻击的可能性，增强交换机的安全性，提高局域网的安全性。

2. 小王：端口安全的优缺点是什么？

罗工：端口安全的优点包括控制非常严格，应用硬件方式直接校验 ARP 报文，准确，无须消耗 CPU。端口安全的缺点是其必须一一配置并收集所有用户 IP 和 MAC 信息，同时配置较为繁杂，不够灵活，不适合于用户需要频繁迁移端口的环境。

3. 小王：端口安全的原理是什么？

罗工：端口安全是根据 MAC 地址表来确定允许访问网络的设备，其中 MAC 地址表记录的是 MAC 地址与交换机端口的映射，可对交换机的任一端口进行端口安全配置，共有三种方法。

（1）手工设置一个或几个固定的 MAC 地址。

（2）限制端口的最大 MAC 地址的数量。

（3）任何 MAC 地址都可以通过此端口访问网络，此为默认设置。

4. 小王：端口安全地址绑定有哪些种类？

罗工：端口安全地址绑定有三种，即 IP+MAC 地址绑定、仅 IP 绑定、仅 MAC 绑定。

5. 小王：端口安全常见的配置命令有哪些？

罗工：端口安全常见的配置命令如下。

（1）IP+MAC 地址绑定，可以使用如下命令：

```
    Ruijie(config-if-GigabitEthernet 0/1)#switchport port-security
binding 0021.CCCF.6F70 vlan 10 192.168.1.1        //把属于VLAN 10，且MAC地
址是0021.CCCF.6F70，IP地址192.168.1.1的PC绑定在交换机的Gi0/1接口上
```

（2）仅绑定 IP，可以使用如下命令：

```
    Ruijie(config-if-GigabitEthernet 0/1)#switchport port-security
binding 192.168.1.2
```

（3）仅 MAC 绑定，可以使用如下命令：

```
Ruijie(config-if-GigabitEthernet 0/1)#switchport port-security
mac-address 0021.CCCF.6F70
```

（4）接口开启端口安全功能，必须开启，命令如下：

```
Ruijie(config-if-GigabitEthernet 0/1)#switchport port-security
```

（5）端口安全的查看命令如下：

```
Ruijie#show port-security address                    //查看绑定记录
```

6. 小王：什么是 RLDP 协议？

罗工：RLDP 英文全称是 rapid link detection protocol，中文名称是快速链路监测协议，是锐捷网络自主开发的一个用于快速检测以太网链路故障的链路协议。

一般的以太网链路检测机制都是只利用物理连接的状态，通过物理层的自动协商来检测链路的连通性。但是这种检测机制存在一定的局限性，在一些情况下无法为用户提供可靠的链路检测信息。例如，在光纤口上光纤接收线对接错，由于光纤转换器的存在，造成设备对应端口物理上是 linkup 的，但实际对应的二层链路却是无法通信的。再例如，两台以太网设备之间架设着一个中间网络，由于网络传输中继设备的存在，如果这些中继设备出现故障，将造成同样的问题。

7. 小王：DHCP 的安全隐患有哪些？

罗工：DHCP 的安全隐患有四点。

（1）非法 DHCP 服务器攻击。由于 DHCP Server 和 DHCP Client 之间没有认证机制，所以如果在网络上随意添加一台 DHCP 服务器，它就可以为客户端分配 IP 地址及其他网络参数。如果该 DHCP 服务器为用户分配错误的 IP 地址和其他网络参数，将会对网络造成非常大的危害。

（2）用户私自更改 IP 地址。公司内部可能接入非法客户端，非法客户端通过手动配置 IP 地址来攻击内网，攻击者只需要将 IP 地址改为这个网段的网关地址，就能导致这个广播域内的所有客户无法访问网关，然后导致无法上网。

（3）ARP 欺骗攻击。攻击者通过构造 ARP 报文来欺骗客户端我是你的网关，然后欺骗网关我是客户端，然后开启中转功能，将客户端发来的数据转发给真正的网关，然后将网关回复的数据再转发给客户端，这是典型的中间人攻击。客户端依然能够上网，但是所有的流量都需要发送经过攻击者中转，所以攻击者就能够获取到客户端的通信数据了。

（4）DHCP Server 服务拒绝攻击。若设备接口 interface1 下存在大量攻击者恶意申请 IP 地址，会导致 DHCP Server 中 IP 地址快速耗尽而不能为其他合法用户提供 IP 地址分配服务。另一方面，DHCP Server 通常仅根据 DHCP Request 报文中的 CHADDR（client hardware address）字段来确认客户端的 MAC 地址。如果某一攻击者通过不断改变 CHADDR 字段向 DHCP Server 申请 IP 地址，同样会导致 DHCP Server 上的地址池被耗尽，从而无法为其他正常用户提供 IP 地址。

8. 小王：针对 DHCP 的安全隐患，应该使用哪些技术保证安全性？

罗工：DHCP 的安全机制包括五点。

（1）针对非法 DHCP 服务器，开启交换机的 DHCP Snooping（DHCP 监测）功能。开启 DHCP Snooping 后，默认所有的接口都属于 untrusted 非信任接口，untrusted 接口会拒绝 DHCP 服务器发来的 DHCP Offer 和 DHCP ACK 报文，因此可以防止非法的 DHCP 服务器攻击，需要将连接合法 DHCP 服务器的接口设置为 trusted 信任接口。并且，客户端在获取到地址后，交换机会生成一条记录存储在 DHCP Snooping 绑定表（DHCP Snooping binding）中。该表记录了客户端的 MAC 地址、客户端获取到的 IP 地址、客户端相连的接口及该客户端所属的 VLAN 等信息。

（2）针对用户私自更改 IP 地址，使用 IPSG（IP source guard，IP 源防护）防范。该功能需要在启用 DHCP Snooping 的前提下开启，启用 Snooping 后，会生成一张表（从 Snooping binding 表复制过来的）。该表和 DHCP Snooping binding 表几乎完全相同，IPSG 的工作依赖这张表，只有符合了这张表项绑定记录的数据，才允许从本交换机转发。

（3）针对 ARP 欺骗攻击，使用 ARP-Check 功能防护。同样需要在启用 DHCP Snooping 的前提下开启，开启了 ARP-Check 功能的交换机会生成一张表，ARP-Check 的工作原理同样依赖这张表。

（4）针对 ARP 欺骗，还可以使用 DAI（动态 ARP 检测）技术。DHCP Snooping + DAI 防 ARP 欺骗方案：在用户 PC 动态获取 IP 地址的过程中，通过接入层交换机的 DHCP Snooping 功能将用户 DHCP 获取到的，正确的 IP 与 MAC 信息记录到交换机的 DHCP Snooping binding 软件表；然后使用 DAI 功能（纯 CPU 方式）校验进入交换机的所有 ARP 报文，将 ARP 报文里面的 Sender IP 及 Sender MAC 字段与 DHCP Snooping binding 表里面的 IP+MAC 记录信息进行比较，如果一致则放通，否则丢弃。这样如果合法用户获取 IP 地址后试图进行 ARP 欺骗，或者是非法用户私自配置静态的 IP 地址，他们的 ARP 校验都将失败，这样的用户将无法使用网络。

（5）针对 DHCP Server 服务拒绝攻击，可以使用端口安全防范。通过配置端口安全，实现一个端口只允许一个固定的源 MAC 地址通过，其他 MAC 地址一律不允许通过。

9. 小王：DHCP Snooping、IP Source Guard、ARP-Check 配置命令有哪些？

罗工：下面介绍下这三个技术的配置命令。

（1）在接入交换机上开启 DHCP Snooping 功能，命令如下：

```
Ruijie(config)#ip dhcp snooping        //开启DHCP Snooping功能
```

（2）连接 DHCP 服务器的接口配置为可信任口，命令如下：

```
Ruijie(config-GigabitEthernet 0/49)#ip dhcp snooping trust
                                       //配置为信任端口
```

（3）连接用户的接口开启 IP Source Guard 功能，命令如下：

```
Ruijie(config)#interface range fastEthernet 0/1-2
                                       //同时进入1口和2口接口配置模式
Ruijie(config-if-range)#ip verify source port-security
//开启源IP+MAC的报文检测，将DHCP Snooping形成的snooping表写入地址绑定数据库中
```

（4）连接用户的接口开启 arp-check 功能，命令如下：

```
Ruijie(config)#interface range fastEthernet 0/1-2
                                        //同时进入1口和2口接口配置模式
Ruijie(config-if-range)#arp-check    //开启该功能后，对于接口收到的ARP
报文会检测ARP报文字段里面的Sender IP及Sender MAC，与地址绑定库中的IP及MAC进行
匹配，如果匹配将放行，否则丢弃该ARP报文
```

10. 小王：DAI 的优缺点是什么？

罗工：动态 ARP 监测 DAI 的优点包括配置维护简单，无须手工去做每个用户的 IP&MAC 绑定；和 IP Source Guard、授权绑定方案相比，可以节省设备所需的硬件安全资源表项。

其缺点为：由于 DAI 是将用户的 ARP 报文送 CPU 检查，检查的来源是 DHCP Snooping 所记录的软件表项，会额外消耗设备的 CPU 资源，对于交换机上用户量较少（如单台交换机带用户 50 个以内）的情况可以采用。

11. 小王：DAI 配置命令有哪些？

罗工：下面介绍一下 DAI 的常见配置命令。

（1）在接入交换机上开启 DHCP Snooping 功能的命令如下：

```
Ruijie(config)#ip dhcp snooping        //开启DHCP Snooping功能
```

（2）连接 DHCP 服务器的接口配置为可信任口 的命令如下：

```
Ruijie(config-GigabitEthernet 0/24)#ip dhcp snooping trust
                                        //配置为信任端口
```

（3）全局开启 DAI 功能的命令如下：

```
Ruijie(config)#ip arp inspection vlan 1 //对vlan1开启DAI检测功能
```

（4）上联口设置为信任口且不进行 DAI 检测的命令如下：

```
Ruijie(config-if-GigabitEthernet 0/25)#ip arp inspection trust
                        //设置信任功能后送CPU的报文不进行检测，但是依然送CPU处理
```

（5）连接用户的接口开启 IP Source Guard 功能 的命令如下：

```
Ruijie(config-if-GigabitEthernet 0/1)#ip verify source port-security
//开启源IP+MAC的报文检测，将DHCP Snooping形成的snooping表写入地址绑定数据库中
```

（6）查看 DHCP Snooping 表的命令如下：

```
show ip dhcp snooping binding
```

（7）查看 IP Source Guard 绑定表的命令如下：

```
show ip vrrify source
```

（8）查看 ARP-Check 表的命令如下：

```
show interfaces arp-check list
```

12. 小王：NFPP 技术的作用是什么？常见的配置命令有哪些？

罗工：NFPP 的英文全称是 network foundation protection policy，中文名称是网络

基础保护策略。由于在网络环境中经常发现一些恶意的攻击，这些攻击会给交换机带来过重的负担，引起交换机 CPU 利用率过高，导致交换机无法正常运行。这些攻击具体表现在拒绝服务攻击可能导致大量消耗交换机内存、表项或者其他资源，使系统无法继续服务。大量的报文流砸向 CPU，占用了整个送 CPU 的报文的带宽，导致正常的协议流和管理流无法被 CPU 处理，带来协议震荡或者无法管理，从而导致数据面的转发受影响，并引起整个网络无法正常运行。大量的报文砸向 CPU 会消耗大量的 CPU 资源，使 CPU 一直处于高负载状态，从而影响管理员对设备进行管理或者设备自身无法运行。NFPP 可以有效地防止系统受这些攻击的影响。在受攻击情况下，保护系统各种服务的正常运行，以及保持较低的 CPU 负载，从而保障了整个网络的稳定运行。

开启 DAI 功能后，接口收到的所有 ARP 报文都会送 CPU 处理。此时，由于网关发给用户的报文从上联口下来，报文量可能比较大，超出 NFPP 的默认限速，导致部分用户 ARP 丢失，所以需要将上联口的 NFPP 功能关闭， 整体默认的 NFPP 功能保持开启，对 CPU 有一定保护作用。

NFPP 常见的配置命令有：

```
Ruijie(config-if-GigabitEthernet 0/24)#no nfpp arp-guard enable
Ruijie(config-if-GigabitEthernet 0/24)#no nfpp dhcp-guard enable
Ruijie(config-if-GigabitEthernet 0/24)#no nfpp dhcpv6-guard enable
Ruijie(config-if-GigabitEthernet 0/24)#no nfpp icmp-guard enable
Ruijie(config-if-GigabitEthernet 0/24)#no nfpp ip-guard enable
Ruijie(config-if-GigabitEthernet 0/24)#no nfpp nd-guard enable
```

13. 小王：生成树相关安全功能，如 Port Fast、BPDU Guard、BPDU Filter，该如何配置？

罗工：Port Fast、BPDU Guard、BPDU Filter 这三个功能均是在生成树中配置的。其中，Port Fast 又称为快速端口，是用来加快生成树收敛的。而 BPDU Guard 和 BPDU Filter 是用来提升交换机安全性的。

（1）Port Fast：在接入层交换机上配置，一般将连接终端设备的接口配置为快速端口。

配置命令如下：

```
Ruijie(config)#interface gi0/0                       //进入连接终端的接口
Ruijie(config-if-GigabitEthernet 0/0)#spanning-tree portfast
                                                     //开启portfast特性
```

（2）BPDU Guard：在接入层交换机上配置，将连接终端的接口配置 BPDU Guard 特性。

配置命令如下：

```
Ruijie(config)#interface gi0/0                       //进入连接终端的接口
Ruijie(config-if-GigabitEthernet 0/0)# spanning-tree bpduguard enable
                                                     //开启BPDU Guard特性
```

想了解更多详情，请自行扫码观看知识讲解视频。

视频4.1

视频4.2

视频4.3

视频4.4

视频4.5

视频4.6

视频4.7

视频4.8

其他配置方式如下：

```
Ruijie (config)#spanning-tree portfast bpduguard default
                                  //在所有Portfast接口自动启用BPDU Grard特性
```

（3）BPDU Filter：不接收也不转发 BPDU，通常配置在连接终端的接口上。

配置命令如下：

```
Ruijie(config)#interface gi0/0          //进入连接终端的接口
Ruijie(config-if-GigabitEthernet 0/0)# spanning-tree bpdufilter enable
                                        //开启BPDU Filter特性
Ruijie (config)#spanning-tree portfast bpdufilter default
                                  //在所有Portfast接口自动启用bpdufilter特性
```

任务 1　组建安全型企业网络需求分析

所谓需求分析，就是为本项目的每个需求逐一找到对应的实现方法。

工作过程 1：逐步分析项目需求

通过前期的学习，可知本项目的网络拓扑为双核心网络。接下来根据上述项目需求逐条进行分析，过程如下：

需求如下：

（1）内部员工之间能够实现网络互访。

（2）全网采用静态路由。

实现方法如下：

- 配置交换机基本信息。
- 配置 VLAN。
- 合理配置静态路由。

需求如下：

（3）员工 PC 使用 DHCP 方式自动获取 IP 地址。

实现方法如下：

- 部署 DHCP 服务器，为员工 PC 分配 IP 地址。

需求如下：

（4）部署相关安全性配置，包括但不限于防止 ARP 攻击、防止非法 DHCP 服务器接入、防止 DoS 攻击等。

实现方法如下：

- 配置 DHCP 监听（DHCP Snooping）。
- 配置 IP 源防护（IPSG）。
- 配置 ARP 校验（ARP-Check）。
- 配置动态 ARP 监测（DAI）。

➢ 配置端口安全（Port-Security）。

（5）员工 PC 能够通过 Telnet 远程管理交换机。

实现方法如下：

➢ 在交换机上配置远程访问功能，并设置用户名和密码为 woaizuguo

工作过程 2：确定项目实施的具体步骤

将以上需求分析进行整合，可知项目实施步骤如下：

（1）配置 VLAN。

（2）配置交换机基本信息。

（3）配置 SVI 接口地址。

（4）配置 DHCP。

（5）配置 DHCP Snooping。

（6）配置 IPSG。

（7）配置 ARP-Check。

（8）其他防止 ARP 欺骗的措施——DAI。

（9）端口安全。

（10）静态路由和远程登录。

配置完成后，还需进行项目联调与测试。

想了解更多详情，请自行扫码观看知识讲解视频。

视频4.9

任务 2　组建安全型企业网络规划设计

按照《园区网设计规范》，本项目规划需要完成以下工作：

➢ 规划设备清单。

➢ 规划网络拓扑。

➢ 规划设备主机名。

➢ 规划 VLAN。

➢ 规划 IP 地址。

➢ 规划设备互联接口。

下面将按照这个步骤，为本项目进行规划。

工作过程 1：规划设备清单

本项目设备清单见表 4-1。

表 4-1　设备清单

序号	类型	设备	厂商	型号	数量	备注
1	硬件	二层接入交换机	锐捷	RG-S2910-24GT4XS-E	1 台	接入交换机
2	硬件	三层接入交换机	锐捷	RG-S5310-24GT4XS	1 台	核心交换机
3	硬件	双绞线	—	—	若干米	—
4	硬件	计算机	—	—	2 台	配置设备及测试用
5	软件	SecureCRT	—	6.5 版本及以上	1 套	配置设备用

工作过程 2：规划网络拓扑

该项目的网络拓扑图如图 4-1 所示。

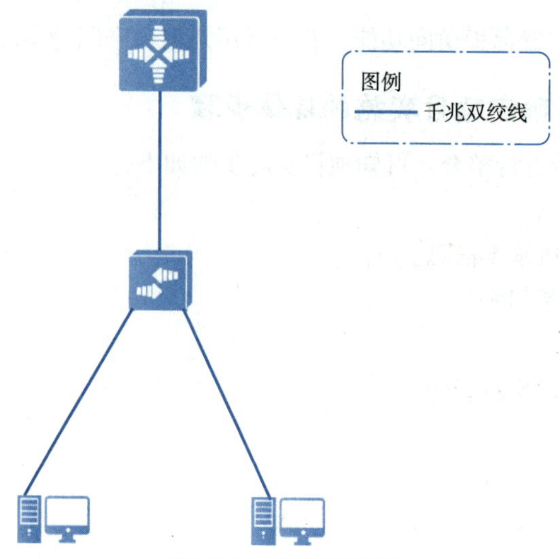

图 4-1　网络拓扑图

工作过程 3：规划设备主机名

设备名称用于标识一台设备的名字，在实际应用过程中可以根据需求进行命名。项目中合理地对设备进行命名，可以便于对设备进行维护和管理。该项目中网络设备命名规范为：AA-BB-CC-DD。其中：

- AA：表示设备的物理位置。CX 表示在曹溪公司。
- BB：表示设备的角色。JR 为接入交换机，HX 为核心交换机。
- CC：表示设备型号，具体可参见设备清单。
- DD：表示设备序号，如 01、02 等。

表 4-2 为本项目所有设备命名。

表 4-2　设备主机名表

序号	设备型号	设备主机名	备注
1	RG-S2910-24GT4XS-E	CX-JR-S2910-01	接入交换机
2	RG-5310-24GT4XS	CX-HX-S5310-01	核心交换机

工作过程 4：规划 VLAN

本项目需要为两个部门分配各自的 VLAN，办公区的接入交换机管理采用单独的管理 VLAN。VLAN 的规划信息见表 4-3。

表 4-3　VLAN 规划表

序号	VLAN ID	VLAN 名称	备注
1	10	ShiChangBu_VLAN	市场部 VLAN
2	20	JiShuYanFaBu_VLAN	技术研发部 VLAN
3	50	Manage_VLAN	二层设备管理 VLAN

工作过程 5：规划 IP 地址

市场部、技术研发部总共有两个业务 VLAN，因此需要规划两个业务网段。同时还要规划接入交换机的管理地址。二层设备管理采用单独的管理网段，业务地址及管理地址的网关都位于核心交换机。

综上所述，本项目中 IP 地址详细规划见表 4-4、表 4-5。

表 4-4　用户业务 IP 地址规划表

序号	区域	IP 地址	掩码	网关
1	市场部	192.168.10.0	255.255.255.0	192.168.10.254
2	技术研发部	192.168.20.0	255.255.255.0	192.168.20.254

表 4-5　接入交换机管理地址规划表

序号	设备名称	管理接口	IP 地址	掩码	网关
1	CX-JR-S2910-01	SVI50	192.168.50.1	255.255.255.0	192.168.50.254

工作过程 6：规划设备互联接口

该项目中，网络设备之间的互联接口规划的规范为：Con_To_对端设备名称_对端接口名，具体规划见表 4-6。

表 4-6　设备互联接口规划表

本端设备	接口	接口描述	对端设备	接口
CX-HX-S5310-01	Gi0/1	Con_To_CX-JR-S2910-01_Gi0/24	CX-JR-S2910-01	Gi0/24
CX-JR-S2910-01	Gi0/1	Con_To_PC1	市场部 PC1	—
CX-JR-S2910-01	Gi0/2	Con_To_PC2	技术研发部 PC2	—

为了方便接下来的项目实施，在图 4-1 所示网络拓扑图的基础上进行细化，将主机名称、IP 地址、VLAN、接口编号等信息标注在网络拓扑图中，得到该项目详细的网络拓扑图，如图 4-2 所示。

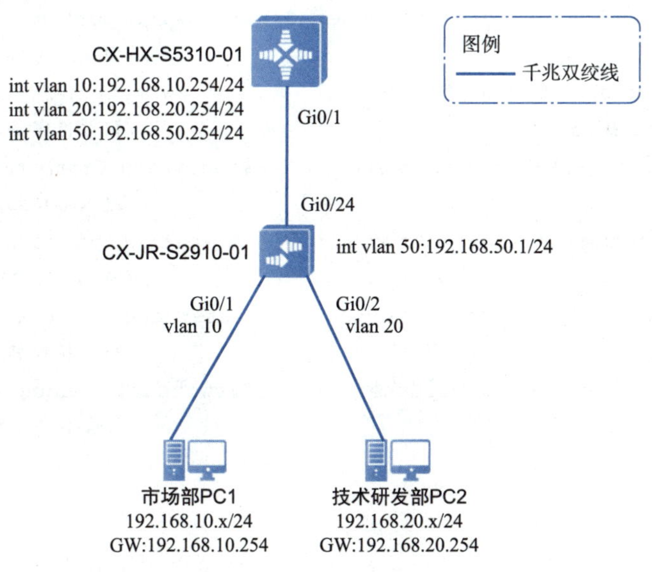

图 4-2　详细网络拓扑图

想了解更多详情，请自行扫码观看知识讲解视频。

视频4.10

任务 3　组建安全型企业网络项目实施

工作过程 1：按照拓扑连接设备

1. 任务目标

按照图 4-2 所示详细网络拓扑图，用双绞线连接本项目的设备。

2. 具体操作

这里的操作是物理连接，按照表 4-6 所示设备互联接口规划表进行连线。

工作过程 2：配置 VLAN

1. 任务目标

创建 VLAN，将端口配置为 ACCESS 或 TRUNK。

2. 具体操作

➢ CX-HX-S5310-01 中的配置如下：

```
Ruijie(config)# vlan range 10,20,50          //同时创建多个VLAN
Ruijie(config-vlan)#interface GigabitEthernet 0/1 //进入接口配置模式
Ruijie(config-if-GigabitEthernet 0/1)#switchport mode trunk
                                              //模式改为TRUNK
Ruijie(config-if-GigabitEthernet 0/1)#switchport trunk allowed
vlan only 10,20,50                            //仅放行需要通过的VLAN
```

➢ CX-JR-S2910-01 中的配置如下：

```
Ruijie(config)#vlan range 10,20,50            //同时创建多个VLAN
Ruijie(config-vlan)#interface GigabitEthernet 0/24
                                              //进入接口配置模式
Ruijie(config-if-GigabitEthernet 0/24)# switchport mode trunk
                                              //模式改为TRUNK
Ruijie(config-if-GigabitEthernet 0/24)# switchport trunk allowed
vlan only 10,20,50                            //仅放行需要通过的VLAN
Ruijie(config-if-GigabitEthernet 0/24)#interface GigabitEthernet 0/1
                                              //进入接口配置模式
Ruijie(config-if-GigabitEthernet 0/1)# switchport access vlan 10
                                              //将Gi0/1口划分到VLAN 10
Ruijie(config-if-GigabitEthernet 0/1)#interface GigabitEthernet 0/2
                                              //进入接口配置模式
Ruijie(config-if-GigabitEthernet 0/2)#switchport access vlan 20
                                              //将Gi0/2口划分到VLAN 20
```

工作过程 3：配置交换机基本信息

1. 任务目标

在开始功能性配置之前，先完成前期规划表中涉及的所有网络设备的基本配置，包括主机名、端口描述等。

2. 具体操作

以接入交换机为例，配置如下：

```
Ruijie>enable                                //进入特权模式
Ruijie#configure terminal                    //进入全局配置模式
Ruijie(config)#hostname CX-JR-S2910-01       //配置主机名
CX-JR-S2910-01(config)#interface GigabitEthernet 0/24
                                             //进入接口配置模式
CX-JR-S2910-01(config-if-GigabitEthernet 0/24)#description Con_
To_CX-HX-S5310-01_Gi0/1                      //配置接口描述
```

工作过程 4：配置 SVI 接口地址

1. 任务目标

为核心交换机配置 SVI 地址

2. 具体操作

核心交换机配置两个业务部门的网关地址，同时配置管理网关。

➢ CX-HX-S5310-01 中的配置如下：

```
CX-HX-S5310-01 (config)# interface vlan 10  //进入SVI配置模式
CX-HX-S5310-01(config-if-VLAN 10)#ip address 192.168.10.254 255.255.255.0
                                            //配置IP地址
CX-HX-S5310-01 (config-if-VLAN 10)# interface VLAN 20  //进入SVI配置模式
CX-HX-S5310-01(config-if-VLAN 20)#ip address 192.168.20.254 255.255.255.0
                                            //配置IP地址
CX-HX-S5310-01 (config-if-VLAN 20)# interface VLAN 50 //进入SVI配置模式
CX-HX-S5310-01(config-if-VLAN 50)#ip address 192.168.50.254 255.255.255.0
                                            //配置IP地址
```

➢ CX-JR-S2910-01 中的配置如下：

```
CX-JR-S2910-01(config)# interface VLAN 50   //进入SVI配置模式
CX-JR-S2910-01(config-if-VLAN 50)#ip address 192.168.50.1 255.255.255.0
                                            //配置IP地址
CX-JR-S2910-01(config-if-VLAN 50)#exit      //退回全局配置模式
CX-JR-S2910-01(config)#ip route 0.0.0.0 0.0.0.0 192.168.50.254
                                            //配置网关
```

配置完SVI地址后，进行阶段性测试，查看核心交换机的IP地址配置情况，如图4-3所示。

```
CX-HX-S5310-01#show ip interface brief
Interface          IP-Address(Pri)      IP-Address(Sec)      Status          Protocol
VLAN 1             no address           no address           up              down
VLAN 10            192.168.10.254/24    no address           up              up
VLAN 20            192.168.20.254/24    no address           up              up
VLAN 50            192.168.50.254/24    no address           up              up
```

图 4-3 查看核心交换机上 IP 地址

工作过程 5：配置 DHCP 服务器

1. 任务目标

核心交换机作为 DHCP 服务器，为两个部门分配 IP 地址。

2. 具体操作

➢ CX-HX-S5310-01 中的配置如下：

```
CX-HX-S5310-01(config)# service dhcp      //全局开启DHCP服务
CX-HX-S5310-01 (config)# ip dhcp pool shichangbu
                                          //创建地址池，命名为shichangbu
CX-HX-S5310-01(dhcp-config)# network 192.168.10.0 255.255.255.0
                                          //地址池分配的地址及掩码
CX-HX-S5310-01(dhcp-config)# dns-server 8.8.8.8          //分配的DNS地址
CX-HX-S5310-01(dhcp-config)# default-router 192.168.10.254
                                          //分配的网关地址
CX-HX-S5310-01(dhcp-config)# lease 2 0 0 //分配的租期
CX-HX-S5310-01 (dhcp-config)# ip dhcp pool jishubu
                                          //创建地址池，命名为jishubu
CX-HX-S5310-01(dhcp-config)# network 192.168.20.0 255.255.255.0
                                          //地址池分配的地址及掩码
CX-HX-S5310-01(dhcp-config)# dns-server 8.8.8.8          //分配的DNS地址
CX-HX-S5310-01(dhcp-config)# default-router 192.168.20.254
                                          //分配的网关地址
CX-HX-S5310-01(dhcp-config)# lease 2 0 0                //分配的租期
```

配置完 DHCP 后，进行阶段性测试，将市场部 PC1 和技术研发部 PC2 分别连接到接入交换机 CX-JR-S2910-01 的 Gi0/1 和 Gi0/2 接口上。将两台 PC 的 IP 地址设为自动获取，之后在两台 PC 上查看 IP 地址，或是在核心交换机 CX-HX-S5310-01 上查看 DHCP 服务地址分配情况，如图 4-4 所示。发现市场部和技术研发部的 PC 获取的 IP 地址分别为 192.168.10.1 和 192.168.20.1，与项目需求一致。

```
CX-HX-S5310-01#show ip dhcp binding

Total number of clients    : 2
Expired clients            : 0
Running clients            : 2

IP address      Hardware address     Lease expiration               Type
192.168.10.1    5000.0003.0001       001 days 23 hours 57 mins      Automatic
192.168.20.1    5000.0004.0001       001 days 23 hours 59 mins      Automatic
```

图 4-4 DHCP 服务器的地址分配情况

工作过程 6：配置 DHCP Snooping 功能

1. 任务目标

在接入交换机上部署安全配置，防止非法的 DHCP 服务器为本公司客户端分配 IP 地址。

2. 具体操作

➢ CX-JR-S2910-01 中的配置如下：

```
CX-JR-S2910-01(config)#ip dhcp snooping //全局模式下开启DHCP Snooping
CX-JR-S2910-01(config)#interface GigabitEthernet 0/24
                                        //进入接口配置模式
CX-JR-S2910-01(config-if-GigabitEthernet 0/24)#ip dhcp snooping trust
                          //将连接合法DHCP服务器的接口配置为信任端口
```

DHCP Snooping 开启后，所有接口都属于非信任端口，非信任端口不会接收 Offer 报文和 ACK 报文，因此需要将连接着合法 DHCP 服务器的接口配置为信任端口。

配置完 DHCP Snooping 后，需要让客户端重新获取 IP 地址，才会生成 DHCP Snooping 表项，可在接入交换机 CX-JR-S2910-01 上通过 show ip dhcp snooping binding 命令查看，如图 4-5 所示。

```
CX-JR-S2910-01#show ip dhcp snooping binding
Total number of bindings: 2
NO.   MACADDRESS         IPADDRESS        LEASE(SEC)   TYPE           VLAN  INTERFACE
----- ------------------ ---------------- ------------ -------------- ----- ---------------------
1     5000.0004.0001     192.168.20.1     172787       DHCP-Snooping  20    GigabitEthernet 0/2
2     5000.0003.0001     192.168.10.1     172783       DHCP-Snooping  10    GigabitEthernet 0/1
```

图 4-5　查看 DHCP Snooping 表项

工作过程 7：配置 IP 源防护（IPSG）功能

1. 任务目标

在接入交换机上配置 IPSG 功能，防止公司内部的客户端私自修改 IP 地址。

2. 具体操作

➢ CX-JR-S2910-01 中的配置如下：

```
CX-JR-S2910-01(config)#interface range GigabitEthernet 0/1-2
                                               //进入接口配置模式
CX-JR-S2910-01(config-if-range)#ip verify source port-security
                                               //开启IPSG功能
```

IPSG 通常配置在连接终端设备的接口上，在命令的最后加上 port-security 参数表示检查 IP+MAC 地址。需要说明的是，该命令需要与 DHCP Snooping 结合使用。配置完 IPSG 后，会自动生成一张 IPSG 表项，可在接入交换机 CX-JR-S2910-01 上通过 show ip verify source 命令查看，如图 4-6 所示。

```
CX-JR-S2910-01#show ip verify source
NO.   INTERFACE                  FilterType FilterStatus         IPADDRESS       MACADDRESS     VLAN TYPE
----- -------------------------- ---------- -------------------- --------------- -------------- ---- -------------
1     GigabitEthernet 0/2        IP+MAC     Active               192.168.20.1    5000.0004.0001 20   DHCP-Snooping
2     GigabitEthernet 0/1        IP+MAC     Active               192.168.10.1    5000.0003.0001 10   DHCP-Snooping
3     GigabitEthernet 0/1        IP+MAC     Active               Deny-All
4     GigabitEthernet 0/2        IP+MAC     Active               Deny-All

Total number of bindings: 4
```

图 4-6　IPSG 表项

工作过程 8：配置 ARP-Check 功能

1. 任务目标

在接入交换机上配置 ARP-Check 功能，防止 ARP 欺骗攻击。

2. 具体操作

➢ CX-JR-S2910-01 中的配置如下：

```
CX-JR-S2910-01(config)#interface range GigabitEthernet 0/1-2
                                                    //进入接口配置模式
CX-JR-S2910-01(config-if-range)#arp-check     //开启ARP-Check功能
```

需要在配置 DHCP Snooping+IPSG 功能的前提下部署该功能，ARP-Check 功能通常配置在连接终端的接口上，对进入本接口的 ARP 进行检查，以防止 ARP 欺骗攻击。

配置完 ARP-Check 后，会自动生成一张 ARP-Check 表项，该表项的来源也是 DHCP Snooping，可在接入交换机 CX-JR-S2910-01 上通过 show interfaces arp-check list 命令查看，如图 4-7 所示。

```
CX-JR-S2910-01#show interfaces arp-check list
INTERFACE                SENDER MAC           SENDER IP            POLICY SOURCE
------------------------ -------------------- -------------------- --------------------
GigabitEthernet 0/1      5000.0003.0001       192.168.10.1         DHCP snooping
GigabitEthernet 0/2      5000.0004.0001       192.168.20.1         DHCP snooping
```

图 4-7　查看 ARP-Check 表项

工作过程 9：配置动态 ARP 检测（DAI）功能

1. 任务目标

在接入交换机上配置 DAI 功能，进行动态 ARP 检测。

2. 具体操作

➢ CX-JR-S2910-01 中的配置如下：

```
CX-JR-S2910-01(config)# ip arp inspection vlan 10,20
                                                    // 全局模式下开启DAI
CX-JR-S2910-01(config)#interface GigabitEthernet 0/24
                                                    //进入接口配置模式
CX-JR-S2910-01(config-if-GigabitEthernet 0/24)#ip arp inspection trust
                                                    //将上联接口配置为信任端口
```

需要在配置 IPSG 的前提下部署 该功能，需要对 IP+MAC 地址进行检测，动态 ARP 检测是根据 DHCP Snooping 表来进行 ARP 报文检测的。

开启 DAI 功能后，接口收到的所有 ARP 报文都会送 CPU 处理，因此需要进行以下优化：

由于网关发给用户的报文从上联口下来，报文量可能比较大，超出 NFPP 的默认限速，导致部分用户 ARP 丢失，所以需要将上联口的 NFPP 功能关闭：

➢ CX-JR-S2910-01 中的配置如下：

```
CX-JR-S2910-01(config)# interface GigabitEthernet 0/24
                                        //进入接口配置模式
CX-JR-S2910-01(config-if-GigabitEthernet 0/24)#no nfpp arp-guard enable
                                        //关闭ARP-Guard功能
CX-JR-S2910-01(config-if-GigabitEthernet 0/24)#no nfpp dhcp-guard enable
                                        //关闭DHCP-Guard功能
CX-JR-S2910-01(config-if-GigabitEthernet 0/24)#no nfpp icmp-guard enable
                                        //关闭ICMP-Guard功能
CX-JR-S2910-01(config-if-GigabitEthernet 0/24)#no nfpp ip-guard  enable
                                        //关闭IP-Guard功能
```

另外，接入交换机的 CPP 值默认比较小，仅为 180PPS，开启 DAI 的情况下，所有 ARP 报文送 CPU 处理，在连接用户数多的情况很容易超过 CPP 设定的阈值，在存在大量 ARP 攻击或泛洪的情况下导致部分用户 ARP 丢弃，可能导致丢包。所以需要进行调整，通常建议调整到 500PPS 左右。

➢ CX-JR-S2910-01 中的配置如下：

```
CX-JR-S2910-01(config)# cpu-protect type arp pps 500
                                        // 调整CPP值为500PPS
```

工作过程 10：端口安全

1. 任务目标

在接入交换机上配置端口安全，每个接口仅能通过唯一学习一个 MAC 地址。Gi0/1 口仅允许市场部 PC1 数据通过，Gi0/2 口仅允许技术研发部 PC2 通过，一旦超过 MAC 地址的学习个数，直接将该端口 shutdown。

2. 具体操作

➢ CX-JR-S2910-01 中的配置如下：

```
CX-JR-S2910-01(config)#interface GigabitEthernet 0/1
                                        //进入接口配置模式
CX-JR-S2910-01(config-if-GigabitEthernet 0/1)# switchport port-security
                                        //接口开启端口安全
CX-JR-S2910-01(config-if-GigabitEthernet 0/1)# switchport port-
security maximum 1                      //配置该端口最多能学习几个MAC地址
CX-JR-S2910-01(config-if-GigabitEthernet 0/1)# switchport port-
security violation shutdown             //设置违规动作
```

```
CX-JR-S2910-01(config-if-GigabitEthernet 0/1)# switchport port-security binding 5000.0003.0001 vlan 10 192.168.10.1
                                        //将PC1的MAC地址和所属VLAN以及IP地址进行绑定
CX-JR-S2910-01(config-if-GigabitEthernet 0/1)#interface GigabitEthernet 0/2          //进入接口配置模式
CX-JR-S2910-01(config-if-GigabitEthernet 0/2)# switchport port-security
                                        //接口开启端口安全
CX-JR-S2910-01(config-if-GigabitEthernet 0/2)# switchport port-security maximum 1    //配置该端口最多能学习几个MAC地址
CX-JR-S2910-01(config-if-GigabitEthernet 0/2)# switchport port-security violation shutdown   //设置违规动作
CX-JR-S2910-01(config-if-GigabitEthernet 0/2)# switchport port-security binding 5000.0004.0001 vlan 10 192.168.20.1
                                        //将PC2的MAC地址和所属VLAN以及IP地址进行绑定
```

说明：命令中 PC 的 MAC 地址可根据实际情况配置。PC 上的 MAC 地址可以直接在 PC 上通过 ipconfig/all 查看，此处不再赘述。

工作过程 11：静态路由和远程登录

1. 任务目标

两台交换机均配置远程登录功能，要求市场部和技术研发部的 PC 都能够使用 Telnet 远程登录管理这两台交换机。通过配置静态路由实现。

2. 具体操作

➢ CX-JR-S2910-01 中的配置如下：

```
CX-JR-S2910-01(config)#line vty 0 4          //配置登录用户数
CX-JR-S2910-01(config-line)#login local      //配置本地用户登录模式
CX-JR-S2910-01(config-line)#exit             //返回全局模式
CX-JR-S2910-01(config)#username woaizuguo password woaizuguo
                                             //配置用户名和密码
```

➢ CX-HX-S5310-01 中的配置如下：

```
CX-HX-S5310-01 (config)#line vty 0 4          //配置登录用户数
CX-HX-S5310-01 (config-line)#login local      //配置本地用户登录模式
CX-HX-S5310-01 (config-line)#exit             //返回全局模式
CX-HX-S5310-01 (config)#username woaizuguo password woaizuguo
                                              //配置用户名和密码
```

任务 4　组建安全型企业网络联调测试

项目实施完成后，需要对网络的安全性进行测试。本次测试将会从两个方面进行：

（1）使用非法 DHCP 服务器接入到网络中，观察客户端获取 IP 地址时是否会使用非法 DHCP 服务器分配的 IP 地址。

（2）使用非法客户端，手动配置 IP 地址，IP 地址配置为该广播域网关的 IP 地址，查看该广播域网络是否能正常通信。

工作过程 1：非法 DHCP Server 攻击

1. 任务目标

测试接入网络是否能够防范非法 DHCP 服务器攻击。

2. 具体操作

在接入交换机的 Gi0/3 口添加一台 DHCP 服务器，并分配 172.16.10.0/24 和 172.16.20.0/24 网段的 IP 地址，使用市场部或技术部的客户端获取 IP 地址，使用两台 PC 重新获取 IP 地址，重复 1 ~ 4 次，观察获取到的 IP 地址。

最终发现，两台 PC 获取到的地址每次都是由合法 DHCP 服务器分配的，如图 4-8 和图 4-9 所示。也就证明了非法 DHCP 服务器攻击被避免了。

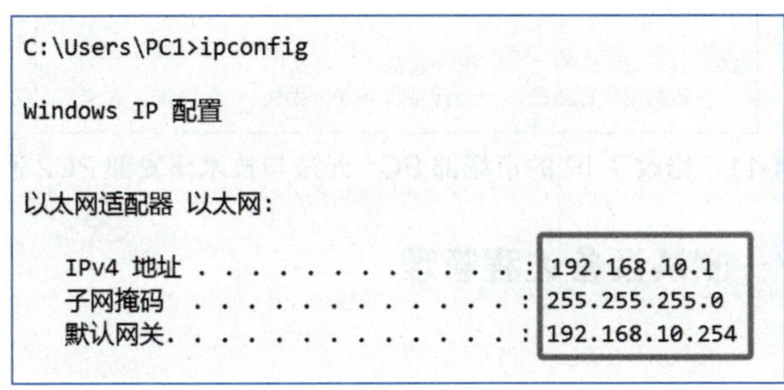

```
C:\Users\PC1>ipconfig

Windows IP 配置

以太网适配器 以太网:

   IPv4 地址 . . . . . . . . . . . . : 192.168.10.1
   子网掩码  . . . . . . . . . . . . : 255.255.255.0
   默认网关. . . . . . . . . . . . . : 192.168.10.254
```

图 4-8　市场部 PC1 未被私设的 DHCP 服务器欺骗

```
C:\Users\PC2>ipconfig

Windows IP 配置

以太网适配器 以太网:

   IPv4 地址 . . . . . . . . . . . . : 192.168.20.1
   子网掩码  . . . . . . . . . . . . : 255.255.255.0
   默认网关. . . . . . . . . . . . . : 192.168.20.254
```

图 4-9　技术研发部 PC2 未被私设的 DHCP 服务器欺骗

工作过程 2：用户私自更改 IP 地址

1. 任务目标

测试接入网络是否能够防范用户私自更改 IP 地址。

2. 具体操作

在 VLAN 10 下接入一台新客户端，并将该客户端的 IP 地址配置为 192.168.10.5，如图 4-10 所示。

```
C:\Users\PC1>ipconfig

Windows IP 配置


以太网适配器 以太网:

   IPv4 地址 . . . . . . . . . . . . : 192.168.10.5
   子网掩码  . . . . . . . . . . . . : 255.255.255.0
   默认网关. . . . . . . . . . . . . : 192.168.10.254
```

图 4-10　修改市场部 PC1 的 IP 地址

然后使用市场部 PC1 访问技术研发部 PC2，发现无法正常通信，如图 4-11 所示。这表示用户私自更改的 IP 地址无法接入网络。

```
C:\Users\PC1>ping 192.168.20.1

正在 Ping 192.168.20.1 具有 32 字节的数据:
请求超时。
请求超时。
请求超时。
请求超时。

192.168.20.1 的 Ping 统计信息:
    数据包: 已发送 = 4, 已接收 = 0, 丢失 = 4 (100% 丢失),
```

图 4-11　修改了 IP 的市场部 PC1 无法与技术研发部 PC2 通信

工作过程 3：测试设备远程管理

1. 任务目标

测试 Telnet 功能是否正常。

2. 具体操作

用技术研发部 PC2 远程登录接入交换机 CX-JR-S2910-01，分别输入对应的用户名和密码 woaizuguo，远程登录成功，如图 4-12 所示。

```
C:\Users\PC2>telnet 192.168.50.1
User Access Verification
Username:woaizuguo
Password:

CX-JR-S2910-01>enable
Password:
CX-JR-S2910-01#
```

图 4-12　技术研发部 PC2 登录接入交换机

想了解更多详情，请自行扫码观看知识讲解视频。

视频4.11

至此，本项目圆满完成。

1. 下面报文中，不是 DHCP 服务器发出的是（　　）。

　A. DHCP-Release　B. DHCP-Offer　C. DHCP-ACK　D. DHCP-NACK

2. 下面报文不是 DHCP 客户端发出的是（　　）。

A. DHCP-Offer　B. DHCP-Discovery　C. DHCP-Request　D. DHCP-Release

3. 使用动态主机配置协议 DHCP 分配 IP 地址有（　　）优点。（多选）

A. 可以实现 IP 地址重复利用

B. 避免 IP 地址冲突

C. 工作量大且不好管理

D. 配置信息发生变化（如 DNS），只需管理员在 DHCP 服务器上修改，方便统一管理

4. 使用 DHCP 分配地址存在的隐患有（　　）。（多选）

A. 非法 DHCP 服务器攻击　B. ARP 欺骗攻击

C. 地址池耗尽攻击　D. 用户私自更改 IP 地址

5. 解决非法 DHCP 服务器攻击的措施是________。

6. 解决用户私自更改 IP 地址的措施是________。

7. 解决地址池耗尽攻击的措施是________。

8. 解决 ARP 欺骗的措施有________、________。

9. DHCP（dynamic host configuration protocol）的作用是（　　）。

A. 客户端给服务端分配 IP 地址

B. 服务端给客户端分配 IP 地址

C. 客户端和服务端均可对对端分配 IP 地址

D. 客户端和服务端均不可对对端分配 IP 地址

10. 通过 DHCP 自动获取 IP 地址时，能获取到信息（　　）。（多选）

A. IP 地址　B. 网络掩码　C. 网关　D. DNS 地址

11. DHCP 的 Offer 报文和 ACK 一定是单播报文。（　　）（判断）

12. DHCP 是（　　）的英文缩写。

A. 动态带宽分配　B. 动态主机配置协议

C. 域名系统　D. 差分服务代码点

13. 若想实现该网络中不允许用户通过静态配置 IP 地址接入网络，则可以使用以下方案（　　）。（多选）

A. DAI+IPSG　B. DHCP Snooping+IPSG

C. DAI+Port Security　D. DHCP Snooping+DAI

14. DHCP 客户端收到 DHCP ACK 报文后如果发现自己即将使用的 IP 地址已经存在于网络中，那么它将向 DHCP 服务器发送（　　）报文。

A. DHCP Request　B. DHCP Release　C. DHCP Inform　D. DHCP Decline

15. DHCP 客户端向 DHCP 服务器发送（　　）报文进行 IP 租约的更新。（多选）

A. DHCP Request　B. DHCP Release

C. DHCP Inform　D. DHCP Decline

E. DHCP ACK　F. DHCP OFFER

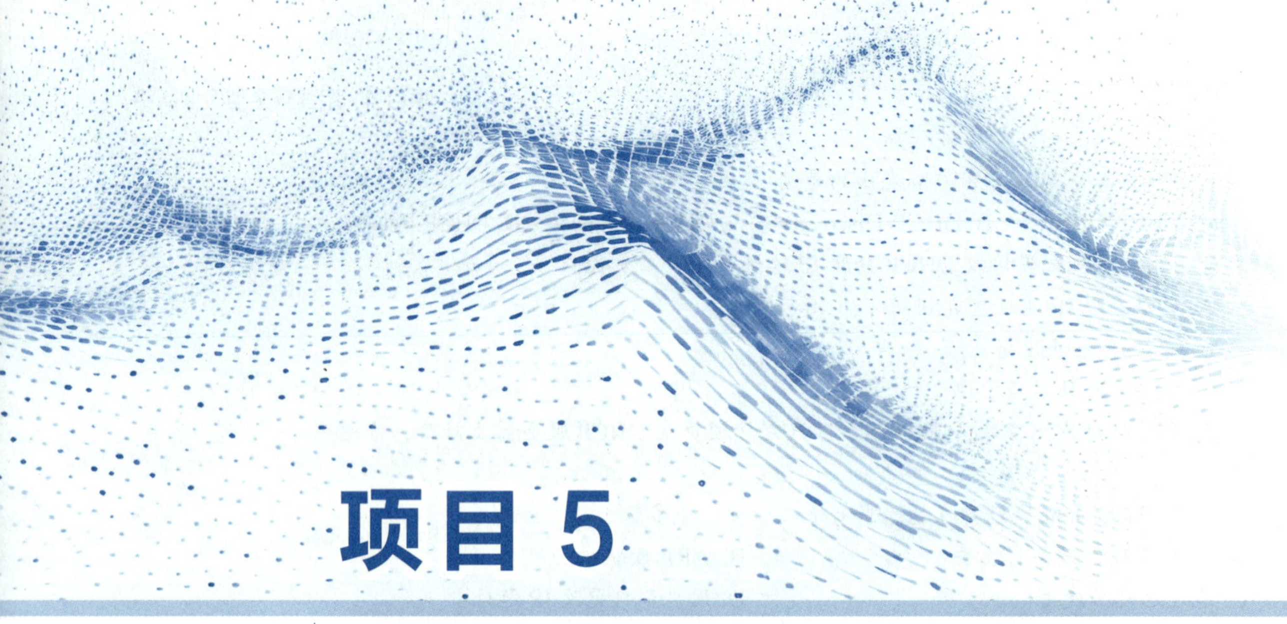

项目 5

组建易管理型企业网络

在职场中，工作要讲究效率和对时间的管理。时间管理是有效地运用时间，降低变动性。当前对网络中的设备进行监控与管理就是提高设备（软件特性和硬件特性）的可管理性，方便监控每台设备的运行指标。

本项目将组建易管理型企业网络，就是在企业网络满足用户基本通信的基础上，再在各网络设备上部署相关设备管理策略，使管理员可以更加便捷地管理该企业网络。

项目目标

知识目标

- 理解企业网络中端口镜像的作用。
- 熟悉 SNMP 技术对企业网络的作用和工作原理。
- 掌握交换机远程登录的配置方法。
- 掌握设备日志的查看与分析。

技能目标

- 掌握交换机/路由器的用户名、密码及远程登录的配置。
- 能独立完成易管理型网络的设计部署。
- 掌握锐捷设备的配置方法。
- 掌握项目文档的编写方法。

素养目标

- 培养提高工作效率和做好时间管理的意识。

接收任务

任务导学

某光电公司新成立的分公司有研发部、生产部两个部门，每个部门各 10 人。公司要为分公司建设生产办公网络。为提升后续网络的运维效率，公司决定组建易管理型企业网络。针对公司业务需要，本项目只搭建内网。后续项目将部署监控服务器和网管服务器，监控研发部门至核心交换机之间的流量，并对监控设备的使用情况、获取设备运行的各项运行指标（如 CPU、内存、接口流量、ARP 表、MAC 表等）进行分析。

公司安排工程师小王完成本项目。小王与客户沟通后了解到本项目的需求如下：

（1）能够实现内网的互联互通。

（2）实现设备远程管理，要求核心交换机在远程管理时，管理数据防止被监听。所有用户名和密码都设置为 admin 与 ruijie@123。

（3）在交换机上开启日志功能，并且后续会部署日志服务器，存放日志。

（4）在交换机上部署 SNMP 服务，以便后续部署网管服务器，监控全网设备使用情况，获取设备运行信息。

（5）在交换机上配置端口镜像功能，以便后续部署监控服务器，对研发部流量进行监控分析。

想要了解更多详情，请自行扫码观看视频。

项目5

前期知识回顾

在开始本项目前，小王需要回顾一下之前学习过的知识，请扫描下方的二维码观看相关知识的讲解视频进行学习。

1. 如何测试网络的连通性？
2. 如何实现设备的远程设备功能？
3. 如何进行交换机系统文件管理？
4. 了解设备硬件基础知识。

视频5.0.1

视频5.0.2

视频5.0.3

视频5.0.4

项目知识学习

回顾学习过的知识后，要完成本项目，小王还需要学习新知识，为此，他向公司资深的罗工程师（下称罗工）请教后学到了以下知识。

1. 小王：罗工您好，请问什么是端口镜像功能？

罗工：端口镜像通常简写为 SPAN，是指通过将指定端口的数据报文复制到另一个与网络分析设备连接的端口，以实现对网络流量镜像监控的目的。

随着网络的发展，人们对网络的高可用性的要求日益提高。当网络出现异常时，需要对网络节点或者设备的端口进行数据流量分析以快速定位网络问题使网络尽快恢复正常，但同时又要求不影响设备数据流量的正常转发，通过镜像功能就能够实现这一目的。

2. 小王：端口镜像有哪些基本概念？

罗工：下面介绍一下端口镜像的主要概念。

（1）源端口：指被监控设备上的指定端口，也称为被监控口。在镜像中，源端口上的数据流会被复制一份到目的端口，用于网络分析或故障排除。

（2）目的端口：是与网络分析设备相连接的端口，也称为监控口。目的端口用于将接收到的源端口报文转发到网络分析设备。

（3）远程镜像 VLAN：是一种特殊的 VLAN。该 VLAN 只传输镜像报文，不对正常的业务数据进行传输。

（4）源设备：是远程端口镜像角色之一，指源端口所在的设备，负责将源端口的报文复制一份到源设备的输出端口，传输给中间设备或目的设备。

（5）中间设备：是远程端口镜像角色之一，指处于源设备和目的设备之间的设备，负责将镜像报文传输给下一个中间设备或目的设备。如果源设备与目的设备直接相连，则不存在中间设备。

（6）目的设备：是远程端口镜像角色之一，指远程镜像目的端口所在的设备，负责将中间设备或者源设备接收到的镜像报文转发给监控设备。

3. 小王：什么是流量镜像？

罗工：流量镜像是指在端口镜像的基础上将源端口与访问控制列表（access control list, ACL）关联，根据 ACL 规则对报文进行过滤，达到只镜像指定报文的目的。源端口只有匹配到 ACL 中 permit 类型的访问控制条目（access control entry, ACE）的报文才能被镜像到目的端口。一个源端口只能关联一个 ACL。

4. 小王：SNMP 产生的背景是什么？

罗工：SNMP 的英文全称是 simple network management protocol，中文名称是简单网络管理协议。在 SNMP 出现之前，管理网络设备主要是靠人工方式进行。该方法仅能处理小规模设备管理问题。

随着网络技术的飞速发展，信息化得到了广泛普及，使得网络设备、计算设备和存储设备数量不断上升，这给网络管理带来了以下问题：

（1）管理设备呈几何级数增加，且分布广，网络管理员无法及时监控所有设备运行状况，问题排查也变得极其困难。

（2）组网过程中通常混合使用多个厂商的设备，但是各个厂商的管理接口（如命令行）不同，这使得网络管理变得越来越困难。

SNMP 正是基于此背景下应运而生的，解决了网络管理员的困扰。

5. 小王：什么是 SNMP？

罗工：SNMP 是目前 TCP/IP 网络普遍采用的网络管理标准协议，其主要目的是进行网络监控与管理。它建立了一套成熟的网管标准，并得到了众多厂商的支持。通过 SNMP 协议，网络管理员可以对网络上的节点进行信息查询、网络配置、故障定位、容量规划。

SNMP 协议在网络维护中发挥着重要作用，其协议具有如下优点：

（1）使用 UDP 协议，占用网络资源少，SNMP 报文能够在网络中快速转发。

（2）设计简单，操作类型和报文种类少，易于实现，降低网管系统成本。

（3）隔离设备存在物理差异，SNMP 通过建立设备与数据之间的连接，实现对不同设备的统一管理。

6. 小王：SNMP 主要应用在哪些场景？

罗工：网络管理系统可以通过 SNMP 协议来管理设备，如图 5-1 所示。网络管理员需要管理和监控网络中的所有设备，这些设备分布的地点比较分散，仅靠网络管理员逐一去现场进行管理是不切实际的。这些网络设备通常混合使用多个厂商的设备，各个厂商的管理接口（如命令行）不同，这就使批量管理与监控网络设备的工作量很大。另外，由于网络管理人员无法及时地了解各个网络设备的运行状态，一旦某个网络设备发生故障可能会导致其他设备不能正常工作，严重时甚至造成整个网络瘫痪。故在此背景下，如果采用常规人工方式则会造成人力成本高、效率低等问题，此时网络管理员就可以利用 SNMP 来远程管理和实时监控设备，以确保其正常工作。

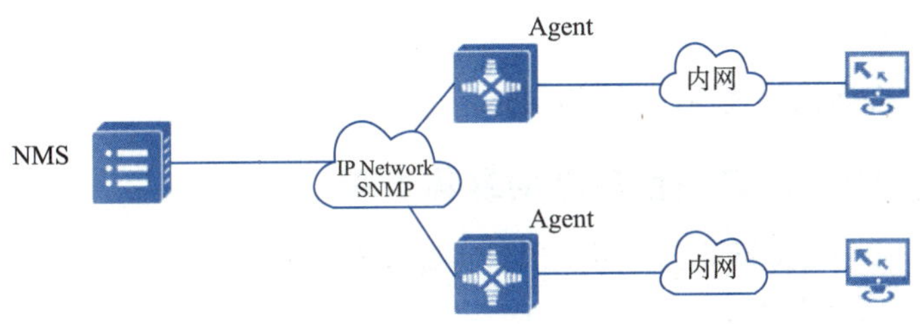

图 5-1　网管系统通过 SNMP 管理设备示意图

想了解更多详情，请自行扫码观看知识讲解视频。

视频5.1

视频5.2

视频5.3

视频5.4

视频5.5

任务 1　组建易管理型企业网络需求分析

所谓需求分析，就是为本项目的每个需求逐一找到对应的实现方法。

工作过程 1：逐步分析项目需求

通过前期的学习，可知本项目的网络拓扑为易管理的网络。接下来根据上述项目需求逐条进行分析，过程如下：

需求如下：

（1）能够实现内网的互联互通。

实现方法如下：

- 在全网设备配置基本信息。
- 在核心及接入层配置 VLAN 及 SVI。

需求如下：

（2）实现设备远程管理，要求核心交换机在远程管理时，管理数据防止被监听。所有用户名和密码都设置为 admin 与 ruijie@123。

实现方法如下：

- 在核心交换机配置 SSH 功能。
- 在接入交换机配置 Telnet 功能。

需求如下：

（3）在交换机上开启日志功能，并且后续会部署日志服务器，存放日志。

实现方法如下：

- 在交换机上开启日志功能。

需求如下：

（4）在交换机上部署 SNMP 服务，以便后续部署网管服务器，监控全网设备使用情况，获取运行信息。

实现方法如下：

- 在核心交换机和接入交换机上 SNMP 服务。

需求如下：

（5）在交换机上配置端口镜像功能，以便后续部署流量监控服务器，对研发部流量进行监控分析。

实现方法如下：

- 在核心交换机配置端口镜像功能。

工作过程 2：确定项目实施的具体步骤

将以上需求分析进行整合，可知项目实施步骤如下：

（1）配置设备基本信息。

（2）配置 VLAN 及 SVI 并修剪 VLAN。

（3）配置设备日志信息。
（4）配置设备远程登录。
（5）配置基于流的端口镜像。
（6）配置内网设备 SNMP 功能。

想了解更多详情，请自行扫码观看知识讲解视频。

视频5.6

任务 2　组建易管理型企业网络规划设计

本项目规划需要完成以下工作：

➢ 规划设备清单。
➢ 规划网络拓扑。
➢ 规划设备主机名。
➢ 规划 VLAN。
➢ 规划 IP 地址。
➢ 规划设备互联接口。

下面将按照这个步骤，为本项目进行规划。

工作过程 1：规划设备清单

本项目设备清单见表 5-1。

表 5-1　设备清单

序号	类型	设备	厂商	型号	数量	备注
1	硬件	二层接入交换机	锐捷	RG-S2910-24GT4XS-E	1 台	接入交换机
2	硬件	三层接入交换机	锐捷	RG-5310-24GT4XS	1 台	核心交换机
3	硬件	双绞线	—	—	若干米	—
4	硬件	计算机	—	—	3 台	配置设备及测试用
5	软件	SecureCRT	—	6.5 版本及以上	1 套	配置设备用

工作过程 2：规划网络拓扑

该项目的网络拓扑图如图 5-2 所示。

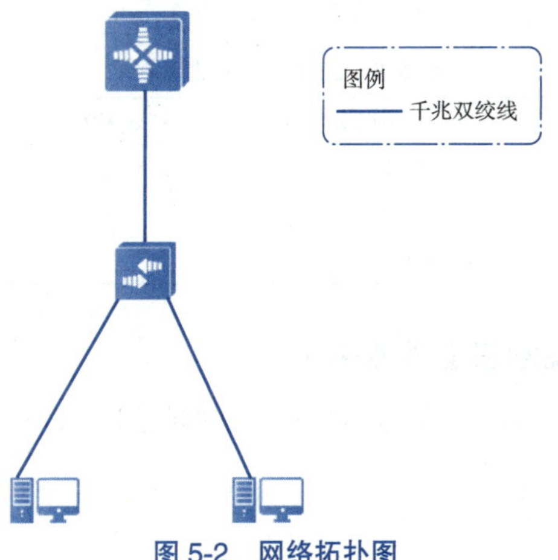

图 5-2　网络拓扑图

工作过程 3：规划设备主机名

设备名称用于标识一台设备的名字，在实际应用过程中可以根据需求进行命名。项目中合理地对设备进行命名，可以便于对设备进行维护和管理。该项目中网络设备命名规范为：AA-BB-CC-DD。其中：

- AA：表示设备的物理位置。GD 表示某光电公司。
- BB：表示设备的角色。JR 为接入交换机，HX 为核心交换机。
- CC：表示设备型号，具体可参见设备清单。
- DD：表示设备序号，如 01、02 等。

表 5-2 为本项目所有设备命名。

表 5-2　设备主机名表

序号	设备型号	设备主机名
1	RG-S2910-24GT4XS-E	GD-JR-S2910-01
2	RG-5310-24GT4XS	GD-HX-S5310-01

工作过程 4：规划 VLAN

本项目需要为每个办公用户部门分配各自的 VLAN，接入交换机管理采用单独的管理 VLAN。VLAN 的规划信息见表 5-3。

表 5-3　VLAN 规划表

序号	VLAN ID	VLAN 名称	备注
1	10	YanFaBu_VLAN	研发部 VLAN
2	20	ShengChanBu_VLAN	生产部 VLAN
3	100	Manage_VLAN	服务器及设备管理 VLAN

工作过程 5：规划 IP 地址

研发部、生产部及服务器总共有三个业务 VLAN，因此需要规划三个业务网段。同时还要规划接入交换机的管理地址。二层设备管理采用单独的管理网段，业务地址及管理地址的网关都位于核心交换机。

综上所述，本项目中 IP 地址详细规划见表 5-4。

表 5-4　业务 IP 地址规划表

序号	区域	IP 地址	掩码	网关
1	研发部	192.168.10.0	255.255.255.0	192.168.10.254
2	生产部	192.168.20.0	255.255.255.0	192.168.20.254
3	服务器及设备管理	192.168.100.0	255.255.255.0	192.168.100.254

工作过程 6：规划设备互联接口

该项目中，网络设备之间的互联接口规划的规范为：Con_To_ 对端设备名称 _ 对端接口名，具体规划见表 5-5。

表 5-5　设备互联接口规划表

本端设备	接口	接口描述	对端设备	接口	备注
GD-HX-S5310-01	Gi0/1	Con_To_GD-JR-S2910-01_Gi0/1	GD-JR-S2910-01	Gi0/1	—
	Gi0/2	Con_To_LiuLiangServer	流量监控服务器	—	预留
	Gi0/3	Con_To_WangGuanServer	网管服务器	—	预留
GD-JR-S2910-01	Gi0/1	Con_To_GD-HX-S5310-01_Gi0/1	GD-HX-S5310-01	Gi0/1	—
	Gi0/2	—	研发部 PC	—	—
	Gi0/3	—	生产部 PC	—	—

为了方便接下来的项目实施，在图 5-2 所示网络拓扑图的基础上进行细化，将主机名称、IP 地址、VLAN、接口编号等信息标注在网络拓扑图中，得到该项目详细的网络拓扑图，如图 5-3 所示。

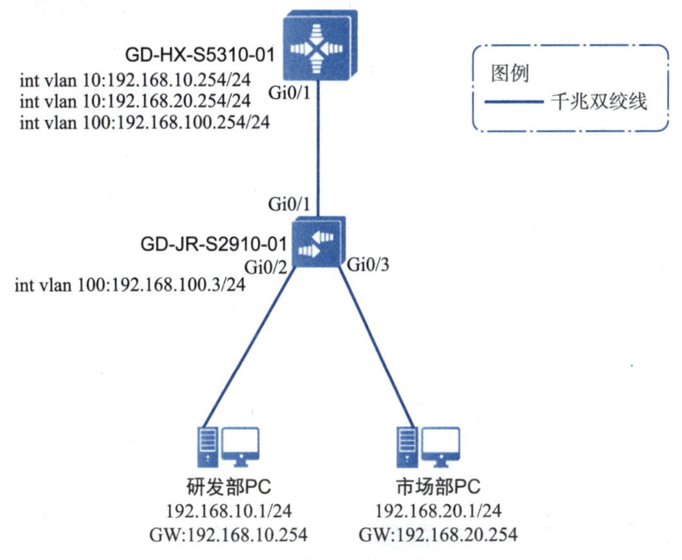

图 5-3 详细网络拓扑图

想了解更多详情，请自行扫码观看知识讲解视频。

视频5.7

任务 3　组建易管理型企业网络项目实施

工作过程 1：按照拓扑连接设备

1. 任务目标

按照图 5-3 所示详细网络拓扑图，用双绞线连接本项目的设备。

2. 具体操作

这里的操作是物理连接，按照表 5-5 所示设备互联接口规划表进行连线。

工作过程 2：配置交换机基本信息

1. 任务目标

在开始功能性配置之前，先完成前期规划表中涉及的所有网络设备的基本配置，包括主机名、端口描述等。

2. 具体操作

以核心交换机 GD-HX-S5310-01 为例：

```
Ruijie>enable                                          //进入特权模式
Ruijie#configure terminal                              //进入全局配置模式
Ruijie(config)#hostname GD-HX-S5310-01                 //配置主机名
GD-HX-S5310-01(config)#interface GigabitEthernet 0/1
                                                       //进入接口配置模式
GD-HX-S5310-01(config-if-GigabitEthernet 0/1)#description Con_To_
GD-JR-S2910-01_Gi0/1                                   //配置接口描述
GD-HX-S5310-01(config-if-GigabitEthernet 0/1)#exit
                                                       //返回全局配置模式
GD-HX-S5310-01(config)#interface GigabitEthernet 0/2
                                                       //进入接口配置模式
GD-HX-S5310-01(config-if-GigabitEthernet 0/2)#description Con_To_
LiuLiangServer                                         //配置接口描述
GD-HX-S5310-01(config-if-GigabitEthernet 0/2)#exit
                                                       //返回全局模式
GD-HX-S5310-01(config)#interface GigabitEthernet 0/3
                                                       //进入接口配置模式
GD-HX-S5310-01(config-if-GigabitEthernet 0/3)#description Con_To_
WangGuanServer                                         //配置接口描述
GD-HX-S5310-01(config-if-GigabitEthernet 0/3)#exit
                                                       //返回全局配置模式
```

工作过程 3：在交换机上配置 VLAN 与 SVI

1. 任务目标

在开始配置设备基本信息之前，先进行 VLAN 的配置与修剪。

2. 具体操作

（1）配置 VLAN 及 VSI 接口。

➢ GD-HX-S5310-01 中的配置如下：

```
GD-HX-S5310-01(config)#vlan range 10,20,100    //创建VLAN
GD-HX-S5310-01(config-vlan)#exit               //退出
GD-HX-S5310-01(config)#interface VLAN 10       //进入研发部SVI
GD-HX-S5310-01(config-if-vlan 10)#ip address 192.168.10.254
255.255.255.0                                  //配置研发部网关IP
GD-HX-S5310-01(config)#interface VLAN 20       //进入生产部SVI
GD-HX-S5310-01(config-if-vlan 20)#ip address 192.168.20.254
255.255.255.0                                  //配置生产部网关IP
```

```
    GD-HX-S5310-01(config)#interface VLAN 100   //进入管理SVI
    GD-HX-S5310-01(config-if-vlan 100)#ip address 192.168.100.254
255.255.255.0                                   //配置管理网关IP
```

（2）设置接口模式并修剪 VLAN。

设置接口为 TRUNK 或 ACCESS 模式。并且在网络中，为了增加带宽的利用率，TRUNK 接口要进行 VLAN 的修剪。两台交换机的配置命令如下：

➢ GD-HX-S5310-01 中的配置如下：

```
    GD-HX-S5310-01(config)#interface GigabitEthernet 0/1
                                                //进入下行口
    GD-HX-S5310-01(config-if-GigabitEthernet 0/1)#switchport mode trunk
                                                //设置端口模式为TRUNK
    GD-HX-S5310-01(config-if-GigabitEthernet 0/1)#switchport trunk
allowed vlan only 10,20,100                     //修剪相应的VLAN
    GD-HX-S5310-01(config-if-GigabitEthernet 0/1)#interface
GigabitEthernet 0/2                             //进入与网管服务器互联端口
    GD-HX-S5310-01(config-if-GigabitEthernet 0/2)#switchport access vlan 100
                                                //将服务区VLAN加入端口
    GD-HX-S5310-01(config-if-GigabitEthernet 0/2)#interface GigabitEthernet 0/3
                                                //进入与监控服务器互联端口
    GD-HX-S5310-01(config-if-GigabitEthernet 0/3)#switchport access vlan 100
                                                //将监控服务区VLAN加入端口
```

➢ GD-JR-S2910-01 中的配置如下：

```
    GD-JR-S2910-01(config)#interface GigabitEthernet 0/1   //进入上行行口
    GD-JR-S2910-01(config-if-GigabitEthernet 0/1)#switchport mode trunk
                                                //设置端口模式为TRUNK
    GD-JR-S2910-01(config-if-GigabitEthernet 0/1)#switchport trunk
allowed vlan only 10,20,100                     //修剪相应的VLAN
    GD-JR-S2910-01(config-if--GigabitEthernet 0/1)#interface
GigabitEthernet 0/2                             //进入与研发部互联端口
    GD-JR-S2910-01(config-if-GigabitEthernet 0/2)#switchport access vlan 10
                                                //将研发部VLAN加入端口
    GD-JR-S2910-01(config-if--GigabitEthernet 0/2)#interface
GigabitEthernet 0/3                             //进入与生产部互联端口
    GD-JR-S2910-01(config-if-GigabitEthernet 0/3)#switchport access vlan 20
                                                //将监控服务区VLAN加入端口
```

工作过程4：配置设备日志信息

1. 任务目标

为了确保日志信息长期存储，需要将设备的日志信息发送到日志服务器中、本项目中日志服务器与网管服务器同一台。

2. 具体操作

以核心交换机 GD-HX-S5310-01 为例，配置如下：

```
GD-HX-S5310-01(config)#logging file flash:syslog 7//指定日志文件名与等级
GD-HX-S5310-01(config)#logging file flash:syslog 131072
                                        //设置单个日志文件大小为128KB
GD-HX-S5310-01(config)#logging buffered 131072   //设置日志缓冲区大小为128KB
GD-HX-S5310-01(config)#logging userinfo          //日志中记录用户登录信息
GD-HX-S5310-01(config)#logging userinfo command-log
                                                 //记录用户登录后的操作命令
GD-HX-S5310-01(config)#service sysname           //开启在日志中显示系统主机名
GD-HX-S5310-01(config)#service sequence-numbers //开启在日志中显示序号
GD-HX-S5310-01(config)#service timestamps        //开启在日志中显示时间戳
GD-HX-S5310-01(config)#logging server 192.168.100.1 //指定日志服务器
GD-HX-S5310-01(config)#logging source 192.168.100.254
                                                 //指定与日志服务器通信的地址
GD-HX-S5310-01(config)#logging trap 7            //配置发送到日志服务器的内容
```

工作过程 5：配置设备远程登录管理

1. 任务目标

在本项目中为了实现安全分级的网络管理，核心交换机使用 SSH 协议进行远程管理，该服务在设备中默认关闭，需要开启 SSH 登录服务，并配置 SSH 登录密钥。

2. 具体操作

核心交换机 GD-HX-S5310-01 的 SSH 配置如下：

```
GD-HX-S5310-01(config)#username admin password ruijie@123
                                                 //配置全局用户名和密码
GD-HX-S5310-01(config)#enable password ruijie@123 //配置特权密码
GD-HX-S5310-01(config)#service password-encryption //开启密码加密
GD-HX-S5310-01(config)#line vty 0 4               //进入线程配置模式
GD-HX-S5310-01(config-line)#login local
                                   //使用本地用户名密码进行远程登录认证
GD-HX-S5310-01(config)#enable service ssh-server  //开启SSH服务
GD-HX-S5310-01(config)#no enable service telnet-server
                                                  //关闭Telnet服务
GD-HX-S5310-01(config)#crypto key generate rsa //产生RSA非对称密钥
How many bits in the modulus [512]:              //采用默认512位密钥
% Generating 512 bit RSA1 keys ...[ok]           //成功产生密钥
% Generating 512 bit RSA keys ...[ok]
```

接入交换机 GD-JR-S2910-01 的 Telnet 配置如下：

```
GD-JR-S2910-01(config)#interface vlan 100    //进入管理VLAN接口
GD-JR-S2910-01(config-if)#ip address 192.168.100.3 255.255.255.0
                                             //配置管理IP地址
GD-JR-S2910-01(config)#exit                  //返回全局配置模式
GD-JR-S2910-01(config)#ip route 0.0.0.0 0.0.0.0 192.168.100.254
                                             //配置默认网关
GD-JR-S2910-01(config)#username admin password ruijie@123
                                             //配置全局用户名和密码
GD-JR-S2910-01(config)#enable password ruijie@123 //配置特权密码
GD-JR-S2910-01(config)#service password-encryption//开启密码加密
GD-JR-S2910-01(config)#line vty 0 4          //进入线程配置模式
GD-JR-S2910-01(config-line)#login local
                              //使用本地用户名密码进行远程登录认证
```

工作过程 6：配置基于流的端口镜像

1. 任务目标

在进行网络故障排查时，端口的流量太大，如果进行普通的端口镜像将会导致PC 性能无法承受，也难以分析，很难捕捉到希望抓取的特定流量报文（例如，某个MAC 的流量，或者是某个源 IP 访问某个目的 IP 的流量），这时可以使用基于流量的镜像功能；或者端口的流量太大，网络中部署的监控服务器，日志审计服务器等无法分析所有的数据，只希望抓取特定的流量报文。

（1）在核心交换机上配置 ACL，允许研发部 192.168.10.0/24。

（2）在核心交换机上配置端口镜像功能，将连接接入交换机 Gi0/1 接口设置为端口镜像的源端口并关联 ACL。

（3）将连接监控服务器 Gi0/2 接口设置为端口镜像的目的端口。

2. 具体操作

核心交换机 GD-HX-S5310-01 的配置如下：

```
GD-HX-S5310-01(config)#ip access-list extended ruijie
                                             //创建ACL并命名
GD-HX-S5310-01(config-ext-nacl)#permit ip 192.168.10.0 0.0.0.255 any
                                             //匹配研发部感兴趣流
GD-HX-S5310-01(config-ext-nacl)#exit         //退回全局配置模式
GD-HX-S5310-01(config)#monitor session 1 source interface
GigabitEthernet 0/1 tx                       //监控从Gi0/1出去的所有流量
GD-HX-S5310-01(config)#monitor session 1 source interface GigabitEthernet
0/1 rx acl ruijie              //只监控Gi0/1口进入交换机的并且只匹配ACL的流量
GD-HX-S5310-01(config)#monitor session 1 destination interface
GigabitEthernet 0/2 switch                   //设置端口镜像目的端口
```

工作过程 7：配置 SNMP 功能

1. 任务目标

在本项目中对设备配置 SNMP 功能，监控设备使用情况，获取设备运行的各项运行指标（如 CPU、内存、接口流量、ARP 表、MAC 表等）。

（1）交换机允许 SNMP 网管服务器 IP（192.168.100.1）网络中所有设备进行管理。共同体为“ruijie”。

（2）网络中所有设备能够主动向网管服务器发送 SNMP TRAP 消息。

（3）网管服务器能够获取设备的基本系统信息，如系统的联系方式、位置、序列码。

2. 具体操作

以核心交换机 GD-HX-S5310-01 为例，配置如下：

```
GD-HX-S5310-01(config)#ip access-list standard SNMP
                              //创建关于网管服务器的ACL
GD-HX-S5310-01(config-ext-nacl)#permit host 192.168.100.1
                              //允许网关服务器IP
GD-HX-S5310-01(config-ext-nacl)#exit //退回全局配置模式
GD-HX-S5310-01(config)#snmp-server community write rw SNMP
                              //配置SNMP写团体SNMP
GD-HX-S5310-01(config)#snmp-server community public ro SNMP
                              //配置SNMP读团体SNMP
GD-HX-S5310-01(config)#snmp-server host 192.168.100.1 traps write
                              //配置向网关服务器发送消息，团体名为write
GD-HX-S5310-01(config)#snmp-server host 192.168.100.1 version 2c write
                              //指定SNMPV2C版本的TRAP报文
GD-HX-S5310-01(config)#snmp-server enable traps
                              //使能交换机主动发送TRAP消息
```

任务 4　组建易管理型企业网络联调测试

项目实施完成后，需要对网络的运行状态进行测试。本次测试包括多个方面：基本连通性、设备远程管理、SNMP 管理设备运行状态、抓取研发部流量。所以本次临时搭建了两台服务器：Wireshark 抓包服务器、网管及日志服务器。由于篇幅有限，这两台服务器的配置方法在此不再介绍，有兴趣者可自行查看相关资料。

工作过程 1：测试基本连通性

1. 任务目标

将两部门的 PC 接入网络，并配置相应 IP 地址，测试是否能 PING 通内网。

2. 具体操作

使用研发部 PC 分别 PING 核心交换机和接入交换机管理地址，都能 PING 通，如图 5-4 和图 5-5 所示。

```
C:\Users\Administrator>ping 192.168.100.254

正在 Ping 192.168.100.254 具有 32 字节的数据:
来自 192.168.100.254 的回复: 字节=32 时间=1ms TTL=64
来自 192.168.100.254 的回复: 字节=32 时间=1ms TTL=64
来自 192.168.100.254 的回复: 字节=32 时间=1ms TTL=64
来自 192.168.100.254 的回复: 字节=32 时间=1ms TTL=64

192.168.100.254 的 Ping 统计信息:
    数据包: 已发送 = 4, 已接收 = 4, 丢失 = 0 (0% 丢失),
往返行程的估计时间(以毫秒为单位):
    最短 = 1ms, 最长 = 1ms, 平均 = 1ms
```

图 5-4　研发部 PC 可以 PING 通核心交换机

```
C:\Users\Administrator>ping 192.168.100.3

正在 Ping 192.168.100.3 具有 32 字节的数据:
来自 192.168.100.3 的回复: 字节=32 时间=3ms TTL=64
来自 192.168.100.3 的回复: 字节=32 时间=1ms TTL=64
来自 192.168.100.3 的回复: 字节=32 时间=1ms TTL=64
来自 192.168.100.3 的回复: 字节=32 时间=1ms TTL=64

192.168.100.3 的 Ping 统计信息:
    数据包: 已发送 = 4, 已接收 = 4, 丢失 = 0 (0% 丢失),
往返行程的估计时间(以毫秒为单位):
    最短 = 1ms, 最长 = 3ms, 平均 = 1ms
```

图 5-5　研发部 PC 可以 PING 通接入交换机

工作过程 2：测试设备远程管理

1. 任务目标

在研发部 PC 上通过 SSH 登录核心交换机，通过 Telnet 登录接入交换机。

2. 具体操作

在研发部 PC（192.168.100.1）上通过 SSH 登录核心交换机（192.168.100.254），如图 5-6 至图 5-8 所示。

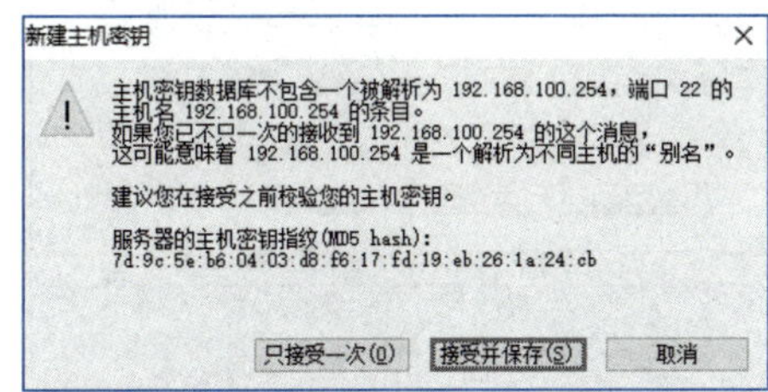

图 5-6　研发部 PC 登录核心交换机

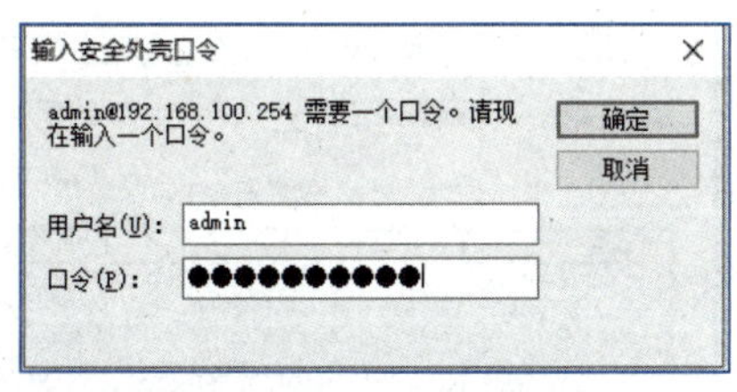

图 5-7　根据提示输入用户名和密码

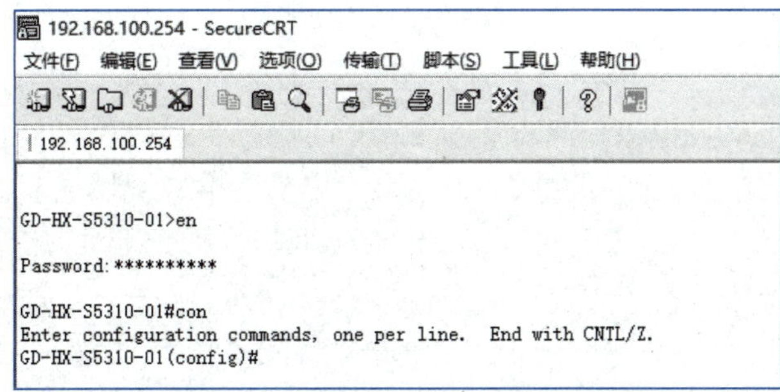

图 5-8　成功通过 SSH 方式登录核心交换机

在研发部 PC 上通过 Telnet 登录接入交换机 (192.168.100.3)，可以正常登录，如图 5-9 所示。

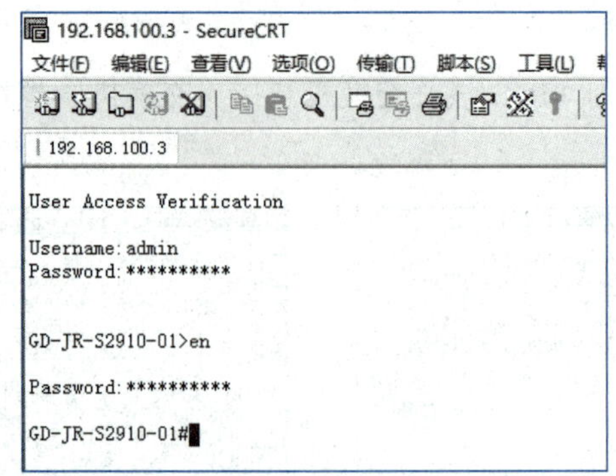

图 5-9　研发部 PC 通过 Telnet 方式登录到接入交换机

工作过程 3：测试 SNMP 网管服务器管理设备

1. 任务目标

测试 SNMP 功能是否正常。

2. 具体操作

通过 MIB-Brower 网管软件对核心交换机运行信息进行管理，如图 5-10 所示。

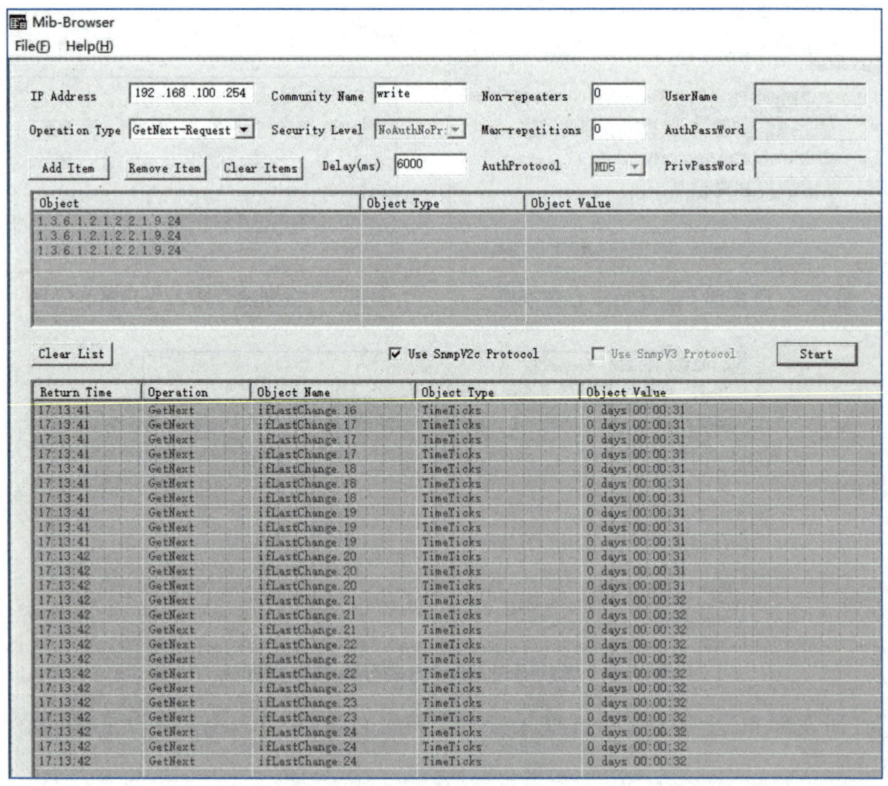

图 5-10　SNMP 功能验证成功

工作过程 4：测试基于流的端口镜像

1. 任务目标

测试基于流的端口镜像功能是否正常。

2. 具体操作

通过 wireshark 分析工具进行流量抓取和分析，如图 5-11 所示。

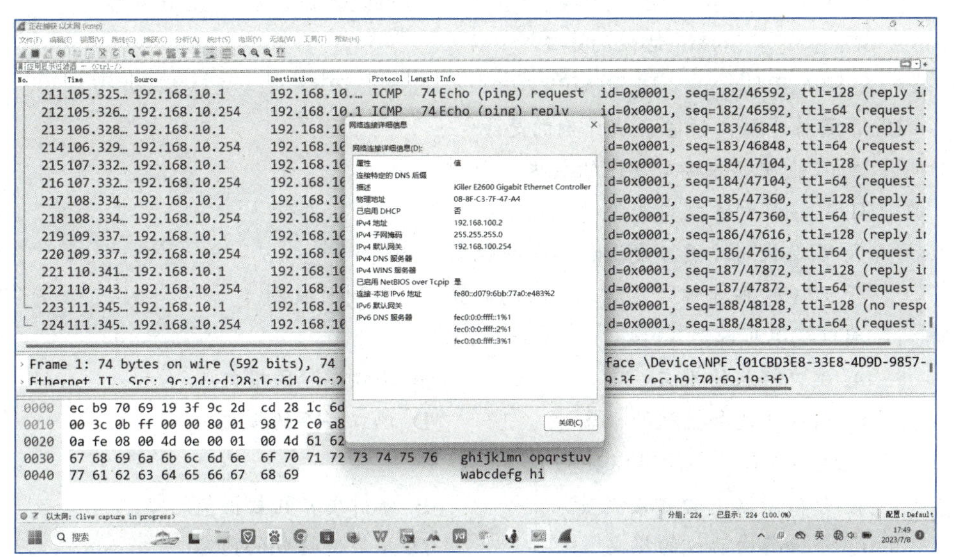

图 5-11　基于流的端口镜像功能验证成功

想了解更多详情，请自行扫码观看知识讲解视频。

视频5.8

至此，本项目圆满完成。

单元测试

1. SNMP 协议基于（　　）协议。

   A. TCP　　B. UDP　　C. SNMP　　D. IP

2. 下列不是 SNMP 的报文的是（　　）。

   A. Get-request　　B. Get-next-request

   C. Set-request　　D. Set-next-request

3. 下列不属于网管的功能是（　　）。

   A. 拓扑管理　　B. 分级管理　　C. 故障管理　　D. 都不对

4. 可以发出 SNMP GetRequest 的网络实体是（　　）。

   A. Agent　　B. Manger　　C. Client　　D. 都不对

5. TRAP 报文通过（　　）的（　　）的端口。

   A. UDP，161　　B. UDP，162　　C. TCP，162　　D. 都不对

6. Agent 是承载在（　　）上，通过（　　）号端口进行通信。

   A. UDP，161　　B. TCP，162　　C. TCP，161　　D. 都不对

7. 关于端口镜像的说法正确的是（　　）。

A. 一个交换机只能配置一个端口镜像会话

B. 每个会话可以配置多个源端口

C. 源端口和目的端口必须相邻

D. 都不对

8. SNMP 报文的格式包括（　　）。（多选）

A. 版本号　　B. 团体名　　C. 协议数据单元　　D. 优先级

9. 以下不属于 SNMP 协议的是（　　）。

A. SNMPV1　　B. SNMPV2　　C. SNMPV3　　D. SNMPV4

10. 下面关于端口镜像说法正确的是（　　）。

A. 只能收到源端口发送的数据

B. 只能收到源端口接收的数据

C. 可以收到源端口发送和接收的数据

D. 只能收到源端口发送或接收的数据但不能同时收到

11. 端口镜像可以对（　　）流量进行镜像。

A. 端口接收的报文　　B. 端口发送的报文

C. 端口发送和接收的报文　　D. 端口丢弃的报文

12. 通过端口镜像功能可以实现（　　）。

A. 分析网络中的异常流量　　B. 分析用户的数据包的格式

C. 分析路由协议的报文　　D. 学习数据包的内容

13. SSH 默认的端口号是 TCP（　　）端口。

A. 22　　B. 21　　C. 443　　D. 8080

14. SSH 协议默认使用的加密算法是（　　）。

A. RSA　　B. DES　　C. MD5　　D. 都不对

15. SSH 密钥登录前客户端机上要生成一对密钥，命令是（　　）。

A. SSH　　B. SSH passdword　　C. SSH-keygen　　D. 都不对

项目 6

组建双核心三层架构企业网络

随着企业信息化建设的不断深入，企业的生产业务系统、经营管理系统、办公自动化系统均得到了大力发展，且对企业园区网的建设要求越来越高。传统园区网在建设初期往往面临网络架构较为混乱，不便于扩容和维护管理；网络可靠性规划不合理，影响企业生产和经营管理、造成投资浪费等问题。因此企业园区网络结构多趋向于模块化、结构化、层次化。

本项目组建的是双核心三层架构企业网络。所谓双核心三层架构企业网络就是具备两台核心交换机，以及接入交换机等多层架构的企业网络。

项目目标

知识目标

- 理解 OSPF 的网络类型。
- 掌握 OSPF 的 LSA 类型及作用。
- 掌握 OSPF 多区域概念。
- 掌握 OSPF 的区域汇总及默认路由。
- 掌握 OSPF 的特殊区域概念。
- 掌握 OSPF 的重分布技术。
- 掌握 OSPF 的认证、被动接口及虚链路。

技能目标

- 掌握分层网络的设计与配置方法。
- 能独立完成双核心三层架构企业网络的联调测试及常见故障处理。
- 掌握锐捷设备的配置方法。
- 掌握项目文档的编写方法。

素养目标

- 具备冗余备份的意识。
- 培养层次化的思维。

接收任务

任务导学

曹溪公司总部设在深圳。近期，公司在广州和北京都成立了分公司。公司总部主要包括市场部和研发部两个部门。为满足公司内部通信的需要，且实现各层设备及链路冗余备份，公司决定组建双核心三层架构企业网络。

公司安排工程师小王完成本项目。小王与客户沟通后了解到本项目的需求如下：

（1）总部和两个分公司的业务网段能够互访。

（2）全网采用 OSPF 动态路由协议。

（3）广州分公司的业务网段数量过多，为了减轻配置量，采用重发布直连的方式将广州分公司的业务网段引入 OSPF 网络中。

（4）为减少设备的压力，将广州分公司的业务网段进行汇总。

（5）由于北京分公司的路由器设备老旧，性能较差，需要最大程度减少北京路由器链路状态数据库（link state database, LSDB）的大小。

（6）总部有一台出口路由器，总部的业务网段都需要依靠这台出口路由器上网，在总部出口路由器上下发默认路由。

（7）对网络进行优化，减少不必要的 OSPF 报文发送。

（8）为安全性考虑，总部和分公司之间需要进行 OSPF 认证才能建立邻居关系。

想了解更多详情，
请自行扫码看视频。

项目6

前期知识回顾

在开始本项目前，小王需要回顾一下之前学习过的知识，请扫描下方的二维码观看相关知识的讲解视频进行学习。

1. 路由表主要有哪些内容？
2. 如何配置静态路由？
3. 如何配置默认路由？
4. 动态路由协议主要有哪些类型？
5. 什么是 OSPF 协议？
6. OSPF 协议主要应用在哪些场景？
7. OSPF 路由协议与 RIP 路由协议有哪些区别？

视频6.0.1

视频6.0.2

视频6.0.3

视频6.0.4

视频6.0.5

视频6.0.6

视频6.0.7

项目知识学习

回顾学习过的知识后，要完成本项目，小王还需要学习新知识，为此，他向公司资深的罗工程师（下称罗工）请教后学到了以下知识。

1. 小王：罗工您好，请问 OSPF 有几种网络类型？

罗工：OSPF 中有四种网络类型，分别为广播多路访问（broadcast multi-access, BMA）、点到点（point-to-point, P2P）、非广播多路访问（non-broadcast multiple access, NBMA）、点到多点（point-to-multipoint, P2MP）。不同的互联线路对应了不同的网络类型。它们之间除了在是否选举指定路由器（DR）和备份指定路由器（BDR）不同外，Hello 周期和 Dead 时间、邻居发现方式也不尽相同。它们之间的区别见表 6-1。

表 6-1　OSPF 四种网络类型

网络类型	物理网络举例	是否选举 DR/BDR	Hello 周期	Dead 时间	邻居
广播多路访问	以太网	是	10 s	40 s	自动发现
非广播多路访问	帧中继（淘汰）	是	30 s	120 s	管理员配置
点对点	PPP、HDLC	否	10 s	40 s	自动发现
点对多点	管理员配置	否	30 s	120 s	自动发现

2. 小王：什么是 OSPF 路由重分布？

罗工：路由重分布是指将来自其他路由协议的路由信息引入 OSPF 路由表中。这样可以使不同的路由协议之间共享网络拓扑信息，实现更灵活和全面的路由选择。

在 OSPF 中，可以通过配置路由器将其他路由协议（如 RIP、BGP 等）的路由信息导入 OSPF 路由表中。

OSPF 将外部路由引入 OSPF 内时，默认情况下只引入主类路由，即 10.0.0.0/8、172.16.0.0/16、192.168.0.0/24 这些路由，如果想要引入非主类路由，那么需要加上参数 subnets，该参数会将非主类路由也引入进来。

OSPF 的引入类型有两种：

一种是默认情况下引入的类型，为 OE2。该类型的特点是不会计算引入前的开销，引入后的开销全部为 20（默认情况下为 20，可以手动修改），并且固定为 20 不会改变，传递过程中也不会改变开销。

另外一种为 OE1，这种类型的特点是会将引入前的开销也保留下来，并且在传递路由的过程中会累加开销。

想要修改引入类型，只需要在引入命令后加上 metric-type 参数即可，引入后的开销也能手动调整，再加上 metric 参数即可。

3. 小王：如何配置路由协议重分布？

罗工：例如，将直连路由引入 OSPF 进程 1 中，引入类型为 OE2，引入开销为 99，配置命令如下：

```
Ruijie(config)#router ospf 1
Ruijie(config-router)#redistribute connected subnets metric-type 2 metric 99
metric-type 2参数可以不加，默认就是OE2
```

再例如，将静态路由引入 OSPF 进程 1 中，引入类型为 OE1，引入开销为 199，配置命令如下：

```
Ruijie(config)#router ospf 1
Ruijie(config-router)#redistribute static subnets metric-type 1 metric 199
```

4. 小王：OSPF 如何下发默认路由？

罗工：在 OSPF 域内引入其他 AS 域的单播路由，或者通往其他 AS 域的默认路由，为 OSPF 域内的用户提供到其他 AS 域的单播路由服务。

在 OSPF 中重发布默认路由的配置命令如下：

```
Ruijie(config)#router ospf process-id        //进入OSPF配置模式。
Ruijie(config-router)#default-information originate [always]
                                             //下发默认路由
```

其中，always 参数表示强制下发，不管本地设备有没有默认路由，都会下发一条默认路由。不加 always 参数表示，除非本设备存在一条默认路由，才会下发，否则不下发。

默认情况下，未生成默认路由。如果选择 always 参数，OSPF 路由进程不管是否存在默认路由，都会向邻居通告一条外部默认路由。但是本地路由设备不会显示该默认路由，要确认是否产生默认路由，可以用 show ip ospf database 观察 OSPF 链路状态数据库，链路标识为 0.0.0.0 的外部链路描述了默认路由。OSPF 的邻居通过执行 show ip route 命令，可以看到默认路由。

5. 小王：OSPF 协议有哪些常见的链路状态通告（LSA），它们分别有什么作用？

罗工：OSPF 常见的 LSA 有 1、2、3、4、5、7 这六种类型。包括类型 6 在内的其他 LSA 一般用得少。

（1）Router-LSA（Type 1）：所有 OSPF 路由器都会产生，用于描述路由器上连接到某一个区域的链路或是某一接口的状态信息。该 LSA 只会在区域（Area）内扩散。

（2）Network-LSA（Type 2）：由 DR 产生，用来描述一个多路访问网络和与之相连所有路由器，只会在所属的多路访问网络（MA）的区域中广播。

（3）Network-summary-LSA（Type 3）：由区域边界路由器（ABR）产生，它将一个区域的网络通告给 OSPF 自治系统（AS）中除完全末节区域（Toally Stub）除外的其他区域。这些条目通过主干区域被扩散到其他区域的 ABR 中。

（4）ASBR-summary-LSA（Type 4）：由 ABR 产生，描述到 ASBR 的路由，通告到除 ASBR 所在区域的其他区域。

（5）AS-external-LSA（Type 5）：由 ASBR 产生，描述到 AS 外部的路由，通告到所有区域（除了 Stub、NSSA 区域）。

（6）NSSA LSA（Type 7）：由 ASBR 始产生，描述到 AS 外部的路由，仅在 NSSA 区域内传播。

另外，除了上述常见的 LSA 外，还有几种不常见的 LSA，例如，Opaque LSA（Type 9/Type 10/Type 11）可以提供用于 OSPF 的扩展的通用机制。这些 LSA 不常使用，所以读者仅做了解，这里不再讲述。

6. 小王：什么是 OSPF 特殊区域？

罗工：OSPF 路由器需要同时维护域内路由、域间路由和外部路由信息的链路状态数据库（LSDB）。当网络规模不断扩大时，LSDB 的规模也在不断增长。如果一个区域不需要为其他区域进行流量中转，那么这个区域内的路由器就需要维护本区域外的 LSA，所以可以通过 OSPF 的特殊区域特性减少 LSA 数量和路由表规模。下面介绍常见的 OSPF 特殊区域。

（1）Stub 区域：末节区域的 ABR 不会发布它们接收到的自治系统外部路由（5 类 LSA），只允许发布区域内路由（1 类、2 类 LSA）和区域间路由（3 类 LSA）。为了保证域内路由器能够访问自治系统外部路由，该区域的 ABR 会自动生成一条默认路由，以 3 类 LSA 的形式下发给域内的其他非 ABR 路由器。所以，该域内的非 ABR 路由器上仅包含 1 类、2 类和 3 类 LSA。该区域无法引入自治系统外部路由，所以不存在 ASBR。

（2）Totally Stub 区域：完全末节区域的 ABR 允许发布自治系统外部路由（5 类 LSA）和域间路由（3 类 LSA），只允许发布域内路由（1 类、2 类 LSA）。和 Stub 区域一样，为了保证自治系统外部路由可达，ABR 同样会下发一条默认路由，同样是以 3 类 LSA 形式转发给域内的其他非 ABR 路由器。所以，该域内的非 ABR 路由器上仅包含 1 类 LSA 和 2 类 LSA，还有一条默认的 3 类 LSA，该区域无法引入自治系统外部路由，所以不存在 ASBR。

（3）NSSA 区域：NSSA 区域和 Stub 区域相似，但是允许存在 ASBR。ASBR 重分发的路由会以7类LSA形式在NSSA区域传递，在ABR上会将7类LSA转换成5类LSA后传递到其他区域，此ABR也称为翻译者。ABR也会向NSSA区域通告默认路由。

（4）Totally NSSA区域：完全次末节区域，同样在NSSA区域的基础上不允许存在3类LSA。

7. 小王：OSPF特殊区域如何配置？

罗工：下面介绍四种特殊区域的配置命令。

（1）配置Stub区域命令如下：

```
Ruijie(config)#router ospf process-id              //进入OSPF配置模式
Ruijie(config-router)#area area-id stub            //配置Stub区域
```

（2）配置NSSA区域命令如下：

```
Ruijie(config)#router ospf process-id              //进入OSPF配置模式
Ruijie(config-router)#area area-id nssa            //配置NSSA区域
```

Totally Stub和Totally NSSA区域的配置方法分别与Stub和NSSA区域类似，只需要在配置特殊区域的命令后加上no-summary参数即可。

（3）配置Stub区域命令如下：

```
Ruijie(config)#router ospf process-id              //进入OSPF配置模式
Ruijie(config-router)#area area-id stub no-summary  //配置Stub区域
```

（4）配置NSSA区域命令如下：

```
Ruijie(config)#router ospf process-id              //进入OSPF配置模式
Ruijie(config-router)#area area-id nssa no-summary  //配置NSSA区域
```

另外，配置特殊区域需要注意如下事项：

①骨干区域不能被配置为特殊区域。

②虚链路（Virtual-Link）不允许穿过特殊区域。

③该区域的所有路由器都必须配置为相同类型的特殊区域。

8. 小王：OSPF如何配置汇总路由？

罗工：汇总有两种情况，一种是针对区域间路由进行汇总；另外一种是针对区域外，即外部路由，进行汇总。两种汇总的配置命令不同。

区域间路由汇总配置（在始发ABR上配置）命令如下：

```
Ruijie(config)#router ospf process-id              //进入OSPF配置模式
Ruijie(config-router)#area area-id range ipv4-address mask
                                                   // 配置区间路由汇聚
```

区域外路由汇总配置（在始发ASBR上配置）命令如下：

```
Ruijie(config)#router ospf process-id              //进入OSPF配置模式
Ruijie(config-router)#summary-address ipv4-address mask
                                                   //配置外部路由汇聚
```

9. 小王：如何配置OSPF的认证功能？

罗工：OSPF 区域认证可以提高 OSPF 区域安全性。认证模式和口令一致是建立邻居的必要条件。锐捷设备目前可以支持三种认证类型。

类型 0：不要求认证，当没有用该命令启用 OSPF 认证时，OSPF 数据包中的认证类型为 0。

类型 1：为明文认证模式。配置该命令时，没有使用 Message-Digest 选项。

类型 2：为 MD5 认证模式。配置该命令时，使用 Message-Digest 选项。

配置明文认证的命令如下：

```
Ruijie (config-if-GigabitEthernet 0/0)# ip ospf authentication
                         //明文认证，双方都不配置密码也能建立邻居关系
Ruijie (config-if-GigabitEthernet 0/0)# ip ospf authentication-key ruijie
                         //明文认证，密码为ruijie
```

配置 MD5 认证的命令如下：

```
Ruijie (config-if-GigabitEthernet 0/0)#ip ospf authentication message-digest
                         //认证模式为MD5认证
Ruijie (config-if-GigabitEthernet 0/0)#ip ospf message-digest-key 1 md5 ruijie
                         //配置认证密钥，两端的密钥ID和密钥都需要相同
```

配置密码时注意：密码后面和中间的空格也会被当成密码的一部分，如 rui jie，这个密码中间有个空格，末尾也有空格，这两个空格都属于密码的一部分，因此配置密码的时候需要注意。

10. 小王：如何配置 OSPF 的被动接口？

罗工：OSPF 的被动接口是一种配置选项，用于减少无效的路由更新和降低网络开销。当一个 OSPF 接口被配置为被动接口时，该接口将不主动发送任何 OSPF 的 Hello 消息和路由更新消息，只接收其他 OSPF 路由器发送的消息。

配置命令如下：

```
Ruijie(config)#router ospf 1
Ruijie(config-router)#passive-interface gi0/0
                         //该接口必须是三层接口，也可以是SVI接口
```

11. 小王：OSPF 的虚链路配置。

罗工：在 OSPF 路由域中，所有的区域都必须与骨干域连接。如果骨干域断接，就需要配置虚拟链接接续骨干域，否则网络通信将出现问题。虚链路能够将骨干区域和普通区域逻辑上连接起来。

如图 6-1 所示，区域 2（图中的 Area 2）和区域 0（图中的 Area 0）没有直接相连，这样将会导致区域 2 和区域 0 都不能学习到对方区域的路由。

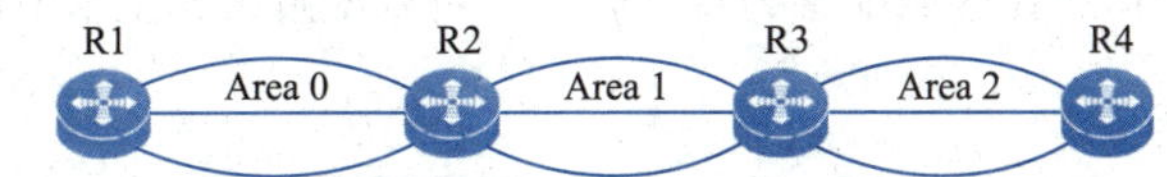

图 6-1　虚链路案例图

想了解更多详情，请自行扫码观看知识讲解视频。

视频6.1

视频6.2

视频6.3

视频6.4

视频6.5

视频6.6

视频6.7

视频6.8

视频6.9

视频6.10

视频6.11

OSPF虚链路的配置命令如下：

```
R3(config)#router ospf 1
R3(config-router)# area 1 virtual-link 4.4.4.4
                              //穿过区域1，对方的router-ID为4.4.4.4
```

R4配置命令如下：

```
R4(config)#router ospf 1
R4(config-router)# area 1 virtual-link 3.3.3.3
                              //穿过区域1，对方的router-ID为3.3.3.3
```

 任务1　组建双核心三层架构企业网络需求分析

所谓需求分析，就是为本项目的每个需求逐一找到对应的实现方法。

工作过程1：逐步分析项目需求

通过前期的学习，可知本项目的网络拓扑为双核心三层架构企业网络。接下来根据上述项目需求逐条进行分析，过程如下：

需求如下：

（1）总部和两个分公司的业务网段能够互访。

（2）全网采用OSPF动态路由协议。

实现方法如下：

➢ 全网配置OSPF，合理规划区域，总部采用区域0，总部和分公司之间使用区域1和区域2，体现层次化接口。

需求如下：

（3）广州分公司的业务网段数量过多，为了减轻配置量，采用重发布直连的方式将广州分公司的业务网段引入OSPF网络中。

（4）为减少设备的压力，将广州分公司的业务网段进行汇总。

实现方法如下：

➢ 配置OSPF重发布直连，并将路由进行汇总。

需求如下：

（5）北京分公司的路由器设备老旧，性能较差，需要最大程度减少北京路由器LSDB的大小。

实现方法如下：

➢ 将北京分公司所在区域配置为特殊区域，可以配置为完全末节区域。

需求如下：

（6）总部有一台出口路由器，总部的业务网段都需要依靠这台出口路由器上网，在总部出口路由器上下发默认路由。

实现方法如下：

➢ 在总部出口路由器上下发默认路由即可。

需求如下：

（7）对网络进行优化，减少不必要的 OSPF 报文发送。

实现方法如下：

➢ 将一些不需要发送 OSPF 报文的接口配置为被动接口。

需求如下：

（8）为安全性考虑，总部和分公司之间需要进行 OSPF 认证才能建立邻居关系。

实现方法如下：

➢ 总部路由器和分公司路由器配置接口认证，使用安全性更高的 MD5 认证。

工作过程 2：确定项目实施的具体步骤

将以上需求分析进行整合，可知项目实施步骤如下：

（1）配置设备基本信息。

（2）配置 IP 地址。

（3）配置 MSTP+VRRP。

（4）配置 OSPF。

（5）配置路由重分布。

（6）配置路由汇总。

（7）配置特殊区域。

（8）下发默认路由。

（9）配置被动接口。

（10）配置 OSPF 认证。

配置完成后，还需进行项目联调与测试。

想了解更多详情，请自行扫码观看知识讲解视频。

视频6.12

任务 2　组建双核心三层架构企业网络规划设计

本项目规划需要完成以下工作：

➢ 规划设备清单。

➢ 规划网络拓扑。

➢ 规划设备主机名。

➢ 规划 VLAN。

➢ 规划 IP 地址。

➢ 规划设备互联接口。

下面将按照这个步骤，为本项目进行规划。

工作过程 1：规划设备清单

本项目设备清单见表 6-2。

表 6-2　设备清单

序号	类型	设备	厂商	型号	数量	备注
1	硬件	二层接入交换机	锐捷	RG-S2910-24GT4XS-E	1 台	接入交换机
2	硬件	三层交换机	锐捷	RG-5310-24GT4XS	2 台	核心交换机
3	硬件	路由器	锐捷	RG-RSR20-X	3 台	出口路由器
4	硬件	双绞线	—	—	若干米	—
5	硬件	计算机	—	—	2 台	配置设备及测试用
6	软件	SecureCRT	—	6.5 版本及以上	1 套	配置设备用

工作过程 2：规划网络拓扑

该项目的网络拓扑图如图 6-2 所示。

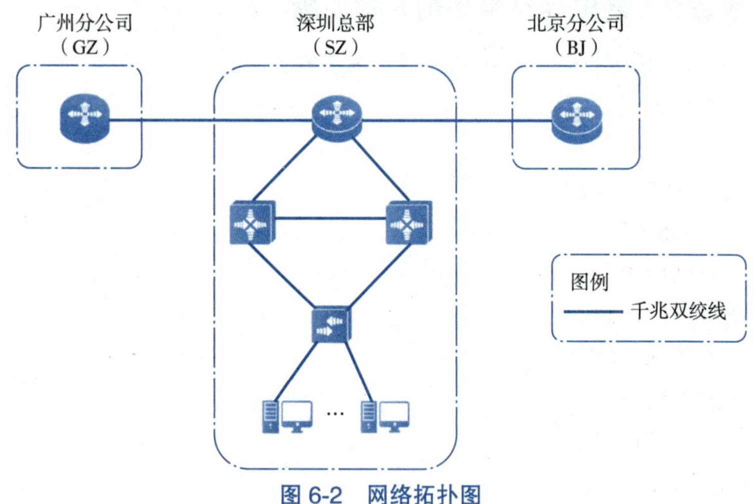

图 6-2　网络拓扑图

工作过程 3：规划设备主机名

设备名称用于标识一台设备的名字，在实际应用过程中可以根据需求进行命名。项目中合理地对设备进行命名，可以便于对设备进行维护和管理。该项目中网络设备命名规范为：AA-BB-CC-DD。其中：

➢ AA：表示设备的物理位置。SZ 表示在深圳总部，GZ 表示广州分公司，BJ 表示北京分公司。

➢ BB：表示设备的角色。JR 为接入交换机，HX 为核心交换机，CK 为出口设备。

➢ CC：表示设备型号，具体可参见设备清单。

➢ DD：表示设备序号。例如，01、02 分别表示第 1 台、第 2 台设备。

表 6-3 为本项目所有设备命名。

表 6-3　设备主机名表

序号	设备型号	设备主机名	备注
1	RG-RSR20-X	SZ-CK-RSR20-01	出口设备
2	RG-RSR20-X	GZ-CK-RSR20-01	出口设备

续表

序号	设备型号	设备主机名	备注
3	RG-RSR20-X	BJ-CK-RSR20-01	出口设备
4	RG-5310-24GT4XS	SZ-HX-S5310-01	核心交换机 1
5	RG-5310-24GT4XS	SZ-HX-S5310-02	核心交换机 2
6	RG-S2910-24GT4XS-E	SZ-JR-S2910-01	接入交换机

工作过程 4：规划 VLAN

本项目需要为每个办公用户部门分配各自的 VLAN。VLAN 的规划信息见表 6-4。

表 6-4　VLAN 规划表

序号	VLAN ID	VLAN 名称	备注
1	10	ShiChangBu_VLAN	市场部 VLAN
2	20	YanFaBu_VLAN	研发部 VLAN

工作过程 5：规划 IP 地址

市场部、研发部总共有两个业务 VLAN，因此需要规划两个业务网段。本项目中 IP 地址详细规划见表 6-5 至表 6-6。

表 6-5　用户业务 IP 地址规划表

序号	区域	IP 地址	掩码	网关
1	市场部	192.168.10.0	255.255.255.0	192.168.10.254
2	研发部	192.168.20.0	255.255.255.0	192.168.20.254

表 6-6　设备互联 IP 地址规划表

序号	本端设备名称	本端 IP 地址	对端设备名称	对端 IP 地址
1	SZ-CK-RSR20-01	192.168.0.1/30	SZ-HX-S5310-01	192.168.0.2/30
2	SZ-CK-RSR20-01	192.168.0.5/30	SZ-HX-S5310-02	192.168.0.6/30
3	SZ-CK-RSR20-01	172.16.0.1/30	GZ-CK-RSR20-01	172.16.0.2/30
4	SZ-CK-RSR20-01	10.1.0.1/30	BJ-CK-RSR20-01	10.1.0.2/30

工作过程 6：规划设备互联接口

该项目中，网络设备之间的互联接口规划的规范为：Con_To_对端设备名称_对端接口名，具体规划见表 6-7。

表 6-7　设备互联接口规划表

本端设备	接口	接口描述	对端设备	接口
SZ-CK-RSR20-01	Gi0/1	Con_To_SZ-HX-S5310-01_Gi0/1	SZ-HX-S5310-01	Gi0/1
	Gi0/2	Con_To_SZ-HX-S5310-02_Gi0/2	SZ-HX-S5310-02	Gi0/2
	Gi0/3	Con_To_GZ-CK-RSR20-01_Gi0/0	GZ-CK-RSR20-01	Gi0/0
	Gi0/0	Con_To_BJ-CK-RSR20-01_Gi0/0	BJ-CK-RSR20-01	Gi0/0
SZ-HX-S5310-01	Gi0/0	Con_To_SZ-HX-S5310-02_Gi0/0	SZ-HX-S5310-02	Gi0/0
	Gi0/2	Con_To_SZ-JR-S2910-01_Gi0/2	SZ-JR-S2910-01	Gi0/2
SZ-HX-S5310-02	Gi0/3	Con_To_SZ-JR-S2910-01_Gi0/3	SZ-JR-S2910-01	Gi0/3

为了方便接下来的项目实施，在图 6-3 所示网络拓扑图的基础上进行细化，将主机名称、IP 地址、VLAN、接口编号等信息标注在网络拓扑图中，得到该项目详细的网络拓扑图，如图 6-3 所示。

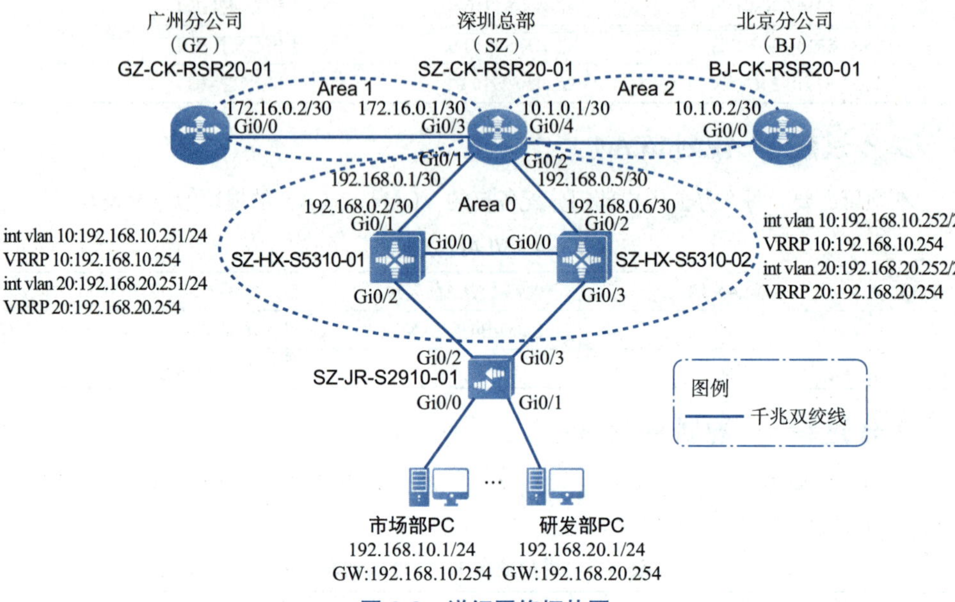

图 6-3 详细网络拓扑图

想了解更多详情，请自行扫码观看知识讲解视频。

视频6.13

任务 3 组建双核心三层架构企业网络项目实施

工作过程 1：按照拓扑连接设备

1. 任务目标

按照图 6-4 所示详细网络拓扑图，用双绞线连接本项目的设备。

2. 具体操作

这里的操作是物理连接，按照表 6-6 所示设备互联接口规划表进行连线。

工作过程 2：配置交换机基本信息

1.任务目标

在开始功能性配置之前，先完成前期规划表中涉及的所有网络设备的基本配置，包括主机名、端口描述等。

2. 具体操作

以接入交换机 SZ-JR-S2910-01 为例，配置如下：

```
Ruijie>enable                                  //进入特权模式
Ruijie#configure terminal                      //进入全局配置模式
```

```
Ruijie(config)#hostname SZ-JR-S2910-01                      //配置主机名
SZ-JR-S2910-01(config)#interface GigabitEthernet 0/2        //进入接口配置模式
SZ-JR-S2910-01(config-if)#description Con_To_SZ-HX-S5310-01_Gi0/2
                                                             //配置接口描述
SZ-JR-S2910-01(config-if)#interface GigabitEthernet 0/3
                                                             //进入接口配置模式
SZ-JR-S2910-01(config-if)#description Con_To_SZ-HX-S5310-02_Gi0/3
                                                             //配置接口描述
```

工作过程 3：配置 VLAN

1. 任务目标

在深圳总部的两台核心交换机 SZ-HX-S5310-01、SZ-HX-S5310-02 和接入交换机 SZ-JR-S2910-01 上创建相关 VLAN，将相应接口配置为 Trunk 接口，并进行 VLAN 修剪。

2. 具体操作

以核心交换机 SZ-HX-S5310-01 为例，配置如下：

```
SZ-HX-S5310-01(config)# vlan range 10,20                    //创建多个VLAN
SZ-HX-S5310-01(config-vlan-range)#interface GigabitEthernet 0/0
                                                             //进入接口配置模式
SZ-HX-S5310-01(config-if)#switchport mode trunk             //接口配置为TRUNK
SZ-HX-S5310-01(config-if)#switchport trunk allowed vlan only 10,20
                                                             //放行对应的VLAN
SZ-HX-S5310-01(config-if)#interface GigabitEthernet 0/2
                                                             //进入接口配置模式
SZ-HX-S5310-01(config-if)#switchport mode trunk             //接口配置为TRUNK
SZ-HX-S5310-01(config-if)#switchport trunk allowed vlan only 10,20
                                                             //放行对应的VLAN
```

工作过程 4：配置 MSTP+VRRP

1. 任务目标

在此之前，请先完成各设备 IP 地址的配置。深圳总部的两台核心交换机 SZ-HX-S5310-01、SZ-HX-S5310-02 和接入交换机 SZ-JR-S2910-01 上配置多生成树（MSTP）和虚拟网关冗余协议（VRRP），要求在正常情况下，市场部用户（VLAN 10）的流量从核心交换机 SZ-HX-S5310-01 转发，研发部用户（VLAN 20）的流量从核心交换机 SZ-HX-S5310-02 转发。这部分内容在前期进行了介绍，有兴趣者可参考前期内容。

2. 具体操作

（1）MSTP 配置。

核心交换机 SZ-HX-S5310-01 的配置如下：

```
SZ-HX-S5310-01(config)#spanning-tree                        //全局开启生成树
```

```
SZ-HX-S5310-01(config)#spanning-tree mst configuration
                                                //进入生成树配置模式
SZ-HX-S5310-01(config-mst)#instance 10 vlan 10  //创建生成树实例
SZ-HX-S5310-01(config-mst)#instance 20 vlan 20  //创建生成树实例
SZ-HX-S5310-01(config-mst)#exit
SZ-HX-S5310-01(config)#spanning-tree mst 10 priority 0
                                                //修改生成树实例10的优先级
SZ-HX-S5310-01(config)#spanning-tree mst 20 priority 4096
                                                //修改生成树实例20的优先级
```

核心交换机 SZ-HX-S5310-02 的配置如下：

```
SZ-HX-S5310-02(config)#spanning-tree            //全局开启生成树
SZ-HX-S5310-02(config)#spanning-tree mst configuration
                                                //进入生成树配置模式
SZ-HX-S5310-02(config-mst)#instance 10 vlan 10 //创建生成树实例
SZ-HX-S5310-02(config-mst)#instance 20 vlan 20 //创建生成树实例
SZ-HX-S5310-02(config-mst)#exit
SZ-HX-S5310-02(config)#spanning-tree mst 20 priority 0
                                                //修改生成树实例20的优先级
SZ-HX-S5310-02(config)#spanning-tree mst 10 priority 4096
                                                //修改生成树实例10的优先级
```

接入交换机 SZ-JR-S2910-01 不需要配置生成树实例的优先级，其他配置和两台核心交换机相同，此处不再赘述。

（2）VRRP 配置

核心交换机 SZ-HX-S5310-01 的配置如下：

```
SZ-HX-S5310-01(config)#interface vlan 10       //进入SVI接口
SZ-HX-S5310-01(config-if-VLAN 10)#ip address 192.168.10.251
255.255.255.0                                   //配置SVI地址
SZ-HX-S5310-01(config-if-VLAN 10)#vrrp 10 ip 192.168.10.254
                                                //配置VRRP虚拟IP网关地址
SZ-HX-S5310-01(config-if-VLAN 10)#vrrp 10 priority 120
                                                //配置优先级
SZ-HX-S5310-01(config-if-VLAN 10)#vrrp 10 track 192.168.0.1 30
                                                //配置上行链路检测
SZ-HX-S5310-01(config-if-VLAN 10)#interface vlan 20
SZ-HX-S5310-01(config-if-VLAN 20)#ip address 192.168.20.251
255.255.255.0                                   //配置SVI地址
SZ-HX-S5310-01(config-if-VLAN 20)#vrrp 20 ip 192.168.20.254
                                                //配置VRRP虚拟IP网关地址
```

核心交换机 SZ-HX-S5310-02 的配置如下：

```
SZ-HX-S5310-02(config)#interface vlan 10       //进入SVI接口
```

```
SZ-HX-S5310-02(config-if-VLAN 10)#ip address 192.168.10.252 255.255.255.0
                                                  //配置SVI地址
SZ-HX-S5310-02(config-if-VLAN 10)#vrrp 10 ip 192.168.10.254
                                                  //配置VRRP虚拟IP网关地址
SZ-HX-S5310-02(config-if-VLAN 10)#interface vlan 20
SZ-HX-S5310-02(config-if-VLAN 20)#ip address 192.168.20.252 255.255.255.0
                                                  //配置SVI地址
SZ-HX-S5310-02(config-if-VLAN 20)#vrrp 20 ip 192.168.20.254
                                                  //配置VRRP虚拟IP网关地址
SZ-HX-S5310-02(config-if-VLAN 10)#vrrp 20 priority 120
                                                  //配置优先级
SZ-HX-S5310-02(config-if-VLAN 10)#vrrp 20 track 192.168.0.5 30
                                                  //配置上行链路检测
```

配置完成后，进行阶段性测试，查看核心交换机 SZ-HX-S5310-01 的 VRRP 状态，发现与项目需求一致，如图 6-4 所示。

```
SZ-HX-S5310-01#show vrrp brief
Interface            Grp  Pri   timer  Own  Pre   State    Master addr                    Group addr
VLAN 10              10   120   3.53   -    P     Master   192.168.10.251                 192.168.10.254
VLAN 20              20   100   3.60   -    P     Backup   192.168.20.252                 192.168.20.254
```

图 6-4　核心交换机 SZ-HX-S5310-01 的 VRRP 状态

查看接入交换机 SZ-JR-S2910-01 的生成树状态，发现也与项目需求一致，如图 6-5 所示。

```
MST 10 vlans map : 10
  Region Root Priority   0
              Address    5000.0004.0001
              this bridge is region root

  Bridge ID   Priority   32768
              Address    5000.0006.0001

Interface        Role Sts Cost       Prio     OperEdge Type
---------------- ---- --- ---------- -------- -------- ----------------
Gi0/0            Desg FWD 20000      128      True     P2p
Gi0/1            Desg FWD 20000      128      True     P2p
Gi0/2            Root FWD 20000      128      False    P2p
Gi0/3            Altn BLK 20000      128      False    P2p
Gi0/4            Desg FWD 20000      128      True     P2p
Gi0/5            Desg FWD 20000      128      True     P2p
Gi0/6            Desg FWD 20000      128      True     P2p
Gi0/7            Desg FWD 20000      128      True     P2p
Gi0/8            Desg FWD 20000      128      True     P2p

MST 20 vlans map : 20
  Region Root Priority   0
              Address    5000.0005.0001
              this bridge is region root

  Bridge ID   Priority   32768
              Address    5000.0006.0001

Interface        Role Sts Cost       Prio     OperEdge Type
---------------- ---- --- ---------- -------- -------- ----------------
Gi0/0            Desg FWD 20000      128      True     P2p
Gi0/1            Desg FWD 20000      128      True     P2p
Gi0/2            Altn BLK 20000      128      False    P2p
Gi0/3            Root FWD 20000      128      False    P2p
Gi0/4            Desg FWD 20000      128      True     P2p
```

图 6-5　接入交换机 SZ-JR-S2910-01 的生成树状态

工作过程 5：配置 OSPF 基本参数

1. 任务目标

深圳总部的两台核心交换机和出口路由器 SZ-CK-RSR20-01 上部署 OSPF 路由协议，并且将深圳总部的内部网络配置为 Area 0，深圳总部和广州分公司的路由器之间配置为 Area 1，深圳总部和北京分公司的路由器之间配置为 Area 2。

2. 具体操作

总部出口路由器 SZ-CK-RSR20-01 的配置如下：

```
SZ-CK-RSR20-01(config)#router ospf 1  //进入SVI接口
SZ-CK-RSR20-01(config-router)# network 10.1.0.0 0.0.0.3 area 2
                                                //对应接口启用OSPF，加入区域2
SZ-CK-RSR20-01(config-router)# network 172.16.0.0 0.0.0.3 area 1
                                                //对应接口启用OSPF，加入区域1
SZ-CK-RSR20-01(config-router)# network 192.168.0.0 0.0.0.3 area 0
                                                //对应接口启用OSPF，加入区域0
SZ-CK-RSR20-01(config-router)# network 192.168.0.4 0.0.0.3 area 0
                                                //对应接口启用OSPF，加入区域0
```

广州出口路由器 GZ-CK-RSR20-01 的配置如下：

```
GZ-CK-RSR20-01(config)#router ospf 1  //进入SVI接口
GZ-CK-RSR20-01(config-router)# network 172.16.0.0 0.0.0.3 area 1
                                                //对应接口启用OSPF，加入区域1
```

北京出口路由器 BJ-CK-RSR20-01 的配置如下：

```
BJ-CK-RSR20-01(config)#router ospf 1  //进入SVI接口
BJ-CK-RSR20-01(config-router)# network 10.1.0.0 0.0.0.3 area 2
                                                //对应接口启用OSPF，加入区域2
```

总部核心交换机 SZ-HX-S5310-01 和 SZ-HX-S5310-02 的配置相似，这里以 SZ-HX-S5310-01 为例，配置如下：

```
SZ-HX-S5310-01(config)#router ospf 1  //进入SVI接口
SZ-HX-S5310-01(config-router)# network 192.168.0.0 0.0.0.3 area 0
                                                //对应接口启用OSPF，加入区域0
SZ-HX-S5310-01(config-router)# network 192.168.10.0 0.0.0.255 area 0
                                                //对应接口启用OSPF，加入区域0
SZ-HX-S5310-01(config-router)# network 192.168.20.0 0.0.0.255 area 0
                                                //对应接口启用OSPF，加入区域0
```

配置完成后，进行阶段性测试，查看深圳总部出口路由器 SZ-CK-RSR20-01 的 OSPF 邻居状态，如图 6-6 所示。

```
SZ-CK-RSR20-01#show ip ospf neighbor

OSPF process 1, 4 Neighbors, 4 is Full:
Neighbor ID      Pri   State            BFD State  Dead Time   Address         Interface
10.1.0.2           1   Full/DR          -          00:00:38    10.1.0.2        GigabitEthernet 0/4
172.16.0.2         1   Full/BDR         -          00:00:38    172.16.0.2      GigabitEthernet 0/3
192.168.20.251     1   Full/DR          -          00:00:38    192.168.0.2     GigabitEthernet 0/1
192.168.20.252     1   Full/DR          -          00:00:38    192.168.0.6     GigabitEthernet 0/2
```

图 6-6　深圳总部出口路由器 SZ-CK-RSR20-01 的 OSPF 邻居状态表

然后查看 SZ-CK-RSR20-01 的路由表。避免查看到多余的路由信息，可以在 show ip route 命令后加上 ospf 参数表示只看 OSPF 学习到的路由，如图 6-7 所示。

```
SZ-CK-RSR20-01#show ip route ospf
o      192.168.10.0/24 [110/2] via 192.168.0.6, 02:39:04, GigabitEthernet 0/2
                       [110/2] via 192.168.0.2, 02:39:04, GigabitEthernet 0/1
o      192.168.20.0/24 [110/2] via 192.168.0.6, 02:39:04, GigabitEthernet 0/2
                       [110/2] via 192.168.0.2, 02:39:04, GigabitEthernet 0/1
```

图 6-7　深圳总部出口路由器 SZ-CK-RSR20-01 的 OSPF 路由表

通过上图可知，深圳总部出口路由器 SZ-CK-RSR20-01 一共有四个 OSPF 邻居，SZ-CK-RSR20-01 学习到了四条 OSPF 路由，192.168.10.0/24 是从两台设备上学习到，因此它有两个下一跳，分别是深圳总部核心交换机 SZ-HX-S5310-01 和 SZ-HX-S5310-02。

工作过程 6：配置路由重分布

1. 任务目标

广州分公司存在一些业务网段，但是不希望使用 network 的方式通告到 OSPF 网络中，而是使用重发布的形式进行引入。具体的业务网段有 172.16.8.0/24、172.16.9.0/24、172.16.10.0/24、172.16.11.0/24 这四个网段，本次使用四个 Loopback 环回接口来模拟这四个网段。

2. 具体操作

（1）广州分公司出口路由器 GZ-CK-RSR20-01 使用环回口模拟四个业务网段。

广州分公司出口路由器 GZ-CK-RSR20-01 的配置如下：

```
GZ-CK-RSR20-01(config)#interface Loopback 1  //进入接口配置模式
GZ-CK-RSR20-01(config-if-Loopback 1)#ip address 172.16.8.1 255.255.255.0
                                              //配置IP地址
GZ-CK-RSR20-01(config-if-Loopback 1)# interface Loopback 2
                                              //进入接口配置模式
GZ-CK-RSR20-01(config-if-Loopback 2)# ip address 172.16.9.1 255.255.255.0
                                              //配置IP地址
GZ-CK-RSR20-01(config-if-Loopback 2)# interface Loopback 3
                                              //进入接口配置模式
GZ-CK-RSR20-01(config-if-Loopback 3)# ip address 172.16.10.1 255.255.255.0
                                              //配置IP地址
GZ-CK-RSR20-01(config-if-Loopback 3)#interface Loopback 4
                                              //进入接口配置模式
GZ-CK-RSR20-01(config-if-Loopback 4)#ip address 172.16.11.1 255.255.255.0
                                              //配置IP地址
```

（2）广州分公司出口路由器重发布直连接口。

广州分公司出口路由器 GZ-CK-RSR20-01 配置如下：

```
GZ-CK-RSR20-01(config)#router ospf 1         //进入OSPF配置模式
GZ-CK-RSR20-01(config-router)#redistribute connected subnets
                                              //重发布直连路由
```

注意：重发布命令中的 subnets 参数表示允许引入非主类路由，如果不加该参数，那么只会引入主类路由。默认引入类型为 metric-type 2，因此其他路由器上看到的应该是 O E2 的路由类型（可以手动修改为 OE1 类型）。

配置完毕后，查看深圳总部出口路由器 SZ-CK-RSR20-01 的路由表如图 6-8 所示。

```
SZ-CK-RSR20-01#show ip route ospf
O E2   172.16.8.0/24 [110/20] via 172.16.0.2, 00:00:05, GigabitEthernet 0/3
O E2   172.16.9.0/24 [110/20] via 172.16.0.2, 00:00:05, GigabitEthernet 0/3
O E2   172.16.10.0/24 [110/20] via 172.16.0.2, 00:00:05, GigabitEthernet 0/3
O E2   172.16.11.0/24 [110/20] via 172.16.0.2, 00:00:05, GigabitEthernet 0/3
O      192.168.10.0/24 [110/2] via 192.168.0.6, 02:35:59, GigabitEthernet 0/2
                       [110/2] via 192.168.0.2, 02:35:59, GigabitEthernet 0/1
O      192.168.20.0/24 [110/2] via 192.168.0.6, 02:35:59, GigabitEthernet 0/2
                       [110/2] via 192.168.0.2, 02:35:59, GigabitEthernet 0/1
```

图 6-8　深圳总部出口路由器 SZ-CK-RSR20-01 的 OSPF 邻居状态表

深圳总部出口路由器 SZ-CK-RSR20-01 学习到了四条类型为 OE2 的路由，实际上北京分公司出口路由器 BJ-CK-RSR20-01 和深圳总部两台核心交换机 SZ-HX-S5310-01、SZ-HX-S5310-02 上都能够看到这四条路由，感兴趣者可自行查看。

工作过程 7：配置路由汇总

1. 任务目标

将广州分公司引入的四条业务网段进行路由汇总，汇总成一条后再导入 OSPF 中。

2. 具体操作

广州分公司出口路由器 GZ-CK-RSR20-01 的配置如下：

```
GZ-CK-RSR20-01(config)#router ospf 1          //进入OSPF配置模式
GZ-CK-RSR20-01(config-router)#summary-address 172.16.8.0 255.255.252.0          //汇总外部路由
```

配置完毕后，查看深圳总部出口路由器 SZ-CK-RSR20-01 的路由表如图 6-9 所示，将四条路由汇总成了一条路由。

```
SZ-CK-RSR20-01#show ip route ospf
O E2   172.16.8.0/22 [110/20] via 172.16.0.2, 01:33:14, GigabitEthernet 0/3
O      192.168.10.0/24 [110/2] via 192.168.0.6, 02:34:10, GigabitEthernet 0/2
                       [110/2] via 192.168.0.2, 02:34:10, GigabitEthernet 0/1
O      192.168.20.0/24 [110/2] via 192.168.0.6, 02:34:10, GigabitEthernet 0/2
                       [110/2] via 192.168.0.2, 02:34:10, GigabitEthernet 0/1
```

图 6-9　深圳总部出口路由器 SZ-CK-RSR20-01 的 OSPF 邻居状态表

注意：进行汇总的路由器上会自动生成一条路由指向 NULL 0（表示丢弃），如图 6-10 所示，这条路由是用来防止路由环路的。

```
GZ-CK-RSR20-01#show ip route ospf
O IA   10.1.0.0/30 [110/2] via 172.16.0.1, 02:33:49, GigabitEthernet 0/0
O      172.16.8.0/22 [110/0] via 0.0.0.0, 01:32:47, Null 0
O IA   192.168.0.0/30 [110/2] via 172.16.0.1, 02:33:49, GigabitEthernet 0/0
O IA   192.168.0.4/30 [110/2] via 172.16.0.1, 02:33:49, GigabitEthernet 0/0
O IA   192.168.10.0/24 [110/3] via 172.16.0.1, 02:33:49, GigabitEthernet 0/0
O IA   192.168.20.0/24 [110/3] via 172.16.0.1, 02:33:49, GigabitEthernet 0/0
```

图 6-10　深圳总部出口路由器 SZ-CK-RSR20-01 的 OSPF 路由表

工作过程 8：配置特殊区域

1. 任务目标

如果北京分公司出口路由器 BJ-CK-RSR20-01 的性能较差，无法承载大量的路由条目，并且北京分公司没有引入外部路由的需求，那么可以将 OSPF 的 Area 2 配置为完全末节区域（Totally Stub）以减少 LSA 的数量以及 LSDB 的大小。

2. 具体操作

北京分公司出口路由器 BJ-CK-RSR20-01 的配置如下：

```
BJ-CK-RSR20-01(config)#router ospf 1            //进入OSPF配置模式
BJ-CK-RSR20-01(config-router)#area 2 stub no-summary
                                                //配置特殊区域
```

深圳总部出口路由器 SZ-CK-RSR20-01 的配置如下：

```
SZ-CK-RSR20-01(config)#router ospf 1            //进入OSPF配置模式
SZ-CK-RSR20-01(config-router)#area 2 stub no-summary
                                                //配置特殊区域
```

配置完毕后，深圳总部出口路由器 SZ-CK-RSR20-01 会下发一条默认路由到 OSPF 的 Area 2（Totally Stub）中，查看北京分公司出口路由器 BJ-CK-RSR20-01 的路由表，如图 6-11 所示。

```
BJ-CK-RSR20-01#show ip route ospf
O*IA  0.0.0.0/0 [110/2] via 10.1.0.1, 00:52:04, GigabitEthernet 0/0
BJ-CK-RSR20-01#
```

图 6-11　北京分公司出口路由器 BJ-CK-RSR20-01 的 OSPF 路由表

通过上图可知，北京分公司出口路由器 BJ-CK-RSR20-01 已经没有其他区域或外部的明细路由了，取而代之的是一条默认路由。

工作过程 9：下发默认路由

1. 任务目标

深圳总部的 SZ-CK-RSR20-01 作为出口路由器，通常是需要配置一条默认路由指向外网（ISP）设备的，本实验环境中并没有配置外网（ISP）设备，因此没有配置默认路由。因此在下发默认路由时，需要加上 always 参数强制下发，要求总部的两台核心交换机上都能学习到这条默认路由。

2. 具体操作

总部出口路由器 SZ-CK-RSR20-01 的配置如下：

```
SZ-CK-RSR20-01(config)#router ospf 1            //进入OSPF配置模式
SZ-CK-RSR20-01(config-router)# default-information originate always
                                                //下发默认路由
```

注意：下发默认路由必须加上 always 参数表示强制下发，因为 SZ 路由器并没有配置默认路由，如果不加 always 参数则不会下发默认路由。

配置完毕后，查看深圳总部核心交换机的OSPF路由表，以SZ-HX-S5310-01为例，其OSPF路由表如图6-12所示。

```
SZ-HX-S5310-01#show ip route ospf
O*E2  0.0.0.0/0 [110/1] via 192.168.0.1, 00:03:57, GigabitEthernet 0/1
O IA  10.1.0.0/30 [110/2] via 192.168.0.1, 02:44:58, GigabitEthernet 0/1
O IA  172.16.0.0/30 [110/2] via 192.168.0.1, 02:44:58, GigabitEthernet 0/1
O     192.168.0.4/30 [110/2] via 192.168.20.252, 02:44:58, VLAN 20
                     [110/2] via 192.168.10.252, 02:44:58, VLAN 10
                     [110/2] via 192.168.0.1, 02:44:58, GigabitEthernet 0/1
```

图6-12　深圳总部核心交换机SZ-HX-S5310-01的OSPF路由表

工作过程10：配置被动接口

1. 任务目标

在深圳总部两台核心交换机上进行优化，将不需要发送OSPF报文的接口配置为被动接口。

2. 具体操作

深圳总部核心两台交换机的配置相同，以SZ-HX-S5310-01为例，具体配置如下：

```
SZ-HX-S5310-01(config)#router ospf 1          //进入OSPF配置模式
SZ-HX-S5310-01(config-router)#passive-interface vlan 10
                                              //配置被动接口
SZ-HX-S5310-01(config-router)#passive-interface vlan 20
                                              //配置被动接口
```

将深圳总部两台核心交换机VLAN 10和VLAN 20对应的SVI接口配置为被动接口，因为这两个接口是连接下层交换机的，因此不需要向下层交换机发送OSPF报文。

工作过程11：配置OSPF认证

1. 任务目标

深圳总部和两个分公司之间配置OSPF认证，使用MD5认证。

2. 具体操作

深圳总部出口路由器SZ-CK-RSR20-01的配置如下：

```
SZ-CK-RSR20-01(config)#interface GigabitEthernet 0/3
                                              //进入接口配置模式
SZ-CK-RSR20-01(config-if-GigabitEthernet 0/3)#ip ospf
authentication message-digest                 //启用MD5认证
SZ-CK-RSR20-01(config-if-GigabitEthernet 0/3)#ip ospf message-
digest-key 1 md5 ruijie                       //配置密钥ID及密钥
SZ-CK-RSR20-01(config-if-GigabitEthernet 0/3)#interface
GigabitEthernet 0/4                           //进入接口配置模式
SZ-CK-RSR20-01(config-if-GigabitEthernet 0/4)# ip ospf
authentication message-digest                 //启用MD5认证
SZ-CK-RSR20-01(config-if-GigabitEthernet 0/4)#ip ospf message-
digest-key 1 md5 ruijie                       //配置密钥ID及密钥
```

广州分公司和北京分公司出口路由器相同，这里以 GZ-CK-RSR20-01 为例，配置如下：

```
GZ-CK-RSR20-01(config)#interface GigabitEthernet 0/0
                                                    //进入接口配置模式
GZ-CK-RSR20-01(config-if-GigabitEthernet 0/0)# ip ospf
authentication message-digest                       //启用MD5认证
GZ-CK-RSR20-01(config-if-GigabitEthernet 0/0)#ip ospf message-
digest-key 1 md5 ruijie                             //配置密钥ID及密钥
```

任务 4　组建双核心三层架构企业网络联调测试

项目实施完成后，需要对网络的运行状态进行测试，主要测试广州、北京两个分公司与深圳总部的联通性和两个分公司之间的连通性。

工作过程 1：深圳总部与广州分公司的连通性

1. 任务目标

使用深圳总部的市场部和研发部的 PC 访问广州分公司的业务网段。

2. 具体操作

使用深圳总部的市场部 PC 和研发部 PC 分别 PING 广州分公司的业务网段，都能 PING 通，如图 6-13 和 6-14 所示。

```
C:\Users\admin>ping 172.16.8.1

正在 Ping 172.16.8.1 具有 32 字节的数据:
来自 172.16.8.1 的回复: 字节=32 时间<1ms TTL=64
来自 172.16.8.1 的回复: 字节=32 时间<1ms TTL=64
来自 172.16.8.1 的回复: 字节=32 时间=1ms TTL=64
来自 172.16.8.1 的回复: 字节=32 时间=1ms TTL=64

172.16.8.1 的 Ping 统计信息:
    数据包: 已发送 = 4, 已接收 = 4, 丢失 = 0 (0% 丢失),
往返行程的估计时间(以毫秒为单位):
    最短 = 0ms, 最长 = 1ms, 平均 = 0ms
```

图 6-13　深圳总部的市场部用户可以 PING 通广州业务网段

```
C:\Users\admin>ping 172.16.8.1

正在 Ping 172.16.8.1 具有 32 字节的数据:
来自 172.16.8.1 的回复: 字节=32 时间<1ms TTL=64
来自 172.16.8.1 的回复: 字节=32 时间=1ms TTL=64
来自 172.16.8.1 的回复: 字节=32 时间=1ms TTL=64
来自 172.16.8.1 的回复: 字节=32 时间=1ms TTL=64

172.16.8.1 的 Ping 统计信息:
    数据包: 已发送 = 4, 已接收 = 4, 丢失 = 0 (0% 丢失),
往返行程的估计时间(以毫秒为单位):
    最短 = 0ms, 最长 = 1ms, 平均 = 0ms
```

图 6-14　深圳总部的研发部用户可以 PING 通广州业务网段

工作过程 2：分公司之间的连通性

1. 任务目标

使用北京分公司的出口路由器 BJ-CK-RSR20-01 访问广州分公司的业务网段。

2. 具体操作

北京分公司出口路由器 BJ-CK-RSR20-01 可以 PING 通广州业务网段，如图 6-15 所示。

想了解更多详情，请自行扫码观看知识讲解视频。

视频6.14

```
BJ-CK-RSR20-01#ping 172.16.8.1
Sending 5, 100-byte ICMP Echoes to 172.16.8.1, timeout is 2 seconds:
  < press Ctrl+C to break >
!!!!!
Success rate is 100 percent (5/5), round-trip min/avg/max = 6/10/24 ms.
BJ-CK-RSR20-01#ping 172.16.11.1
Sending 5, 100-byte ICMP Echoes to 172.16.11.1, timeout is 2 seconds:
  < press Ctrl+C to break >
!!!!!
Success rate is 100 percent (5/5), round-trip min/avg/max = 5/10/17 ms.
```

图 6-15　北京分公司可以 PING 通广州业务网段

至此，本项目圆满完成。

单元测试

1. OSPF工作过程中维护三张表：邻居表、拓扑表、路由表，其中（　　）表在同一个路由域中的各路由器中是一致的。

A. 邻居表　　B. 拓扑表　　C. 路由表　　D.IP 地址表

2. OSPF 中可以划分不同的区域，其中 Area（　　）被称为骨干区域。

A. 0　　B. 1　　C. 100　　D. -1

3. OSPF 通过哪类报文建立维护邻居关系？（　　）

A. Hello 报文　　B. DBD 报文　　C. LSR 报文　　D. LSU 报文

4. OSPF 创建的邻接数据库中保存的是（　　）。

A. 邻居表　　B. 拓扑表　　C. 路由表　　D. 算法表

5. 运行 OSPF 的网络在达到（　　）状态后，要选举 DR 和 BDR。

A. Down　　B. Init　　C. 2-Way　　D. Fpl

6. 开放式最短路径优先协议（OSPF）属于（　　）。

A. 链路状态协议　　B. 距离向量协议

C. 路径向量协议　　D. 集中式路由算法协议

7. 关于 OSPF 报文描述正确的是（　　）。

A. 在 ExStart 状态下协商主从关系，确认主从关系之后，主路由器发送 DBD 报文，从路由器不能主动发送 DBD 报文，只能回应主路由器发送到 DBD 报文

B. ExStart 状态说明两路由器的 LSDB 已经同步

C. Loading 状态下路由器相互发送包含链路状态信息摘要的 DD 报文，描述本地 LSDB 内容

D. 在 ExStart 状态下发送的 DD 报文包含链路状态描述

8. 当数据链路层协议是（　　）时，默认情况下，OSPF 认为网络类型是 Broadcast。

A. 帧中继　　B. PPP　　C. Ethernet　　D. PPPOE

9. 下面关于 OSPF 中的区域边界路由器（ABR），描述错误的是（　　）。

A. ABR 上有多个 LSDB，ABR 为每一个区域维护一个 LSDB

B. ABR 将连接的非骨干区域内的链路状态信息抽象成路由信息，发布到骨干区域中

C. ABR 也要将骨干区域的链路状态信息抽象成路由信息，并发布到所有的非

骨干区域

D. ABR 能够产生 LSA 3、LSA 4 和 LSA 5 类信息

10. OSPF 协议采用（　　）作为度量标准。

A. 带宽　　B. 延迟　　C. 负载　　D. 开销

11. OSPF 报文类型有（　　）种。

A. 3　　B. 4　　C. 5　　D. 2

12. OSPF 的协议号是（　　）。

A. 53　　B. 69　　C. 89　　D. 520

13. 在 OSPF 中，（　　）是 NSSA Area 特殊存在的 LSA。

A. LSA 3 NetworkSummaryLSA

B. LSA 4 ASBRSummaryLSA

C. LSA 5 AutonomousSystemExternalLSA

D. LSA 7 NSSAExternalLSA

14. 正常情况下，OSPF 协议运行的最终状态是（　　）。

A. Init　　B. 2-way　　C. Full　　D. Established

15. OSPF 协议在（　　）状态下确定 DD 报文的主从关系。

A. 2-way　　B. ExStart　　C. Exchange　　D. Full

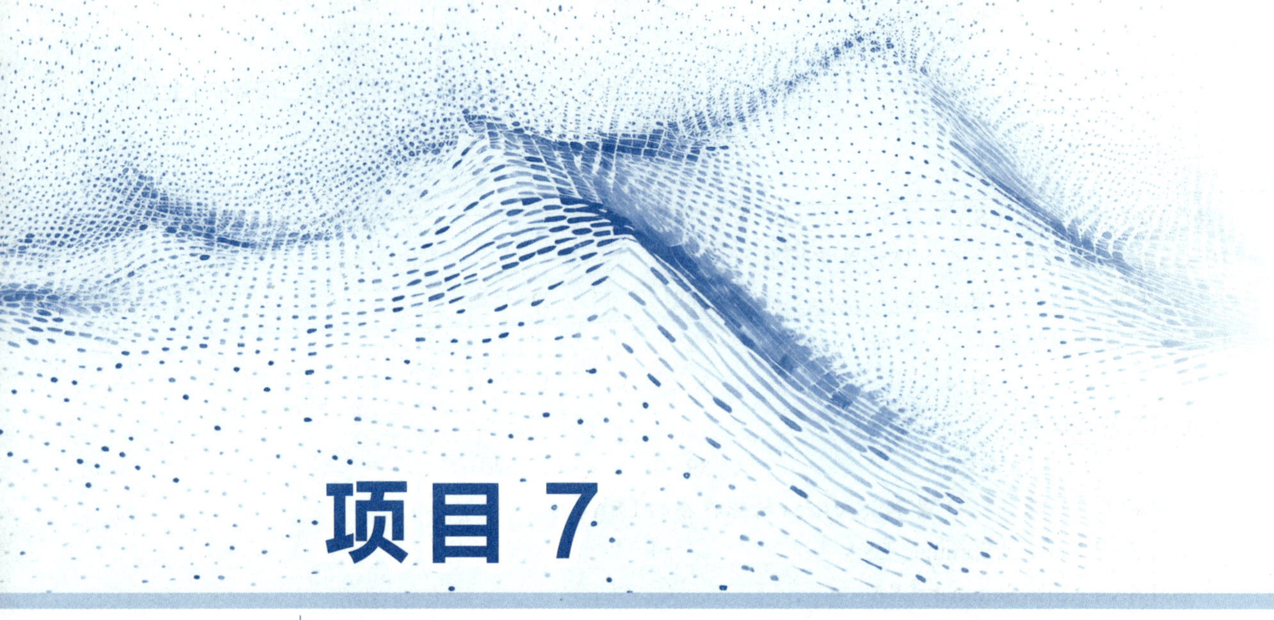

项目 7

组建多出口灵活选路企业网络

在测试网络性能中，不仅要保证网络的安全性，还要保证数据的传输效率。网络传输的效率通常取决于网络的带宽、延迟、设备性能等因素。而通常情况下，这些因素都是不会变动的，那就需要将这些有限的资源进行合理利用，以达到更高的利用率，减少资源的浪费。

在实际组网过程中，通常会申请多个出口线路，这些线路可能是同一个运营商的，也可能属于不同运营商。在这种多出口的情况下，需要根据实际需求使用相关的选路策略，将不同用户的数据分配到对应的出口，从而提升网络出口的使用效率，并提升用户的满意程度，这正是本项目所组建的多出口灵活选路企业网络。

项目目标

知识目标

- 理解浮动路由的概念。
- 掌握浮动路由的配置方式。
- 理解路由属性控制工具路由图（Route-Map）。
- 掌握策略路由的配置方式。

技能目标

- 掌握多出口企业网络的设计与配置方法。
- 能独立完成多出口企业网络的联调测试及常见故障处理。
- 掌握锐捷设备的配置方法。
- 掌握项目文档的编写方法。

素养目标

- 培养高效利用网络资源、不浪费出口带宽的意识，培养勤劳节俭的习惯。

接收任务

任务导学

曹溪公司是广东省著名企业，目前公司成立的分公司有市场部、技术部两个部门，每个部门各 10 人，现在要为分公司建立办公网络。为了优化公司网络资源利用率，增强网络稳定性和可靠性，公司申请了两条出口线路，其中一条为电信线路，另外一条为联通线路。为充分利用网络带宽，需要市场部用户上网时使用电信的线路，技术部用户上网时使用联通的线路，这样可以将上网流量错开。

综上所述，为提升每个出口线路的利用率，提高用户满意度，公司决定组建多出口灵活选路企业网络。

公司安排工程师小王完成本项目。小王与客户沟通后了解到本项目的需求如下：

（1）内部员工之间能够互访。

（2）全网采用静态路由。

（3）两个部门的员工都能够访问 Internet。

（4）市场部的员工上网时使用电信的出口线路。

（5）技术部的员工上网时使用联通的出口线路。

想了解更多详情，
请自行扫码观看动画视频。

项目7

前期知识回顾

在开始本项目前，小王需要回顾一下之前学习过的知识，请扫描下方的二维码观看相关知识的讲解视频进行学习。

1. 什么是访问控制列表（ACL）？它是如何工作的？其配置命令有哪些？

2. 什么是基于时间的 ACL？其配置命令是什么？

视频7.0.1

视频7.0.2

项目知识学习

回顾学习过的知识后，要完成本项目，小王还需要学习新知识，为此，他向公司资深的罗工程师（下称罗工）请教后学到了以下知识。

1. 小王：罗工您好，请问什么是浮动路由？

罗工：浮动路由本质上就是静态路由，是指配置了两条静态路由。这两条静态路由的目的地都是相同的，但是下一跳是不同的，也就是去往一个地点有两条路可以走。通常这两条路径，其中一条更优，另外一条较差。在不配置为浮动路由的情况下，路由器的转发是负载分担的。而人们更希望走的是更优的这条路径，因此存在浮动路由。

浮动路由通过配置静态路由的管理距离来控制路由的加表，存在去往同一目的地址的两条路由时，比较两条路由的管理距离，只有管理距离较小的路由才会被加入路由表中。而当管理距离小的路由失效的时候，另外一条路由才会浮动到路由表中，当管理距离小的路由再次生效的时候，这条路由会再次沉下去，因此称为浮动路由。

如图 7-1 所示，PC1 访问 PC2 有两条链路可选，分别是 PC1 → R1 → R2 → R3 → PC2 和 PC1 → R1 → R3 → PC2。对于这两条路径，第一条为千兆链路，传输速度更快；第二条为十兆链路，通常这种低速链路是用来做备份的，正常情况下都不会进行数据传输。因此通过配置浮动路由能够实现：

（1）在所有链路、设备都正常的情况下，用户进行数据传输只选择高速链路。

（2）当高速链路中的设备或者链路故障时，如 R2 设备故障，数据依然能够从低速链路进行传输，保证网络不中断。

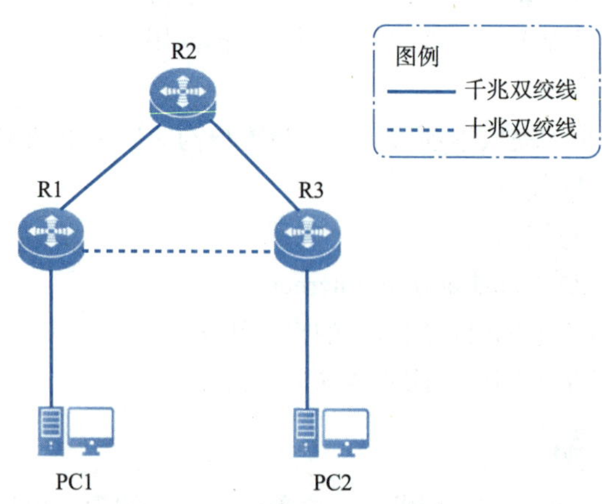

图 7-1　浮动路由案例

2. 小王：浮动路由该如何配置？

罗工：浮动路由配置和静态路由完全相同，只是在末尾加上管理距离参数。静态路由的管理距离默认为 1。

```
Ruijie(config)#ip route 0.0.0.0 0.0.0.0 192.168.1.1 10
                        //配置一条默认路由，下一跳为192.168.1.1，管理距离为10。
```

3. 小王：什么是路由图（Route-Map）？其主要应用在哪些场景？

罗工：Route-Map 是一个工具，使用范围非常广泛，主要应用场景有下面五个。

（1）重分发期间进行路由过滤或执行策略。

（2）PBR（策略路由）。

（3）NAT（网络地址转换）。

（4）BGP 中的策略部署。

（5）其他用途。

4. 小王：Route-Map 的工作原理是什么？

罗工：在定义 Route-Map 的时候，首先需要为 Route-Map 定义一个名字，如 test，然后可以在一个 Route-Map 下定义多个序列，用十进制的序列号来表示，如 10、20，如图 7-2 所示。

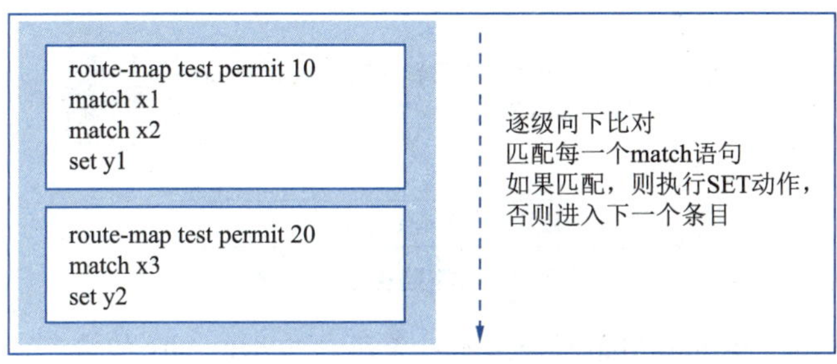

图 7-2　Route-Map 工作原理

那么在每一个序列中，可以定义供策略部署的两个元素：匹配条件（match 语句）、执行动作（set 语句）。可以定义多个条件，当条件被匹配时，就会去执行 set 指定的相关动作（set 语句并非必须，例如，如果 Route-Map 仅用于匹配感兴趣流量，那么就不需要 set 语句了）。在 Route-Map 被调用后，匹配动作将会从最小的序列号开始执行。如果该序列号中的条件都被匹配了，则执行 set 命令；如果条件不匹配，则切换到下一个序列号继续进行匹配动作。

5. 小王：Route-Map 该如何配置？

罗工：在锐捷设备中，Route-Map 的配置命令如下。

```
Ruijie(config)#route-map test permit 10
Ruijie (config-route-map)#match ip add 100
Ruijie (config-route-map)#set ip next-hop 100.1.1.1
Ruijie(config)#route-map test permit 20
Ruijie(config-route-map)#match ip add 101
Ruijie(config-route-map)#set ip next-hop 200.1.1.1
```

以上命令的含义为：定义一个 Router-Map 名称为 test，有两条序列号 10 和 20。序列号 10 的策略匹配编号为 100 的 ACL，如果匹配成功，则执行的动作是将下一跳设置为 100.1.1.1。如果没有匹配成功，则再执行序列号为 20 的策略。序列号 20

的策略匹配编号为 101 的 ACL，如果匹配成功，则执行的动作是将下一跳设置为 200.1.1.1。

6. 小王：什么是策略路由（PBR）？

罗工：传统路由的转发方式是首先通过路由的学习或者静态路由指定，形成路由表，设备接收到的数据包后，根据目的 IP 地址查找路由表，随后转发。这意味着传统的方式只有一种转发决策机制，即基于用户数据的目的 IP 地址。

策略路由的英文名称是 policy based routing，缩写为 PBR，可以根据 IP 报文源地址、目的地址、端口等内容灵活地进行路由选择。

策略路由的工作流程如图 7-3 所示。某接口收到一个数据包，首先查看该接口是否配置了策略路由，没有则进行正常路由转发，有则检查 match 语句能否匹配上，不能匹配则进行正常路由转发，能够匹配上则查看本序列号是 permit 还是 deny，是 deny 则进行正常路由转发，permit 则执行相关的 set 动作。

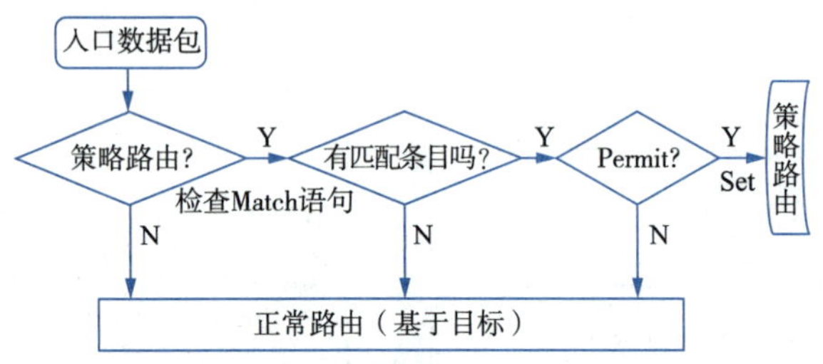

图 7-3　策略路由工作原理

需要说明的是，Route-Map 的最后有一条隐含的 deny any 的语句，当前面的所有序列号都不匹配时，就会匹配上这条语句，然后退出策略路由，查找路由表进行转发。

7. 小王：PBR 应该如何配置？

罗工：在锐捷设备中，PBR 的配置过程如下。

想了解更多详情，请自行扫码观看知识讲解视频。

视频7.1

视频7.2

（1）使用 ACL 定义感兴趣流量，配置命令如下：

```
Ruijie(config)#access-list 1 permit 192.168.10.0 0.0.0.255
```

（2）配置 Route-Map 命令如下：

```
Ruijie(config)#route-map test permit 10
Ruijie(config-route-map)#match ip add 1
Ruijie(config-route-map)#set ip next-hop 100.1.1.1
```

（3）入接口调用，配置命令如下：

```
Ruijie(config)#interface gi0/0
Ruijie(config-if-GigabitEthernet 0/0)#ip policy route-map test
                                  //将Route-Map调用在数据的入接口上。
```

以上配置的实现效果为：当本路由器从 Gi0/0 口收到一个数据包，由于路由器的 Gi0/0 口配置策略路由，所以路由器不会立即查看路由表，而是先进行策略路由，发现该数据包的源 IP 地址为 192.168.10.0/24 网段，刚好能够符合本 ACL 的感兴趣流量，因此会执行策略路由设置的动作，也就是将本报文的下一跳设置为 100.1.1.1，然后发送出去。

如果数据包的源IP地址不是192.168.10.0/24网段的IP地址，那么策略路由不匹配，最终这个数据将通过路由表进行转发。

任务 1　组建多出口灵活选路企业网络需求分析

视频7.3

所谓需求分析，就是为本项目的每个需求逐一找到对应的实现方法。

工作过程 1：逐步分析项目需求

通过前期的学习，可知本项目的网络拓扑为单核心双出口网络。接下来根据上述项目需求逐条进行分析，过程如下：

需求如下：

（1）内部员工之间能够互访。

（2）全网采用静态路由。

（3）两个部门的员工都能够访问 Internet。

实现方法如下：

➢ 配置设备基本信息。

➢ 配置 VLAN。

➢ 配置 IP 信息。

➢ 配置静态路由。

➢ 配置 NAT。

➢ 配置 NAT 实现内部员工上网需求。

需求如下：

（4）市场部的员工上网时使用电信的出口线路。

（5）技术部的员工上网时使用联通的出口线路。

实现方法如下：

➢ 配置策略路由，将市场部和技术部上网的流量区分开，然后引导到对应的运营商线路上。

工作过程 2：确定项目实施的具体步骤

将以上需求分析进行整合，可知项目实施步骤如下：

（1）配置 VLAN。

（2）配置设备基本信息。

（3）IP 地址。

（4）配置静态路由。

（5）部署 NAT。

（6）部署策略路由。

配置完成后，还需进行项目联调与测试。

想了解更多详情，请自行扫码观看知识讲解视频。

视频7.4

任务 2　组建多出口灵活选路企业网络规划设计

本项目规划需要完成以下工作：

➢ 规划设备清单。
➢ 规划网络拓扑。
➢ 规划设备主机名。
➢ 规划 VLAN。
➢ 规划 IP 地址。
➢ 规划设备互联接口。

下面将按照这个步骤，为本项目进行规划。

工作过程 1：规划设备清单

本项目设备清单见表 7-1。

表 7-1　设备清单

序号	类型	设备	厂商	型号	数量	备注
1	硬件	三层接入交换机	锐捷	RG-S5310-24GT4XS	1 台	核心交换机
2	硬件	出口路由器	锐捷	RG-RSR20-X	1 台	出口设备
3	硬件	双绞线	—	—	若干米	—
4	硬件	计算机	—	—	2 台	配置设备及测试用
5	软件	SecureCRT	—	6.5 版本及以上	1 套	配置设备用

工作过程 2：规划网络拓扑

该项目的网络拓扑图如图 7-4 所示。

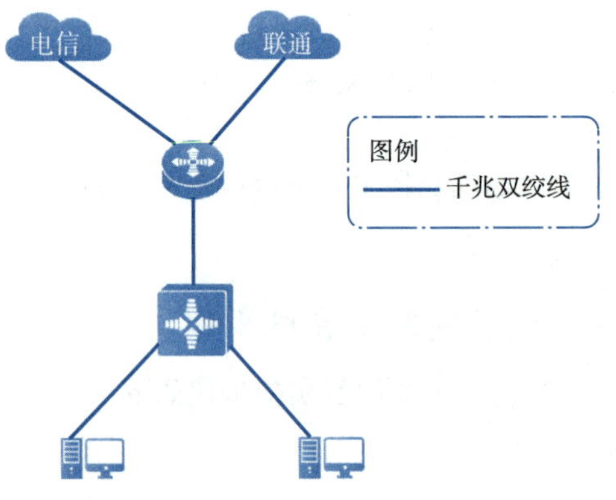

图 7-4　网络拓扑图

工作过程 3：规划设备主机名

设备名称用于标识一台设备的名字，在实际应用过程中可以根据需求进行命名。项目中合理地对设备进行命名，可以便于对设备进行维护和管理。该项目中网络设备命名规范为：AA-BB-CC-DD。其中：

➢ AA：表示设备的物理位置。CX 表示在曹溪公司。
➢ BB：表示设备的角色。HX 为核心交换机，CK 为出口设备。
➢ CC：表示设备型号，具体可参见设备清单。
➢ DD：表示设备序号，如 01、02 等。

表 7-2 为本项目所有设备命名。

表 7-2　设备主机名表

序号	设备型号	设备主机名	备注
1	RG-RSR20-X	CX-CK-RSR20-01	出口设备
2	RG-5310-24GT4XS	CX-HX-S5310-01	核心交换机

工作过程 4：规划 VLAN

本项目需要为每个办公用户部门以及服务器区分配各自的 VLAN。VLAN 的规划信息见表 7-3。

表 7-3　VLAN 规划表

序号	VLAN ID	VLAN 名称	备注
1	10	ShiChangBu_VLAN	市场部 VLAN
2	20	JiShuBu_VLAN	技术部 VLAN

工作过程 5：规划 IP 地址

市场部、技术部总共有两个业务 VLAN，因此需要规划两个业务网段，业务地址的网关都位于核心交换机。另外，还需要规划三层设备之间接口的互联地址。

综上所述，本项目中 IP 地址详细规划见表 7-4、表 7-5。

表 7-4　用户业务 IP 地址规划表

序号	区域	IP 地址	掩码	网关
1	市场部	192.168.10.0	255.255.255.0	192.168.10.254
2	技术部	192.168.20.0	255.255.255.0	192.168.20.254

表 7-5　设备互联 IP 地址规划表

序号	本端设备名称	本端 IP 地址	对端设备名称	对端 IP 地址
1	CX-CK-RSR20-01	192.168.255.2/30	CX-HX-S5310-01	192.168.255.1/30
2	CX-CK-RSR20-01	100.1.1.1/30	电信	100.1.1.2/30
2	CX-CK-RSR20-01	200.1.1.1/30	联通	200.1.1.2/30

工作过程 6：规划设备互联接口

该项目中，网络设备之间的互联接口规划的规范为：Con_To_ 对端设备名称 _ 对端接口名，具体规划见表 7-6。

表 7-6　设备互联接口规划表

本端设备	接口	接口描述	对端设备	接口
CX-HX-S5310-01	Gi0/0	Con_To_ CX-CK-RSR20-01_Gi0/0	CX-CK-RSR20-01	Gi0/0
	Gi0/1	Con_To_PC1	市场部 PC1	—
	Gi0/2	Con_To_PC2	技术部 PC2	—
CX-CK-RSR20-01	Gi0/0	Con_To_ CX-HX-S5310-01_Gi0/0	CX-HX-S5310-01	Gi0/0
	Gi0/1	Con_To_ DianXin	电信	—
	Gi0/2	Con_To_ LianTong	联通	—

为了方便接下来的项目实施，在图 7-4 所示网络拓扑图的基础上进行细化，将主机名称、IP 地址、VLAN、接口编号等信息标注在网络拓扑图中，得到该项目详细的网络拓扑图，如图 7-5 所示。

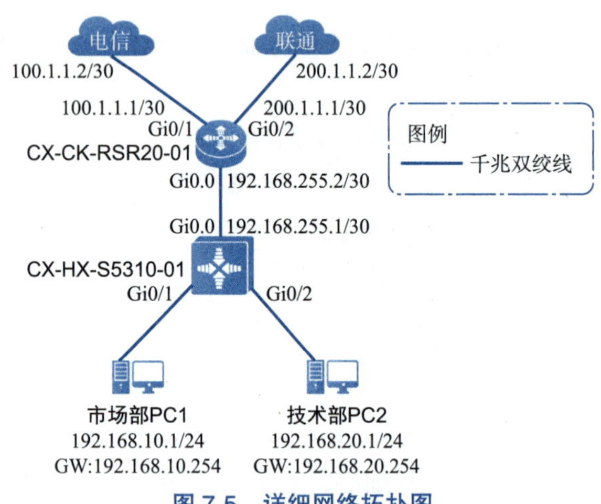

图 7-5　详细网络拓扑图

想了解更多详情，请自行扫码观看知识讲解视频。

视频7.5

任务 3　组建多出口灵活选路企业网络项目实施

工作过程 1：按照拓扑连接设备

1. 任务目标

按照图 7-5 所示详细网络拓扑图，用双绞线连接本项目的设备。

2. 具体操作

这里的操作是物理连接，按照表 7-6 所示设备互联接口规划表进行连线。

工作过程 2：配置 VLAN

1. 任务目标

创建 VLAN，将接口划分到对应的 VALN 下。

2. 具体操作

➢ 核心交换机 CX-HX-S5310-01 中的配置如下：

```
Ruijie(config)# vlan range 10,20                    //同时创建多个VLAN
Ruijie(config-vlan)#interface GigabitEthernet 0/1
                                                    //进入接口配置模式
Ruijie(config-if-GigabitEthernet 0/1)#switchport access vlan 10
                                                    //将Gi0/1口划分到VLAN 10
Ruijie(config-if-GigabitEthernet 0/1)#interface GigabitEthernet 0/2
                                                    //进入接口配置模式
Ruijie(config-if-GigabitEthernet 0/2)#switchport access vlan 20
                                                    //将Gi0/2口划分到VLAN 20
```

配置完 VLAN 后，进行阶段性测试，查看交换机的端口状态，如图 7-6 所示。

```
Ruijie#show interfaces switchport
Interface                        Switchport Mode      Access Native Protected VLAN lists
-------------------------------- ---------- --------- ------ ------ --------- ----------------------
GigabitEthernet 0/0              disabled                           Disabled
GigabitEthernet 0/1              enabled    ACCESS    10     1      Disabled  ALL
GigabitEthernet 0/2              enabled    ACCESS    20     1      Disabled  ALL
GigabitEthernet 0/3              enabled    ACCESS    1      1      Disabled  ALL
GigabitEthernet 0/4              enabled    ACCESS    1      1      Disabled  ALL
GigabitEthernet 0/5              enabled    ACCESS    1      1      Disabled  ALL
GigabitEthernet 0/6              enabled    ACCESS    1      1      Disabled  ALL
GigabitEthernet 0/7              enabled    ACCESS    1      1      Disabled  ALL
GigabitEthernet 0/8              enabled    ACCESS    1      1      Disabled  ALL
```

图 7-6 交换机的端口状态

工作过程 3：配置交换机基本信息

1. 任务目标

在开始功能性配置之前，先完成前期规划表中涉及的所有网络设备的基本配置，包括主机名、端口描述等。

2. 具体操作

以核心交换机 CX-HX-S5310-01 为例，配置如下：

```
Ruijie>enable                                        //进入特权模式
Ruijie#configure terminal                            //进入全局配置模式
Ruijie(config)#hostname CX-HX-S5310-01               //配置主机名
CX-HX-S5310-01(config)#interface GigabitEthernet 0/0 //进入接口配置模式
CX-HX-S5310-01(config-if-GigabitEthernet 0/0)#description Con_To_
CX-CK-RSR20-01_Gi0/0                                 //配置接口描述
```

工作过程 4：配置 IP 地址

1. 任务目标

为核心交换机配置 SVI 地址，为路由器配置 IP 地址。

2. 具体操作

核心交换机配置两个业务部门的网关地址和管理地址，同时配置互联地址。

➢ CX-HX-S5310-01 中的配置如下：

```
CX-HX-S5310-01(config)# interface VLAN 10                    /进入SVI配置模式
CX-HX-S5310-01(config-if-VLAN 10)#ip address 192.168.10.254 255.255.255.0   //配置IP地址
CX-HX-S5310-01(config)# interface VLAN 20                    //进入SVI配置模式
CX-HX-S5310-01(config-if-VLAN 20)#ip address 192.168.20.254 255.255.255.0   //配置IP地址
CX-HX-S5310-01(config)#interface GigabitEthernet 0/0 //进入接口配置模式
CX-HX-S5310-01(config-if-GigabitEthernet 0/0)#ip address 192.168.255.1 30   //配置互联地址
```

➢ CX-CK-RSR20-01 中的配置如下：

```
CX-CK-RSR20-01(config)#interfaceGigabitEthernet 0/0          //进入接口配置模式
CX-CK-RSR20-01(config-if-GigabitEthernet 0/0)#ip address 192.168.255.2 30   //配置互联地址
CX-CK-RSR20-01(config)#interface GigabitEthernet 0/1         //进入接口配置模式
CX-CK-RSR20-01(config-if-GigabitEthernet 0/1)#ip address 100.1.1.1 30   //配置外网地址
CX-CK-RSR20-01(config)#interface GigabitEthernet 0/2         //进入接口配置模式
CX-CK-RSR20-01(config-if-GigabitEthernet 0/2)#ip address 200.1.1.1 30   //配置外网地址
```

配置完SVI地址后，进行阶段性测试，查看核心交换机的IP地址配置情况，如图7-7所示。

```
CX-HX-S5310-01#show ip interface brief
Interface                  IP-Address(Pri)      IP-Address(Sec)      Status          Protocol
GigabitEthernet 0/0        192.168.255.1/30     no address           up              up
VLAN 1                     no address           no address           up              down
VLAN 10                    192.168.10.254/24    no address           up              up
VLAN 20                    192.168.20.254/24    no address           up              up
```

图 7-7 核心交换机地址配置情况

工作过程 5：配置静态路由

1. 任务目标

路由协议选择静态路由，合理部署静态路由，使得市场部和技术部能够访问Internet。对于核心交换机而言，需要配置一条默认路由，下一跳指向出口路由器设备。对于出口路由器，需要配置两条默认路由，一条指向电信，一条指向联通。

2. 具体操作

➢ CX-HX-S5310-01 中的配置如下：

```
CX-HX-S5310-01(config)#ip route 0.0.0.0 0.0.0.0 192.168.255.2
                                                    //配置默认路由
```

➢ CX-CK-RSR20-01 中的配置如下：

```
CX-CK-RSR20-01(config)#ip route 0.0.0.0 0.0.0.0 100.1.1.2
                                                    //配置默认路由
CX-CK-RSR20-01(config)#ip route 0.0.0.0 0.0.0.0 200.1.1.2
                                                    //配置默认路由
CX-CK-RSR20-01(config)#ip route 192.168.10.0 255.255.255.0
192.168.255.1                                       //配置静态路由
CX-CK-RSR20-01(config)#ip route 192.168.20.0 255.255.255.0
192.168.255.1                                       //配置静态路由
```

静态路由配置完毕后，由于两条静态路由的管理距离相同（默认都为 1），因此两条默认路由是负载均衡的状态，通过查看出口路由器的路由表可知，如图 7-8 所示。

```
CX-CK-RSR20-01#show ip route

Codes:  C - Connected, L - Local, S - Static
        R - RIP, O - OSPF, B - BGP, I - IS-IS, V - Overflow route
        N1 - OSPF NSSA external type 1, N2 - OSPF NSSA external type 2
        E1 - OSPF external type 1, E2 - OSPF external type 2
        SU - IS-IS summary, L1 - IS-IS level-1, L2 - IS-IS level-2
        IA - Inter area, EV - BGP EVPN, A - Arp to host
        LA - Local aggregate route
        * - candidate default

Gateway of last resort is 100.1.1.2 to network 0.0.0.0
S*    0.0.0.0/0 [1/0] via 100.1.1.2
                [1/0] via 200.1.1.2
C     100.1.1.0/30 is directly connected, GigabitEthernet 0/1
C     100.1.1.1/32 is local host.
S     192.168.10.0/24 [1/0] via 192.168.255.1
S     192.168.20.0/24 [1/0] via 192.168.255.1
C     192.168.255.0/30 is directly connected, GigabitEthernet 0/0
C     192.168.255.2/32 is local host.
C     200.1.1.0/30 is directly connected, GigabitEthernet 0/2
C     200.1.1.1/32 is local host.
```

图 7-8　出口路由器的路由表

因此，当有流量访问 Internet 时，将会匹配上这两条默认路由中的其中一条，因此下一跳可能是电信（100.1.1.2），也有可能是联通（200.1.1.2）。

工作过程 6：部署 NAT

1. 任务目标

只使用静态路由是无法实现用户访问互联网的，因为互联网是没有私网地址路由的。因此需要配置 NAT 实现源地址转换，将源 IP 地址由私网地址转换为公网地址访问互联网。

需要在出口路由器上部署 NAT，要求两个部门的用户均能够上网，并且要求数据的往返路径要一致。

2. 具体操作

如果现场没有公网线路，可以使用三台路由器，其中两台模拟电信和联通设备 DianXin-ISP 和 LianTong-ISP，第三台路由器模拟 Internet。将出口路由器 CX-CK-RSR20-01 的 Gi0/1 和 Gi0/2 接口分别连接到两台运营商路由器，再将两台运营商路由器分别连接到 Internet 路由器。并在 Internet 设备的环回口（Loopback）上分别配置 1.1.1.1/32 和 2.2.2.2/32 的 IP 地址用来模拟互联网上的 IP 地址，如图 7-9 所示。

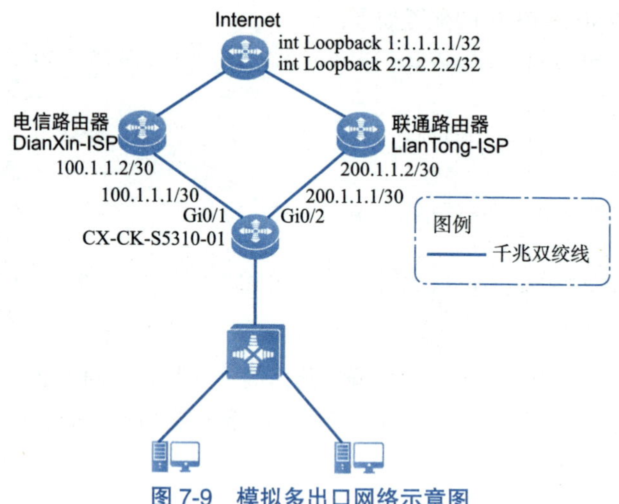

图 7-9　模拟多出口网络示意图

Internet 路由器的主要配置如下：

```
Internet(config)#interface Loopback 1                    //进入接口配置模式
DianXin-ISP(config-if-Loopback 1)#ip address 1.1.1.1 255.255.255.255
                                                          //配置IP地址
DianXin-ISP(config-if-Loopback 1)#interface Loopback 2
                                                          //进入接口配置模式
DianXin-ISP(config-if-Loopback 2)#ip address 2.2.2.2 255.255.255.255
                                                          //配置IP地址
```

Internet 路由器的其他配置、电信和联通路由器的配置不再赘述，读者可自行编写。

出口路由器 NAT 的配置如下：

```
CX-CK-RSR20-01(config)#interface GigabitEthernet 0/0 //进入内网口
CX-CK-RSR20-01(config-if-GigabitEthernet 0/0)#ip nat inside
                                                          //设置接口类型
CX-CK-RSR20-01(config-if-GigabitEthernet 0/0)#interface
GigabitEthernet 0/1 //进入外网口
CX-CK-RSR20-01(config-if-GigabitEthernet 0/1)#ip nat outside
                                                          //设置接口类型
CX-CK-RSR20-01(config-if-GigabitEthernet 0/1)#interface
GigabitEthernet 0/2                                       //进入外网口
CX-CK-RSR20-01(config-if-GigabitEthernet 0/2)#ip nat outside
                                                          //设置接口类型
CX-CK-RSR20-01(config-if-GigabitEthernet 0/2)#exit  //退回全局配置模式
CX-CK-RSR20-01(config)#access-list 1 permit 192.168.10.0 0.0.0.255
                                                          //配置ACL
CX-CK-RSR20-01(config)#access-list 1 permit 192.168.20.0 0.0.0.255
                                                          //配置ACL
```

```
CX-CK-RSR20-01(config)#ip nat pool nat netmask 255.255.255.252
                                                        //创建NAT地址池
CX-CK-RSR20-01(config-ipnat-pool)# address 100.1.1.1 100.1.1.1
match interface GigabitEthernet 0/1      //定义地址池范围和绑定出接口
CX-CK-RSR20-01(config-ipnat-pool)# address 200.1.1.1 200.1.1.1
match interface GigabitEthernet 0/2      //定义地址池范围和绑定出接口
CX-CK-RSR20-01(config-ipnat-pool)#exit                  //返回全局模式
CX-CK-RSR20-01(config)#ip nat inside source list 1 pool nat overload
                                                        //创建NAT规则
```

由于用户访问外网时的顺序是先路由，再 NAT，所以数据会先进行查路由表，从而确定从哪个接口转发出去，然后再进行地址转换。而查找路由表确定出接口时，可能选择电信出口，也有可能选择联通出口，在地址转换时也是随机的，可能将源 IP 转换成 100.1.1.1，也可能转换成 200.1.1.1，所以会导致一种现象的产生：出接口选择了和电信相连的接口，而转换地址时却转换成了联通的地址（200.1.1.1），这样就导致了无法通信的结果。因此需要在配置地址池时，将接口和转换的 IP 地址进行绑定，只要选择了 Gi0/1 口，那么一定使用电信的 IP 地址进行转换，配置命令就是在地址池后面加上 match 关键字关联接口。

NAT 部署完毕后先进行测试，使用市场部和技术部的 PC 访问 1.1.1.1 和 2.2.2.2，观察是否能够通信，然后查看出口路由器上的 NAT 地址转换表，如图 7-10 所示。

注意：只要没有用户访问外网，地址转换条目很快就会消失。

```
CX-CK-RSR20-01#show ip nat translations
Pro  Inside global         Inside local          Outside local          Outside global
icmp 100.1.1.1:2048        192.168.20.1:2048     2.2.2.2                2.2.2.2
icmp 100.1.1.1:3328        192.168.10.1:3328     2.2.2.2                2.2.2.2
icmp 200.1.1.1:1792        192.168.20.1:1792     1.1.1.1                1.1.1.1
icmp 200.1.1.1:3072        192.168.10.1:3072     1.1.1.1                1.1.1.1
```

图 7-10　出口路由器的 NAT 地址转换表

工作过程 7：部署 PBR

1. 任务目标

根据 NAT 转换表来看，两个部门访问 2.2.2.2 时，走的都是电信线路，访问 1.1.1.1 时走的都是联通线路（完全随机，也有其他可能），而项目需求是市场部上网时选择电信线路，技术部上网时选择联通线路。很明显，需要对数据包的源 IP 地址进行匹配，从而指定该数据包从哪个出口出去，因此需要借助 PBR。

通过部署 PBR，通过扩展 ACL 对数据包的源 IP 地址进行匹配，然后将市场部访问外网的流量下一跳设置为电信（100.1.1.2），将技术部访问外网的流量下一跳设置为联通（200.1.1.2）。

2. 具体操作

➢ CX-CK-RSR20-01 中的配置如下：

```
CX-CK-RSR20-01(config)#access-list 10 permit 192.168.10.0 0.0.0.255
                                                        //配置ACL
```

```
CX-CK-RSR20-01(config)#access-list 20 permit 192.168.20.0 0.0.0.255
                                                    //配置ACL
CX-CK-RSR20-01(config)#route-map test permit 10     //配置Route-Map
CX-CK-RSR20-01(config-route-map)#match ip address 10      //匹配ACL
CX-CK-RSR20-01(config-route-map)#set ip next-hop 100.1.1.2
                                               //执行的动作
CX-CK-RSR20-01(config)#route-map test permit 20     //配置Route-Map
CX-CK-RSR20-01(config-route-map)#match ip address 20  //匹配ACL
CX-CK-RSR20-01(config-route-map)#set ip next-hop 200.1.1.2
                                               //执行的动作
CX-CK-RSR20-01(config)#interface GigabitEthernet 0/0
                                               //配置Route-Map
CX-CK-RSR20-01(config-if-GigabitEthernet 0/0)#ip policy route-map test
                                               //入接口调用Route-Map
```

配置完毕后，进行阶段性测试，查看R1上Route-Map的配置情况，如图7-11所示。

```
CX-CK-RSR20-01#show route-map test
route-map test, permit, sequence 10
  Match clauses:
    ip address 10
  Set clauses:
    ip next-hop 100.1.1.2
route-map test, permit, sequence 20
  Match clauses:
    ip address 20
  Set clauses:
    ip next-hop 200.1.1.2
```

图 7-11　Route-Map 配置情况

任务 4　组建多出口灵活选路企业网络联调测试

项目实施完成后，需要对网络的运行状态进行测试，主要包括测试基本联通性和数据走向是否按照公司需求。

工作过程 1：测试基本联通性

1. 任务目标

测试两个部门的PC否能够正常访问外网，并且测试市场部和技术部的PC访问外网是走的是哪条线路。

2. 具体操作

使用市场部PC1访问1.1.1.1和2.2.2.2，查看出口路由器的NAT转换记录，如图7-12所示。

```
CX-CK-RSR20-01#show ip nat translations
Pro  Inside global          Inside local           Outside local          Outside global
icmp 100.1.1.1:256          192.168.10.1:256       1.1.1.1                1.1.1.1
icmp 100.1.1.1:512          192.168.10.1:512       2.2.2.2                2.2.2.2
```

图 7-12　NAT 转换记录

通过上图可知，市场部 PC1 访问 1.1.1.1 时，出口路由器进行转换的地址是 100.1.1.1，由于这个地址和接口 Gi0/0 是绑定的，因此可以确定走的是电信的线路。使用技术部 PC2 访问 1.1.1.1 和 2.2.2.2，查看出口路由器的 NAT 转换记录，如图 7-13 所示。

```
CX-CK-RSR20-01#show ip nat translations
Pro  Inside global         Inside local          Outside local          Outside global
icmp 200.1.1.1:512         192.168.20.1:512      2.2.2.2                2.2.2.2
icmp 200.1.1.1:256         192.168.20.1:256      1.1.1.1                1.1.1.1
```

图 7-13　NAT 转换记录

工作过程 2：模拟电信线路故障

1. 任务目标

当电信线路故障时，由于配置了双出口，因此其中一条线路不可用时，仍然可以通过另外一条线路上网，这也保证了网络的可靠性。

2. 具体操作

将出口路由器的 Gi0/1 口 shutdown，然后使用市场部 PC1 访问 1.1.1.1 和 2.2.2.2。再次查看出口路由器的 NAT 转换记录表，如图 7-14 所示。

```
CX-CK-RSR20-01#show ip nat translations
Pro  Inside global         Inside local          Outside local          Outside global
icmp 200.1.1.1:768         192.168.10.1:768      1.1.1.1                1.1.1.1
icmp 200.1.1.1:1024        192.168.10.1:1024     2.2.2.2                2.2.2.2
```

图 7-14　NAT 转换记录

至此，本项目圆满完成。

单元测试

1. 在多出口的网络中，用户访问外网时，数据从哪个出口发送取决于（　　）。

A. NAT　　B. ACL　　C. 路由　　D. 端口安全

2. 当客户网络的出口路由器连接电信和联通两条出口线路时，以下方法无法实现分流设置的是（　　）。

A. 在出口设备上通过设置不同的明细静态路由以实现数据分流，例如将联通的明细路由都配置出来，再配置一条默认路由指向电信

B. 在出口设备上配置策略路由，将某些源 IP 的数据包强制转发到联通线路上，将某些源 IP 的数据包强制转发到电信线路上

C. 在出口设备上配置两条默认路由分别指向电信和联通，且这两条默认路由不是等价的

D. 以上说法错误

3. 配置策略路由时，会用到 Route-Map 语句。在 Route-Map 语句中，默认最后隐含有一条 deny any 的语句，该语句能达到的目的是（　　）。

A. 根本不存在这条隐含语句

B. 没有匹配前面的 permit 语句的数据会匹配该语句，查找常规路由

C. 没有匹配前面的 permit 语句的数据会匹配该语句，被丢弃

D. 以上说法都不对

4. 以下关于 NAT 说法正确的是（　　）。（多选）

A. 多出口 NAT 的地址池中每个地址段都需要与 inside 接口对应

B. NAT 与策略路由不能同时配置

C. 多出口 NAT 的地址池中每个地址段都需要和 outside 接口对应

D. NAT 的地址池可以与出接口地址在不同网段

5. 策略路由能够针对数据报文的哪些部分进行转发下一跳的设置？（多选）（　　）

A. 针对不同目的地址　　B. 针对不同 VID

C. 针对不同源地址　　D. 针对不同 DSCP

6. 以下关于策略路由说法正确的是（　　）。

A. 使用 set ip next-hop 时，策略路由优先于路由表中的路由

B. 使用 set ip next-hop 时，路由表中的路由优先于策略路由

C. 在锐捷设备上配置“set ip next-hop”和“set next-hop”命令，实现效果相同

D. 以上说法都不对

7. 在路由器上配置命令“ip nat inside source static 10.1.1.5 172.35.16.5”的作用是（　　）。（多选）

A. 为内部的静态地址创建动态的地址池

B. 为所有内部本地 pat 创建了动态源地址转换

C. 为内部本地地址和内部全局地址创建一对一的映射关系

D. 为所有外部 NAT 创建一个全局的地址池

E. 映射一个内部源地址到一个公共的外部全局地址

8. 在配置 NAT 时，工程师会使用 IP 访问控制列表定义可以执行 NAT 策略的内部源 IP 地址，并将这个访问控制列表与 NAT 地址池或外部接口关联。对于该访问控制列表的描述，以下正确的是（　　）。

A. 只能是标准的 IP 访问控制列表

B. 只能是扩展的 IP 访问控制列表

C. 可以使用标准和扩展的 IP 访问控制列表

D. 只能是用 1 个或多个 permit 语句组成的 IP 访问控制列表，不允许出现 deny 语句

9. 在配置完 NAPT 后，发现有些内网地址始终可以 PING 通外网，有些则始终 PING 不通，可能的原因是（　　）。

A. ACL 设置不正确　　B. NAT 的地址池只有一个地址

C. NAT 设备性能不足　　D. NAT 配置没有生效

10. 一台路由器上有两个 IP 地址，分别为 100.1.1.1/30 和 200.1.1.1/30，且都处于 up 状态。此时路由器配置如下：

```
Ruijie(config)#ip route 0.0.0.0 0.0.0.0 100.1.1.2
```

```
Ruijie(config)#ip route 0.0.0.0 0.0.0.0 200.1.1.2 10
```

请问路由表中会显示几条静态路由？（ ）

A. 只有一条下一跳为 100.1.1.2 的默认路由

B. 只有一条下一跳为 200.1.1.2 的默认路由

C. 两条都存在

D. 两条都不存在

11. 配置浮动路由修改的静态路由的（ ）参数。

A. 开销　B. 管理距离　C. 下一跳　D. 目标 IP

12. 相同目的的两条静态路由，只有管理距离小的加入路由表中。请问以上说法是否正确？（ ）

A. 正确　B. 错误　C. 不一定

13. 使用 ACL 过滤源 IP 地址为 172.16.1.0/24 网段的数据，ACL 该如何配置？

14. 使用 ACL 过滤源 IP 地址为 172.16.1.0/24 网段访问目的 IP 地址为 192.168.1.0/24 网段的数据，ACL 该如何配置？

15. 配置所有用户都能够上网，ACL 该如何配置？

项目 8

组建大型企业网络

大局观，通俗地说就是凡事要有长远考虑，以得与失的辩证关系原理看待问题，就是坚持到最后，努力获取最终的胜利，不因局部胜负而耽误全局胜负，不在乎一城一地的得失。

在组建大型企业网络时，由于网络规模大，网络设备数量多、用户数量多，因此网络规划的难度较大，且大多都会使用边界网关协议（border gateway protocol, BGP），再部署各种路由策略。组建大型企业网络具有复杂性，因此其规划、实施、后续的运维等阶段都需要有大局观。

项目目标

知识目标

- 理解 BGP 的应用背景。
- 掌握 BGP 的基本概念和工作原理。
- 掌握 BGP 的基本配置命令。
- 掌握 BGP 的常见属性。

技能目标

- 掌握 BGP 网络的设计与配置方法。
- 能通过 BGP 的常见属性控制选路。
- 能独立完成 BGP 网络的联调测试及常见故障处理。
- 掌握项目文档的编写方法。

素养目标

- 培养思维及行动上的大局观。

接收任务

任务导学

孝光公司坐落于广东省广州市，目前主要有行政部和业务部两个大部门。随着公司的不断发展壮大，为响应国家的“东数西算”工程，公司决定在韶关建立一个分公司，并能够保证总公司和分公司部门之间的网络互通，实现两地信息化办公。经考察分析，公司决定组建大型企业网络。

现阶段，广州的总公司有两条线路连接运营商，其中线路 1 的公网地址为 11.1.1.0/30 网关为 11.1.1.1；线路 2 的公网地址为 12.1.1.0/30，网关 12.1.1.1。而韶关分公司只有一条线路连接运营商，本地公网地址为 13.1.1.0/30，网关为 13.1.1.1。

公司安排工程师小王完成本项目。小王与客户沟通后了解到本项目的需求如下：

（1）只涉及总公司、分公司的出口设备，无须搭建公司内网。

（2）实现总公司、分公司间的互联互通。

（3）使用边界网关协议（BGP）。

（4）尽量减少 BGP 邻居数量。

（5）市场、售后两部门的内部通信在正常情况下各自使用一条线路。

想了解更多详情，请自行扫码观看视频。

项目8

前期知识回顾

在开始本项目前，小王需要回顾一下之前学习过的知识，请扫描下方的二维码观看相关知识讲解视频。

什么是 IP 协议？

视频8.0

项目知识学习

回顾学习过的知识后，要完成本项目，小王还需要学习新知识，为此，他向公司资深的罗工程师（下称罗工）请教后学到了以下知识。

1. 小王：罗工您好，请问什么是 BGP 协议？

罗工：BGP 是 border gateway protocol 的缩写，其中文名称为边界网关协议，是一种不同自治系统的路由设备之间进行通信的外部网关协议（exterior gateway protocol，EGP），其主要功能是在不同的自治系统（autonomous systems，AS）之间交换网络可达信息，并通过协议自身机制来消除路由环路。BGP 使用 TCP 协议作为传输协议，通过 TCP 协议的可靠传输机制保证 BGP 的传输可靠性。运行 BGP 协议的 Router 称为 BGP Speaker，建立了 BGP 会话连接（BGP Session）的 BGP Speakers 之间被称作对等体（BGP peer）。

BGP Speaker之间建立对等体的模式有两种：IBGP（Internal BGP）和EBGP（External BGP）。IBGP 是指在相同 AS 内建立的 BGP 连接；EBGP 是指在不同 AS 之间建立的 BGP 连接。二者的作用简而言之就是：EBGP 是完成不同 AS 之间路由信息的交换；IBGP 是完成路由信息在本 AS 内的传递。BGP 的工作场景如图 8-1 所示。

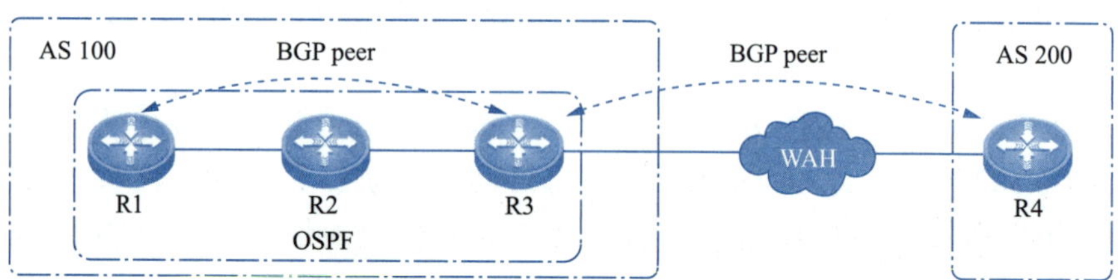

图 8-1　BGP 的工作场景

相较 IGP 协议，BGP 协议有以下优势：

（1）BGP 基于 TCP 工作（端口号 179），因此只要能够建立 TCP 连接就可以建立 BGP 邻居关系。

（2）BGP 能够承载上万条路由条目，而 IGP 仅能承载上千条路由条目。

（3）BGP 路由器只传递路由条目，不会暴露 AS 内的拓扑信息，因此更加安全。

（4）支持 MPLS/VPN 协议，用于传递客户 VPN 路由。

2. 小王：BGP 是如何工作的？

罗工：BGP 工作过程主要是指 BGP 对等体的建立、更新和删除等交互过程。这些过程主要使用了五种报文，经过六种状态。

五种报文包括：

（1）Open 报文：是 TCP 连接建立后发送的第一个报文，用于协商 BGP 对等体的各项参数，主要包括 BGP 版本（V4）、AS 号等信息，建立 BGP 对等体连接。

（2）Update 报文：主要用于在对等体之间交换路由信息。连接建立后，有路由需要发送或者路由变化时，发送 Update 通告对端可达或者撤销路由信息及路径属性。

（3）Notification 报文：主要用于中断 BGP 连接。当 BGP 在运行中发现错误时，发送 Notification 报文通告 BGP 对端，随后与之相关的邻居关系将被关闭。

（4）Keepalive 报文：主要用于保持 BGP 连接，起到保活作用，定时发送 Keepalive 报文以保持 BGP 对等体关系的有效性。

（5）Route-refresh 报文：主要用于在改变路由策略后软复位，相当于刷新重载。BGP 路由表请求对等体重新发送路由信息，只有支持路由刷新（Route-refresh）能力的 BGP 设备会发送和响应此报文。

接下来介绍 BGP 的六种状态。

（1）空闲（Idle）状态：是 BGP 初始状态。在 Idle 状态下，BGP 拒绝邻居发送的连接请求。只有在收到本设备的 Start 事件后，BGP 才开始尝试和其他 BGP 对等体进行 TCP 连接，并转至 Connect 状态。

（2）连接（Connect）状态：BGP 启动连接重传定时器（Connect Retry），等待 TCP 完成连接。具体来说，如果 TCP 连接成功，那么 BGP 向对等体发送 Open 报文，并转至 OpenSent 状态；如果 TCP 连接失败，那么 BGP 转至 Active 状态，反复尝试连接；如果连接重传定时器超时，BGP 仍没有收到 BGP 对等体的响应，那么 BGP 继续尝试和其他 BGP 对等体进行 TCP 连接，停留在 Connect 状态。

（3）活跃（Active）状态：在此状态下，BGP 总是在试图建立 TCP 连接。具体来说，如果 TCP 连接成功，那么 BGP 向对等体发送 Open 报文，关闭连接重传定时器，并转至 OpenSent 状态；如果 TCP 连接失败，那么 BGP 停留在 Active 状态；如果连接重传定时器超时，BGP 仍没有收到 BGP 对等体的响应，那么 BGP 转至 Connect 状态。

（4）Open 报文已发送（OpenSent）状态：在 OpenSent 状态下，BGP 等待对等体的 Open 报文，并对收到的 Open 报文中的 AS 号、版本号、认证码等进行检查。具体来说，如果收到的 Open 报文正确，那么 BGP 发送 Keepalive 报文，并转至 OpenConfirm 状态；如果发现收到的 Open 报文有错误，那么 BGP 发送 Notification 报文给对等体，并转至 Idle 状态。

（5）Open 报文已确认（OpenConfirm）状态：在 OpenConfirm 状态下，BGP 等待 Keepalive 或 Notification 报文。具体来说，如果收到 Keepalive 报文，则转至 Established 状态；如果收到 Notification 报文，则转至 Idle 状态。

（6）连接已建立（Established）状态：在 Established 状态下，BGP 可以和对等体交换 Update、Keepalive、Route-refresh 报文和 Notification 报文。具体来说，如果收到正确的 Update 或 keepalive 报文，那么 BGP 就认为对端处于正常运行状态，将保持 BGP 连接；如果收到错误的 Update 或 Keepalive 报文，那么 BGP 发送 Notification 报文通知对端，并转至 Idle 状态；如果收到 Notification 报文，那么 BGP 转至 Idle 状态；如果收到 TCP 拆链通知，那么 BGP 断开连接，转至 Idle 状态；Route-refresh 报文不会改变 BGP 状态。

在 BGP 对等体建立的过程中，通常可见的三个状态是：Idle、Active 和 Established。

3. 小王： BGP 主要有哪些常见属性？

罗工： BGP 属性分为公有强制、公有非强制、可选传递、可选非传递四类。下面介绍常见的属性。

（1）ORIGIN 属性：是公有强制属性，标识此条路由的起始位置。分为三种，IGP，EGP 和 incomplete。在 BGP 选路的时候，IGP>EGP>INCOMPLETE。

（2）AS_PATH 属性：是公有强制属性。此属性标识一条路由所经过的所有 AS 号，在 BGP 选路的时候，优先选取 AS_PATH 短的那个。

（3）NEXT-HOP 属性：是公有强制属性。这个属性就是路由的下一跳。需要注意的是，只有这条路由传输跨越 AS 的时候才会修改路由的下一跳，所以可能造成一些 IBGP 因为下一跳不可达问题造成路由不优。此时采用 Next-Hop-Self 来修复这个问题。

（4）Local Preference 属性：是公有非强制属性。这个属性只在 IBGP 内部传输，主要用来做策略。当 IBGP 收到多条路由的时候，优先选择 Local Preference 值大的那个。默认值是 100。

（5）MED（MULTI-EXIT-DISC）属性：是可选非传递属性。相当于 metric，值越低越好。这个是在 EBGP 之间传输的，主要用来告诉自己的 EBGP 邻居自己想要哪条路进来。也就是说，用来控制 EBGP 邻居选路。默认是 0。这个属性可以传递给 EBGP 邻居，但是只能传一跳，也就是说只能影响自己的直连邻居。

（6）Community 属性：是可选传递属性，主要用来做策略，标记从一台路由器出来的一组路由。

4. 小王： 什么是 BGP 路由反射器？

罗工： 路由反射器是一种减少自治系统内 IBGP 对等体连接数量的方法。

想了解更多详情，请自行扫码观看知识讲解视频。

视频8.1

视频8.2

视频8.3

根据 BGP 路由通告原则，要求一个 AS 内的所有 BGP Speaker 建立全连接关系（BGP Speaker 两两建立邻接关系）。当 AS 内的 BGP Speaker 数量过多，将增加 BGP Speaker 的资源开销，同时也给网络管理员增加了配置任务的工作量和复杂度，降低了网络的扩展性能。

将一台 BGP Speaker 设置为路由反射器，其将本自治系统内的 IBGP 对等体分为两类：客户端和非客户端。在 AS 内实现路由反射器，其规则如下：

BGP 选择最优路径的规则：配置路由反射器，并指定其客户端。路由反射器和其客户端形成一个群。路由反射器和客户端之间将建立连接关系。

一个群内路由反射器的客户端不应同群外的其他 BGP Speakers 建立连接关系。

在 AS 内，非客户端的 IBGP 对等体之间建立完全连接关系。这里的非客户端的 IBGP 对等体包括以下几种情况：一个群内的多个路由反射器之间；群内的路由反射器和群外不参与路由反射器功能的 BGP Speaker（通常这些 BGP Speaker 不支持路由反射器功能）；群内的路由反射器和其他群的路由反射器之间。

路由反射器接收到一条路由的处理规则如下：

（1）从 EBGP Speaker 接收到的路由更新，将发送给所有的客户端和非客户端。

（2）从客户端接收到的路由更新，将发送其他客户端和所有非客户端。

（3）从 IBGP 非客户端接收到的路由更新，将发送给其所有客户端。

任务 1　组建大型企业网络需求分析

所谓需求分析，就是为本项目的每个需求逐一找到对应的实现方法。

工作过程 1：逐步分析项目需求

通过前期的学习，可知本项目的网络拓扑为双核心网络。接下来根据上述项目需求逐条进行分析，过程如下：

需求如下：

（1）只涉及总公司、分公司的出口设备，无须搭建公司内网。

（2）实现总公司、分公司间的互联互通。

（3）使用边界网关协议（BGP）。

实现方法如下：

➢ 配置设备基本信息，包括主机名、端口描述等。

➢ 配置设备 IP 及 VLAN 信息（含 SVI）。

➢ 配置 BGP 邻居。

➢ 发布 BGP 路由。

需求如下：

（4）尽量减少 BGP 邻居数量。

实现方法如下：

➢ 配置 BGP 路由反射器。

需求如下：

（5）市场、售后两部门的内部通信在正常情况下各自使用一条线路。

实现方法如下：

➢ 通过修改 BGP 属性（MED 和本地优先级），控制选路。

工作过程 2：确定项目实施的具体步骤

将以上需求分析进行整合，可知项目实施步骤如下：

（1）配置设备基本信息，包括主机名、端口描述等。

（2）配置设备 IP 信息。

（3）配置 BGP 邻居及路由反射器。

（4）发布 BGP 路由。

（5）通过修改 BGP 属性（MED 和本地优先级），控制选路。

配置完成后，还需进行项目联调与测试。

想了解更多详情，请自行扫码观看知识讲解视频。

视频8.4

任务 2　组建大型企业网络规划设计

本项目规划需要完成以下工作：

➢ 规划设备清单。

➢ 规划网络拓扑。

➢ 规划设备主机名。

➢ 规划 IP 地址。

➢ 规划设备互联接口。

下面将按照这个步骤，为本项目进行规划。

工作过程 1：规划设备清单

本项目设备清单见表 8-1。

表 8-1　设备清单

序号	类型	设备	厂商	型号	数量	备注
1	硬件	三层接入交换机	锐捷	RG-5310-24GT4XS	3 台	运营商设备
2	硬件	路由器	锐捷	RG-RSR20-X	2 台	总分公司出口路由器
3	硬件	双绞线	—	—	若干米	—
4	硬件	计算机	—	—	4 台	配置设备及测试用
5	软件	SecureCRT	—	6.5 版本及以上	1 套	配置设备用

工作过程 2：规划网络拓扑

该项目的网络拓扑图如图 8-2 所示。

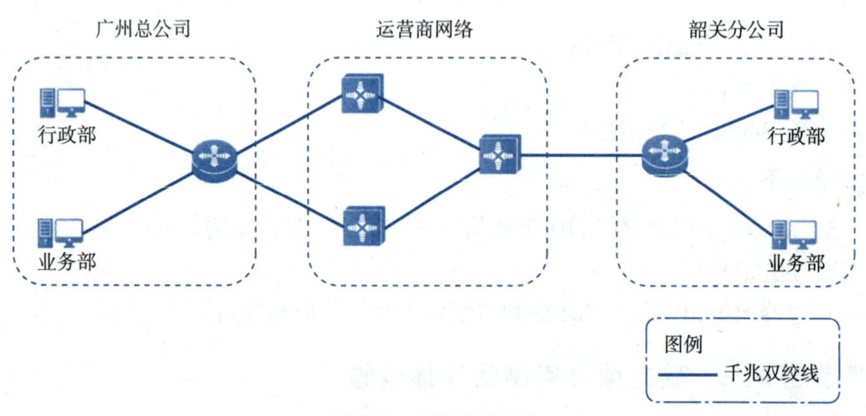

图 8-2　网络拓扑图

工作过程 3：规划设备主机名

设备名称用于标识一台设备的名字，在实际应用过程中可以根据需求进行命名。项目中合理地对设备进行命名，可以便于对设备进行维护和管理。该项目中网络设备命名规范为：AA-BB-CC。其中：

➤ AA：表示设备的物理位置。GZ 为广州总公司，SG 为韶关分公司，ISP 为运营商。
➤ BB：表示设备型号，具体可参见设备清单。
➤ CC：表示设备序号，如 01、02 等。

表 8-2 为本项目所有设备命名。

表 8-2　设备主机名表

序号	设备主机名	说明
1	GZ-RSR20-01	广州总公司出口 RSR20
2	ISP-S5310-01	运营商设备 1
3	ISP-S5310-02	运营商设备 2
4	ISP-S5310-03	运营商设备 3
5	SG-RSR20-01	韶关分公司出口 RSR20

工作过程 4：规划 IP 地址

广州总公司和韶关分公司各有行政部和业务部两个部门，因此需要规划四个业务网段。同时还要规划三层设备之间接口的互联地址，并且还要为运营商三台设备配置 Loopback 地址。

综上所述，本项目中 IP 地址详细规划见表 8-3 至表 8-5。

表 8-3　用户业务 IP 地址规划表

序号	区域	IP 地址	掩码	网关
1	广州总公司行政部	172.16.10.0	255.255.255.0	172.16.10.254
2	广州总公司业务部	172.16.20.0	255.255.255.0	172.16.20.254
3	韶关分公司行政部	172.17.10.0	255.255.255.0	172.17.10.254
4	韶关分公司业务部	172.17.20.0	255.255.255.0	172.17.20.254

表 8-4 设备互联 IP 地址规划表

序号	本端设备名称	本端 IP 地址	对端设备名称	对端 IP 地址
1	GZ-RSR20-01	11.1.1.2/30	ISP-S5310-01	11.1.1.1/30
2	GZ-RSR20-01	12.1.1.2/30	ISP-S5310-02	12.1.1.1/30
3	ISP-S5310-01	13.1.1.1/30	ISP-S5310-03	13.1.1.2/30
4	ISP-S5310-02	14.1.1.1/30	ISP-S5310-03	14.1.1.2/30
5	ISP-S5310-03	15.1.1.1/30	SG-RSR20-01	15.1.1.2/30

表 8-5　设备 Loopback 0 地址规划表

序号	设备名称	本端 IP 地址
1	ISP-S5310-01	1.1.1.1/32
2	ISP-S5310-02	2.2.2.2/32
3	ISP-S5310-03	3.3.3.3/32

工作过程 5：规划设备互联接口

该项目中，网络设备之间的互联接口规划的规范为：Con_To_ 对端设备名称 _ 对端接口名，具体规划见表 8-6。

表 8-6　设备互联接口规划表

本端设备	接口	接口描述	对端设备	接口	接口描述
GZ-RSR20-01	Gi0/0	Con_To_ISP-S5310-01_Gi0/1	ISP-S5310-01	Gi0/1	Con_To_GZ-RSR20-01_Gi0/0
	Gi0/1	Con_To_ISP-S5310-02_Gi0/1	ISP-S5310-02	Gi0/1	Con_To_GZ-RSR20-01_Gi0/1
	Gi0/2	—	行政部	—	—
	Gi0/3	—	业务部	—	—
ISP-S5310-03	Gi0/1	Con_To_ISP-S5310-01_Gi0/2	ISP-S5310-01	Gi0/2	Con_To_ISP-S5310-03_Gi0/1
	Gi0/2	Con_To_ISP-S5310-02_Gi0/2	ISP-S5310-02	Gi0/2	Con_To_ISP-S5310-03_Gi0/2
	Gi0/3	Con_To_SG-RSR20-01_Gi0/0	SG-RSR20-01	Gi0/0	Con_To_ISP-S5310-03_Gi0/3
SG-RSR20-01	Gi0/2	—	行政部	—	—
	Gi0/3	—	业务部	—	—

为了方便接下来的项目实施，在图 8-2 所示网络拓扑图的基础上进行细化，将主机名称、IP 地址、VLAN、接口编号等信息标注在网络拓扑图中，得到该项目详细的网络拓扑图，如图 8-3 所示。

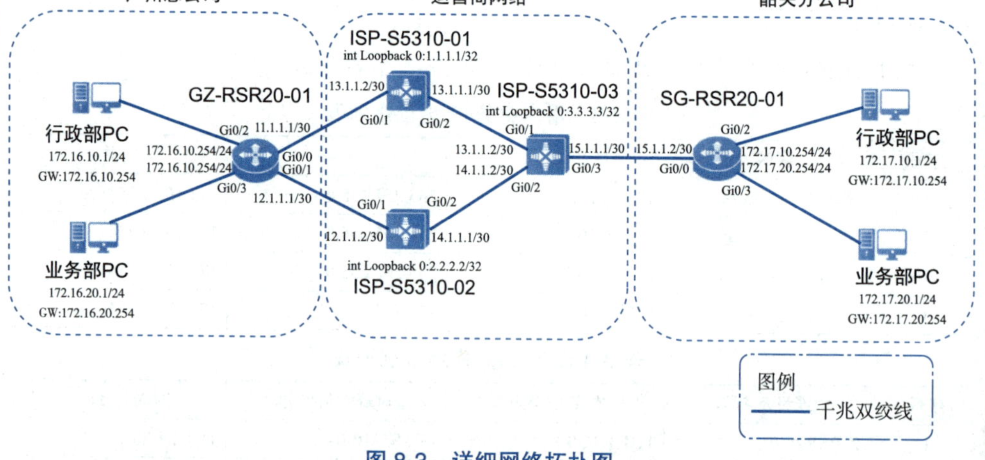

图 8-3　详细网络拓扑图

想了解更多详情，请自行扫码观看知识讲解视频。

视频8.5

任务 3　组建大型企业网络项目实施

工作过程 1：按照拓扑连接设备

1. 任务目标

按照图 8-3 所示详细网络拓扑图，用双绞线连接本项目的设备。

2. 具体操作

这里的操作是物理连接，按照表 8-6 所示设备互联接口规划表进行连线。

工作过程 2：配置设备基本信息

1. 任务目标

在开始功能性配置之前，先完成前期规划表中涉及的所有网络设备的基本配置，包括主机名、端口描述等。

2. 具体操作

➢ GZ-RSR20-01 的配置如下：

```
Ruijie>enable                                              //进特权模式
Ruijie#configure terminal                                  //进全局模式
Ruijie(config)#hostname GZ-RSR20-01                        //配置主机名
GZ-RSR20-01(config)#interface gigabitethernet 0/0          //进入接口
GZ-RSR20-01(config-if-GigabitEthernet 0/0)#description Con_To_ISP-S5310-01_Gi0/1    //接口描述
GZ-RSR20-01(config-if-GigabitEthernet 0/0)#interface gigabitethernet 0/1            //进入接口
GZ-RSR20-01(config-if-GigabitEthernet 0/1)#description Con_To_ISP-S5310-02_Gi0/1    //接口描述
GZ-RSR20-01(config-if-GigabitEthernet 0/1)#exit            //进全局模式
```

➢ ISP-S5310-01 的配置如下：

```
Ruijie>enable                                              //进特权模式
Ruijie#configure terminal                                  //进全局模式
Ruijie(config)#hostname ISP-S5310-01                       //配置主机名
ISP-S5310-01(config)#interface gigabitethernet 0/1         //进入接口
ISP-S5310-01(config-if-GigabitEthernet 0/1)#description Con_To_GZ-RSR20-01_Gi0/0    //接口描述
ISP-S5310-01(config-if-GigabitEthernet 0/1)#interface gigabitethernet 0/2           //进入接口
ISP-S5310-01(config-if-GigabitEthernet 0/2)#description Con_To_ISP-S5310-03_Gi0/1   //接口描述
ISP-S5310-01(config-if-GigabitEthernet 0/2)#exit           //进全局模式
```

➢ ISP-S5310-02 的配置如下：

```
Ruijie>enable                                              //进特权模式
Ruijie#configure terminal                                  //进全局模式
Ruijie(config)#hostname ISP-S5310-02                       //配置主机名
ISP-S5310-02(config)#interface gigabitethernet 0/1         //进入接口
ISP-S5310-02(config-if-GigabitEthernet 0/1)#description Con_To_GZ-RSR20-01_Gi0/1    //接口描述
ISP-S5310-02(config-if-GigabitEthernet 0/1)#interface gigabitethernet 0/2           //进入接口
```

```
    ISP-S5310-02(config-if-GigabitEthernet 0/2)#description Con_To_
ISP-S5310-03_Gi0/2                                              //接口描述
    ISP-S5310-02(config-if-GigabitEthernet 0/2)#exit   //进全局模式
```

➢ ISP-S5310-03 的配置如下：

```
    Ruijie>enable                                      //进特权模式
    Ruijie#configure terminal                          //进全局模式
    Ruijie(config)#hostname ISP-S5310-03               //配置主机名
    ISP-S5310-03(config)#interface gigabitethernet 0/1   //进入接口
    ISP-S5310-03(config-if-GigabitEthernet 0/1)#description Con_To_
ISP-S5310-01_Gi0/2                                     //接口描述
    ISP-S5310-03(config-if-GigabitEthernet 0/1)#interface
gigabitethernet 0/2                                    //进入接口
    ISP-S5310-03(config-if-GigabitEthernet 0/2)#description Con_To_
ISP-S5310-02_Gi0/2                                     //接口描述
    ISP-S5310-03(config-if-GigabitEthernet 0/2)#interface
gigabitethernet 0/3                                    //进入接口
    ISP-S5310-03(config-if-GigabitEthernet 0/3)#description Con_To_
ISP-S5310-03_Gi0/1                                     //接口描述
    ISP-S5310-03(config-if-GigabitEthernet 0/3)#exit   //进全局模式
```

➢ SG-RSR20-01 的配置如下：

```
    Ruijie>enable                                      //进特权模式
    Ruijie#configure terminal                          //进全局模式
    Ruijie(config)#hostname SG-RSR20-01                //配置主机名
    SG-RSR20-01(config)#interface gigabitethernet 0/0  //进入接口
    SG-RSR20-01(config-if-GigabitEthernet 0/0)#description Con_To_
ISP-S5310-03_Gi0/3                                     //接口描述
    SG-RSR20-01(config-if-GigabitEthernet 0/0)#exit    //进全局模式
```

工作过程 3：配置设备 IP 地址

1. 任务目标

在交换机及路由器接口上配置 IP 地址。

2. 具体操作

➢ GZ-RSR20-01 的配置如下：

```
    GZ-RSR20-01(config)#interface gigabitethernet 0/0  //进入接口
    GZ-RSR20-01(config-if-GigabitEthernet 0/0)#ip address 11.1.1.2
255.255.255.252                                        //配置IP
    GZ-RSR20-01(config-if-GigabitEthernet 0/0)#interface
gigabitethernet 0/1                                    //进入接口
    GZ-RSR20-01(config-if-GigabitEthernet 0/1)#ip address 12.1.1.2
255.255.255.252                                        //配置IP
```

```
GZ-RSR20-01(config-if-GigabitEthernet 0/1)#interface
gigabitethernet 0/2                                   //进入接口
GZ-RSR20-01(config-if-GigabitEthernet 0/2)#ip address
172.16.10.254 255.255.255.0                           //配置IP
GZ-RSR20-01(config-if-GigabitEthernet 0/2)#interface
gigabitethernet 0/3                                   //进入接口
GZ-RSR20-01(config-if-GigabitEthernet 0/3)#ip address
172.16.20.254 255.255.255.0                           //配置IP
GZ-RSR20-01(config-if-GigabitEthernet 0/3)#exit       //退出
```

➢ ISP-S5310-01 的配置如下：

```
ISP-S5310-01(config)#interface gigabitethernet 0/1 //进入接口
ISP-S5310-01(config-if-GigabitEthernet 0/1)#no switchport
                                                      //设路由口
ISP-S5310-01(config-if-GigabitEthernet 0/1)#ip address 11.1.1.1
255.255.255.252                                       //配置IP
ISP-S5310-01(config-if-GigabitEthernet 0/1)#interface
gigabitethernet 0/2                                   //进入接口
ISP-S5310-01(config-if-GigabitEthernet 0/2)#no switchport
                                                      //设路由口
ISP-S5310-01(config-if-GigabitEthernet 0/2)#ip address 13.1.1.1
255.255.255.252                                       //配置IP
ISP-S5310-01(config-if-GigabitEthernet 0/2)#interface Loopback 0
                                                      //进入接口
ISP-S5310-01(config-if-LoopBack 0)#ip address 1.1.1.1
255.255.255.255                                       //配置IP
ISP-S5310-01(config-if-LoopBack 0)#exit               //退出
```

➢ ISP-S5310-02 的配置如下：

```
ISP-S5310-02(config)#interface gigabitethernet 0/1 //进入接口
ISP-S5310-02(config-if-GigabitEthernet 0/1)#no switchport
                                                      //设路由口
ISP-S5310-02(config-if-GigabitEthernet 0/1)#ip address 12.1.1.1
255.255.255.252                                       //配置IP
ISP-S5310-02(config-if-GigabitEthernet 0/1)#interface
gigabitethernet 0/2                                   //进入接口
ISP-S5310-02(config-if-GigabitEthernet 0/2)#no switchport
                                                      //设路由口
ISP-S5310-02(config-if-GigabitEthernet 0/2)#ip address 14.1.1.1
255.255.255.252                                       //配置IP
ISP-S5310-02(config-if-GigabitEthernet 0/2)#interface Loopback 0
                                                      //进入接口
ISP-S5310-02(config-if-Loopback 0)#ip address 2.2.2.2
255.255.255.255                                       //配置IP
```

```
ISP-S5310-02(config-if-Loopback 0)#exit                    //退出
```

➢ ISP-S5310-03 的配置如下：

```
ISP-S5310-03(config)#interface gigabitethernet 0/1 //进入接口
ISP-S5310-03(config-if-GigabitEthernet 0/1)#no switchport
                                                           //设路由口
ISP-S5310-03(config-if-GigabitEthernet 0/1)#ip address 13.1.1.2
255.255.255.252                                            //配置IP
ISP-S5310-03(config-if-GigabitEthernet 0/1)#interface
gigabitethernet 0/2                                        //进入接口
ISP-S5310-03(config-if-GigabitEthernet 0/2)#no switchport
                                                           //设路由口
ISP-S5310-03(config-if-GigabitEthernet 0/2)#ip address 14.1.1.2
255.255.255.252                                            //配置IP
ISP-S5310-03(config-if-GigabitEthernet 0/2)#interface
gigabitethernet 0/3                                        //进入接口
ISP-S5310-03(config-if-GigabitEthernet 0/3)#no switchport
                                                           //设路由口
ISP-S5310-03(config-if-GigabitEthernet 0/3)#ip address 15.1.1.1
255.255.255.252                                            //配置IP
ISP-S5310-03(config-if-GigabitEthernet 0/3)#interface Loopback 0
                                                           //进入接口
ISP-S5310-03(config-if-LoopBack 0)#ip address 3.3.3.3
255.255.255.255                                            //配置IP
ISP-S5310-03(config-if-LoopBack 0)#exit                    //退出
```

➢ SG-RSR20-01 的配置如下：

```
SG-RSR20-01(config)#interface gigabitethernet 0/0 //进入接口
SG-RSR20-01(config-if-GigabitEthernet 0/0)#ip address 15.1.1.2
255.255.255.252                                            //配置IP
SG-RSR20-01(config-if-GigabitEthernet 0/1)#interface
gigabitethernet 0/2                                        //进入接口
SG-RSR20-01(config-if-GigabitEthernet 0/2)#ip address
172.17.10.254 255.255.255.0                                //配置IP
SG-RSR20-01(config-if-GigabitEthernet 0/2)#interface
gigabitethernet 0/3                                        //进入接口
SG-RSR20-01(config-if-GigabitEthernet 0/3)#ip address
172.17.20.254 255.255.255.0                                //配置IP
SG-RSR20-01(config-if-GigabitEthernet 0/3)#exit   //退出
```

工作过程 4：配置 BGP 邻居及路由反射器

1. 任务目标

在交换机及路由器上配置 BGP 邻居及路由反射器。

2. 具体操作

（1）配置广州总公司设备与 ISP 之间的 EBGP 邻居。

➢ GZ-RSR20-01 的配置如下：

```
GZ-RSR20-01(config)#router bgp 100                   //进入BGP100
GZ-RSR20-01(config-router)#neighbor 11.1.1.1 remote-as 200
                                                     //配置EBGP邻居及AS号
GZ-RSR20-01(config-router)#neighbor 12.1.1.1 remote-as 200
                                                     //配置EBGP邻居及AS号
GZ-RSR20-01(config-router)#exit                      //进全局模式
```

➢ ISP-S5310-01 的配置如下：

```
ISP-S5310-01(config)#router bgp 200                  //进入BGP200
ISP-S5310-01(config-router)#neighbor 11.1.1.2 remote-as 100
                                                     //配置EBGP邻居及AS号
ISP-S5310-01(config-router)#exit                     //进全局模式
```

➢ ISP-S5310-02 的配置如下：

```
ISP-S5310-02(config)#router bgp 200                  //进入BGP200
ISP-S5310-02(config-router)#neighbor 12.1.1.2 remote-as 100
                                                     //配置EBGP邻居及AS号
ISP-S5310-02(config-router)#exit                     //进全局模式
```

（2）配置韶关分公司设备与 ISP 之间的 EBGP 邻居。

➢ ISP-S5310-03 的配置如下：

```
ISP-S5310-03(config)#router bgp 200                  //进入BGP200
ISP-S5310-03(config-router)#neighbor 13.1.1.2 remote-as 300
                                                     //配置EBGP邻居及AS号
ISP-S5310-03(config-router)#exit                     //进全局模式
```

➢ SG-RSR20-01 的配置如下：

```
SG-RSR20-01(config)#router bgp 300                   //进入BGP500
SG-RSR20-01(config-router)#neighbor 13.1.1.1 remote-as 200
                                                     //配置EBGP邻居及AS号
SG-RSR20-01(config-router)#exit                      //进全局模式
```

（3）ISP 内部建立 IBGP 邻居，将 ISP-S5310-03 配置为发射器。

➢ ISP-S5310-01 的配置如下：

```
ISP-S5310-01(config)#router ospf 1                   //进入OSPF
ISP-S5310-01(config-router)#network 13.1.1.0 0.0.0.3 area 0
                                                     //发布接口
ISP-S5310-01(config-router)#network 1.1.1.1 0.0.0.0 area 0
                                                     //发布接口
ISP-S5310-01(config-router)#exit                     //进全局模式
```

```
ISP-S5310-01(config)#router bgp 200                 //进入BGP200
ISP-S5310-01(config-router)#neighbor 3.3.3.3 remote-as 200
                                                    //配置IBGP邻居
ISP-S5310-01(config-router)#neighbor 3.3.3.3 update-source Loopback0
                                                    //设置建邻居接口
ISP-S5310-01(config-router)#exit                    //进全局模式
```

➢ ISP-S5310-02 的配置如下：

```
ISP-S5310-02(config)#router ospf 1                  //进入OSPF
ISP-S5310-02(config-router)#network 14.1.1.0 0.0.0.3 area 0
                                                    //发布接口
ISP-S5310-02(config-router)#network 2.2.2.2 0.0.0.0 area 0
                                                    //发布接口
ISP-S5310-02(config-router)#exit                    //进全局模式
ISP-S5310-02(config)#router bgp 200                 //进入BGP200
ISP-S5310-02(config-router)#neighbor 3.3.3.3 remote-as 200
                                                    //配置IBGP邻居
ISP-S5310-02(config-router)#neighbor 3.3.3.3 update-source Loopback0
                                                    //设置建邻居接口
ISP-S5310-02(config-router)#exit                    //进全局模式
```

➢ ISP-S5310-03 的配置如下：

```
ISP-S5310-03(config)#router ospf 1                  //进入OSPF
ISP-S5310-03(config-router)#network 13.1.1.0 0.0.0.3 area 0
                                                    //发布接口
ISP-S5310-03(config-router)#network 14.1.1.0 0.0.0.3 area 0
                                                    //发布接口
ISP-S5310-03(config-router)#network 3.3.3.3 0.0.0.0 area 0
                                                    //发布接口
ISP-S5310-03(config-router)#exit                    //进全局模式
ISP-S5310-03(config)#router bgp 200                 //进入BGP200
ISP-S5310-03(config-router)#neighbor 1.1.1.1 remote-as 200
                                                    //配置IBGP邻居
ISP-S5310-03(config-router)#neighbor 1.1.1.1 update-source Loopback0
                                                    //设置建邻居接口
ISP-S5310-03(config-router)#neighbor 1.1.1.1 route-reflector-client
                                                    //配置路由反射器
ISP-S5310-03(config-router)#neighbor 2.2.2.2 remote-as 200
                                                    //配置IBGP邻居
ISP-S5310-03(config-router)#neighbor 2.2.2.2 update-source Loopback0
                                                    //设置建邻居接口
ISP-S5310-03(config-router)#neighbor 2.2.2.2 route-reflector-client
                                                    //配置路由反射器
ISP-S5310-03(config-router)#exit                    //进全局模式
```

工作过程 5：配置 BGP 路由

1. 任务目标

将广州总公司和韶关分公司的各部门网段及互联地址通过 BGP 发布。

2. 具体操作

（1）在广州总公司通过 network 发布业务网段和互联网段。

➢ GZ-RSR20-01 的配置如下：

```
GZ-RSR20-01(config)#router bgp 100                //进入BGP100
GZ-RSR20-01(config-router)#network 172.16.10.0 mask 255.255.255.0
                                                  //通告网段
GZ-RSR20-01(config-router)#network 172.16.20.0 mask 255.255.255.0
                                                  //通告网段
GZ-RSR20-01(config-router)#network 11.1.1.0 mask 255.255.255.252
                                                  //通告网段
GZ-RSR20-01(config-router)#network 12.1.1.0 mask 255.255.255.252
                                                  //通告网段
GZ-RSR20-01(config-router)#exit                   //进全局模式
```

➢ SP-S5310-01 的配置如下：

```
ISP-S5310-01(config)#router bgp 200               //进入BGP200
ISP-S5310-01(config-router)#neighbor 3.3.3.3 next-hop-self
                                                  //路由的下一跳指向自己
ISP-S5310-01(config-router)#exit                  //进全局模式
```

➢ ISP-S5310-02 的配置如下：

```
ISP-S5310-02(config)#router bgp 200               //进入BGP200
ISP-S5310-02(config-router)#neighbor 3.3.3.3 next-hop-self
                                                  //路由的下一跳指向自己
ISP-S5310-02(config-router)#exit                  //进全局模式
```

（2）在韶关分公司重发布业务网段和互联网段。

➢ SG-RSR20-01 的配置如下：

```
SG-RSR20-01(config)#router bgp300                 //进入BGP300
SG-RSR20-01(config-router)#redistribute connected //重分发直连路由
SG-RSR20-01(config-router)#exit                   //进全局模式
```

➢ ISP-S5310-03 的配置如下：

```
ISP-S5310-03(config)#router bgp 200               //进入BGP200
ISP-S5310-03(config-router)# redistribute connected
                                                  //发布直连路由
ISP-S5310-03(config-router)#neighbor 1.1.1.1 next-hop-self
                                                  //路由下一跳指向自己
```

```
ISP-S5310-03(config-router)#neighbor 2.2.2.2 next-hop-self
                                          //路由下一跳指向自己
ISP-S5310-03(config-router)#exit          //进全局模式
```

工作过程6：通过修改BGP属性，控制选路

1. 任务目标

通过修改MED和本地优先级等BGP属性，控制选路。

2. 具体操作

（1）修改MED属性。

➢ GZ-RSR20-01的配置如下：

```
GZ-RSR20-01(config)#access-list 1 permit 172.17.10.0 0.0.0.255
                                                     //配置ACL
GZ-RSR20-01(config)#route-map XingZheng permit 10 //配置路由策略
GZ-RSR20-01(config-route-map)#match ip address 1  //匹配ACL
GZ-RSR20-01(config-route-map)#set metric 300      //设置开销为300
GZ-RSR20-01(config-route-map)#exit                //进全局模式
GZ-RSR20-01(config)#route-map XingZheng permit 20 //允许所有
GZ-RSR20-01(config-route-map)#exit                //进全局模式
GZ-RSR20-01(config)#router bgp 100                //进入BGP100
GZ-RSR20-01(config-router)#neighbor 12.1.1.1 route-map XingZheng in
                                                  //调用策略
GZ-RSR20-01(config)#access-list 2 permit 172.17.20.0 0.0.0.255
                                                  //配置ACL策略
GZ-RSR20-01(config)#route-map YeWu permit 10      //配置路由策略
GZ-RSR20-01(config-route-map)#match ip address 2  //匹配ACL
GZ-RSR20-01(config-route-map)#set metric 200      //设置开销为200
GZ-RSR20-01(config-route-map)#exit                //进全局模式
GZ-RSR20-01(config)#route-map YeWu permit 20      //允许所有
GZ-RSR20-01(config-route-map)#exit                //进全局模式
GZ-RSR20-01(config)#router bgp 100                //进入BGP100
GZ-RSR20-01(config-router)#neighbor 11.1.1.1 route-map YeWu in
                                                  //调用策略
GZ-RSR20-01(config-router)#exit                   //进全局模式
```

（2）修改本地优先级属性。

➢ ISP-S5310-03的配置如下：

```
ISP-S5310-03(config)#access-list 2 permit 172.16.20.0 0.0.0.255
                                                  //配置ACL
ISP-S5310-03(config)#route-map YeWu permit 10     //配置路由策略
ISP-S5310-03(config-route-map)#match ip address 2 //配置ACL
ISP-S5310-03(config-route-map)#set local-preference 300
```

```
                                                     //设置本地优先级
ISP-S5310-03(config-route-map)#exit                  //进全局模式
ISP-S5310-03(config)#route-map YeWu permit 20        //允许所有
ISP-S5310-03(config-route-map)#exit                  //进全局模式
ISP-S5310-03(config)#router bgp 200                  //进入BGP200视图
ISP-S5310-03(config-router)#neighbor 2.2.2.2 route-map YeWu in
                                                     //调用策略
ISP-S5310-03(config)#access-list 1 permit 172.16.10.0 0.0.0.255
                                                     //配置ACL
ISP-S5310-03(config)#route-map XingZheng permit 10 //配置路由策略
ISP-S5310-03(config-route-map)#match ip address 1 //匹配ACL 1
ISP-S5310-03(config-route-map)#set local-preference 200
                                                     //设置本地优先级
ISP-S5310-03(config-route-map)#exit                  //进全局模式
ISP-S5310-03(config)#route-map XingZheng permit 20  //允许所有
ISP-S5310-03(config-route-map)#exit                  //进全局模式
ISP-S5310-03(config)#router bgp 200                  //进入BGP200视图
ISP-S5310-03(config-router)#neighbor 1.1.1.1 route-map XingZheng in
                                                     //调用策略
ISP-S5310-03(config-router)#exit                     //进全局模式
```

任务 4　组建大型企业网络联调测试

项目实施完成后，需要对网络的运行状态进行测试。本次测试包括两个方面：基本连通性和数据传输路径。

工作过程 1：测试基本连通性

1. 任务目标

将两部门的 PC 接入网络，并配置相应 IP 地址，测试总分公司间是否能 PING 通。

2. 具体操作

将广州总公司行政部用户 IP 设置为 172.16.10.1/24，网关为 172.16.10.254。业务部用户 IP 设置为 172.16.20.1/24，网关为 172.16.20.254。韶关分公司行政部用户 IP 设置为 172.17.10.1/24，网关为 172.17.10.254。业务部用户 IP 设置为 172.17.20.1/24，网关为 172.17.20.254。

广州总公司行政部 PC PING 韶关分公司行政部 PC，可以 PING 通，如图 8-4 所示。

广州总公司业务部 PC PING 韶关分公司业务部 PC，可以 PING 通，如图 8-5 所示。

```
C:\Users\xiquw>ping 172.17.10.1

正在 Ping 172.17.10.1 具有 32 字节的数据:
来自 172.17.10.1 的回复: 字节=32 时间=2ms TTL=64
来自 172.17.10.1 的回复: 字节=32 时间=4ms TTL=64
来自 172.17.10.1 的回复: 字节=32 时间=1ms TTL=64
来自 172.17.10.1 的回复: 字节=32 时间=3ms TTL=64

172.17.10.1 的 Ping 统计信息:
    数据包: 已发送 = 4, 已接收 = 4, 丢失 = 0 (0% 丢失),
往返行程的估计时间(以毫秒为单位):
    最短 = 1ms, 最长 = 4ms, 平均 = 2ms
```

图 8-4　总公司与分公司行政部可以正常通信

```
C:\Users\xiquw>ping 172.17.20.1

正在 Ping 172.17.20.1 具有 32 字节的数据:
来自 172.17.20.1 的回复: 字节=32 时间=2ms TTL=64
来自 172.17.20.1 的回复: 字节=32 时间=1ms TTL=64
来自 172.17.20.1 的回复: 字节=32 时间=5ms TTL=64
来自 172.17.20.1 的回复: 字节=32 时间=1ms TTL=64

172.17.20.1 的 Ping 统计信息:
    数据包: 已发送 = 4, 已接收 = 4, 丢失 = 0 (0% 丢失),
往返行程的估计时间(以毫秒为单位):
    最短 = 1ms, 最长 = 5ms, 平均 = 2ms
```

图 8-5　总公司与分公司业务部可以正常通信

工作过程 2：测试数据传输路径

1. 任务目标

测试总分公司之间的两个部门通信时，通信路径是否符合需求。

2. 具体操作

（1）在总公司行政部 PC 上，通过 TRACERT 追踪到韶关分公司行政部 PC 的路径。如图 8-6 所示，行政部通信符合需求。

（2）在总公司业务部 PC 上，通过 TRACERT 追踪到韶关分公司业务部 PC 的路径。如图 8-7 所示，业务部通信符合需求。

```
C:\Users\xiquw>tracert -d 172.17.10.1

通过最多 30 个跃点跟踪到 172.17.10.1 的路由

  1     1 ms     1 ms     1 ms  172.16.10.254
  2     3 ms     2 ms     2 ms  11.1.1.1
  3     6 ms     6 ms     6 ms  13.1.1.2
  4     6 ms     5 ms     5 ms  15.1.1.2
  5     5 ms     3 ms     4 ms  172.16.10.1

跟踪完成。
```

图 8-6　行政部通信符合需求

```
C:\Users\xiquw>tracert -d 172.17.20.1

通过最多 30 个跃点跟踪到 172.17.10.1 的路由

  1     1 ms     2 ms     1 ms  172.16.20.254
  2     2 ms     3 ms     1 ms  12.1.1.1
  3     3 ms     5 ms     4 ms  14.1.1.2
  4     5 ms     5 ms     6 ms  15.1.1.2
  5     7 ms     6 ms     6 ms  172.16.20.1

跟踪完成。
```

图 8-7　业务部通信符合需求

想了解更多详情，请自行扫码观看知识讲解视频。

视频8.6

需要说明的是，由于篇幅有限，本次未展示路由表相关信息，有兴趣的同学可自行查看。

至此，本项目圆满完成。

单元测试

1. BGP 属于（　　）。

A. IGP 协议　　B. EGP 协议　　C. 都属于　　D. 都不属于

2. BGP 可分为 EBGP 和（　　）。

A. IGP　　B. EGP　　C. IBGP　　D. BGP

3. 工作在相同 AS 内的 BGP 称为（　　）。

A. IBGP　　B. EBGP　　C. 都可以　　D. 都不可以

4. BGP 报文封装在（　　）。

A. 直接封装在 IP 报文　　B. 封装在 TCP

C. 封装在 UDP　　　　D. 封装在 PPP

5. 在锐捷设备创建 BGP 进程的命令为（　　）。

A. Ruijie(config)#router-bgp 100　　　　B. Ruijie(config)#bgp 100

C. Ruijie(config)#router 100　　　　D. Ruijie(config)#router bgp 100

6. 建立 BGP 邻居发送的第一个 BGP 报文是（　　）。

A. Open　　B. Update　　C. Notification

D. Keepalive　　E. Route-refresh

7. 用于在对等体之间交换路由信息的 BGP 报文是（　　）。

A. Open　　B. Update　　C. Notification

D. Keepalive　　E. Route-refresh

8. 定期发送，起到保活作用的 BGP 报文是（　　）。

A. Open　　B. Update　　C. Notification

D. Keepalive　　E. Route-refresh

9. 以下是 BGP 初始状态的是（　　）。

A. Idle　　B. Connect　　C. Active　　D. Established

10. 如果在建立 BGP 邻居过程中 TCP 连接失败，那么 BGP 会暂时停留在哪个状态？（　　）

A. Idle　　B. Connect　　C. Active　　D. Established

11. 成功建立 BGP 邻居后，会进入（　　）状态。

A. Idle　　B. Connect　　C. Active　　D. Established

12. BGP 路由反射器的主要作用是（　　）。

A. 减少路由条目　　　　B. 减少邻居数量

C. 减少用户通信报文　　　　D. 减少 ARP 条目

13. 在通过 MED 属性选路时，MED 选举原则是（　　）。

A. 越小越优先　　　　B. 越大越优先

C. 不影响选路　　　　D. 以上说法都不对

14. 在通过本地优先级属性选路时，本地优先级选举原则是（　　）。

A. 越小越优先　　　　B. 越大越优先

C. 不影响选路　　　　D. 以上说法都不对

15. 在锐捷设备上设置 MED 属性，通常通过（　　）方式。

A. Arp-Map　　B. Policy-Map　　C. Class-Map　　D. Route-Map

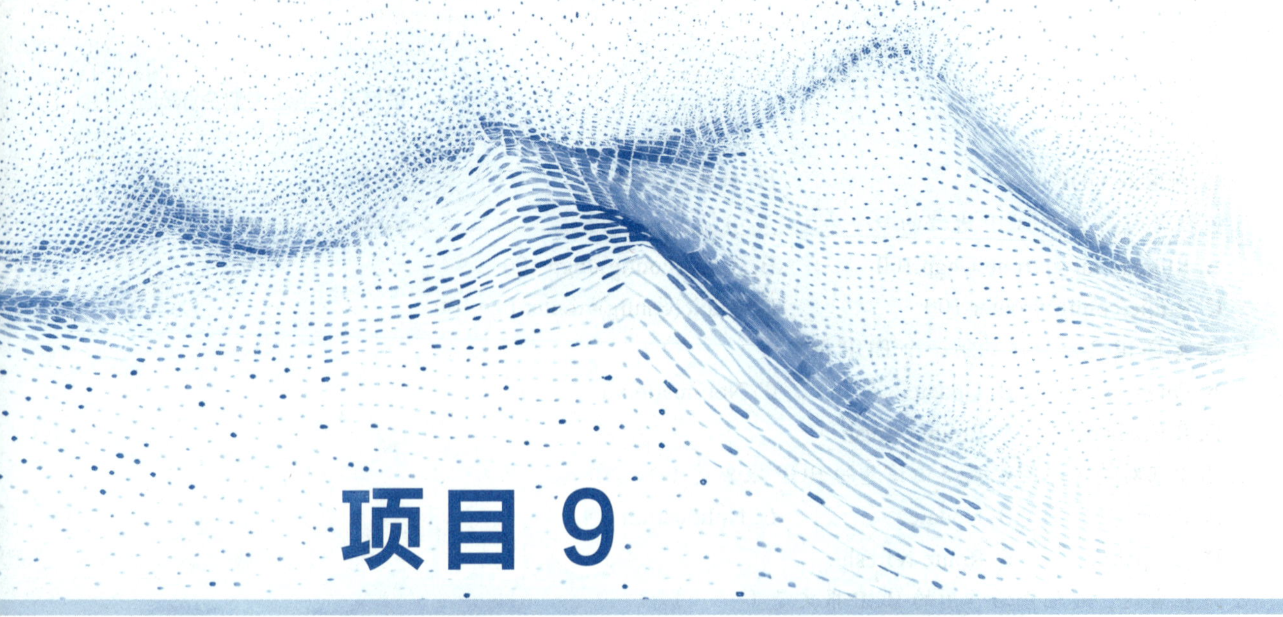

项目 9

组建 IPv6 企业网络

互联网协议第六版（IPv6）是互联网升级演进的必然趋势，是网络技术创新的重要方向。根据《国民经济和社会发展第十四个五年规划和2035年远景目标纲要》有关要求，需要全面深入推进IPv6规模部署和应用，加快促进互联网演进升级。

本项目将组建IPv6企业网络，在总部和分部各自部署IPv6网络，并通过隧道技术使总部和分部穿越中间的IPv4网络。

项目目标

知识目标

- 了解 IPv6 的格式和产生的原因。
- 了解 IPv6 下获取地址的方式。
- 了解 IPv6 下的静态路由。
- 了解 IPv6 over IPv4 GRE 隧道。
- 掌握 OSPFv3 原理及配置。
- 掌握 RIPng 原理及配置。

技能目标

- 熟练完成 IPv6 下无状态地址自动获取的配置。
- 完成 OSPFv3、RIPng 网络的设计方案。
- 完成简单 IPv6 网络的测试与联调。
- 解决简单 IPv6 网络中的常见故障。
- 掌握项目文档的编写方法。

素养目标

- 提升职业工程师视野，以专业技术人才的标准要求自己。

接收任务

任务导学

某集团公司结合公司未来发展规划与国家对 IPv6 网络建设的指导思想，想要在总部和分部部署 IPv6 网络。总部和分部之间采用 IPv6 over IPv4 GRE 隧道技术进行部署，总部通过运行 OSPFv3 来承载总部业务，分部通过 RIPng 来承载分部业务。目前，该集团公司内有总部和分部两个区域，总部和分部的接入层通过无状态自动获取 IPv6 地址，总部和分部出口路由器分别引入静态路由实现全网 IPv6 互联互通。经考察分析，公司决定组建 IPv6 企业网络。

公司安排工程师小王完成本项目。小王与客户沟通后了解到本项目的需求如下：

（1）能够实现集团公司总部和分部跨运营商的互联互通。

（2）总部采用 OSPFv3 动态路由。

（3）分部采用 RIPng 动态路由。

（4）实现总部和分部跨运营商的 IPv6 地址互通。

想了解更多详情，请自行扫码观看视频。

项目9

前期知识回顾

在开始本项目前，小王需要回顾一下之前学习过的知识，请扫描下方的二维码观看相关知识的讲解视频进行学习。

1. 如何配置 IPv6 地址？
2. 什么是 IPv6 邻居发现协议（ND）？

视频9.0.1

视频9.0.2

项目知识学习

回顾学习过的知识后，要完成本项目，小王还需要学习新知识，为此，他向公司资深的罗工程师（下称罗工）请教后学到了以下知识。

1. 小王：罗工您好，请问 IPv6 over IPv4 隧道的原理是什么？

罗工：IPv6 over IPv4 隧道技术的原理如图 9-1 所示。边界路由器需要启动 IPv4/IPv6 双协议栈。边界路由器在收到从 IPv6 网络传来的报文后，如果报文的目的地不是自身，就把收到的 IPv6 报文作为负载，加上 IPv4 报文头，封装到 IPv4 报文里。在 IPv4 网络中，封装后的报文被传递到对端的边界路由器上。对端边界路由器对报文进行解封装操作，去掉 IPv4 报文头，将解封装后所得到的 IPv6 报文转发到对端的 IPv6 网络中。

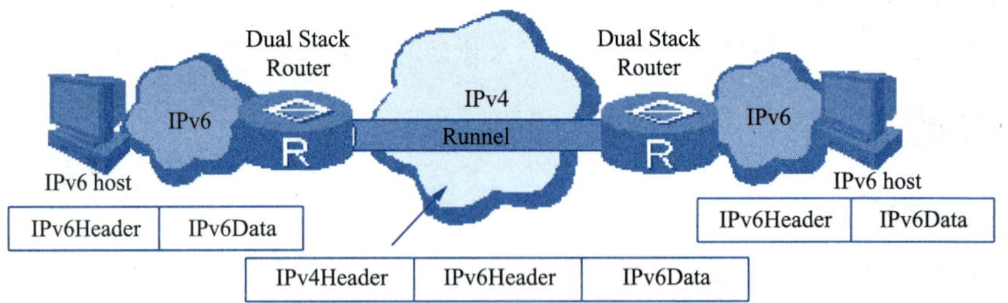

图 9-1　IPv6 over IPv4 隧道原理图

在两个边界路由器之间用来传递 IPv6 报文的虚拟通道就是 IPv6 over IPv4 隧道，本项目会着重介绍 IPv6 over IPv4 GRE 隧道。

2. 小王：什么是 IPv6 over IPv4 GRE 隧道？

罗工：使用 IPv4 的 GRE 隧道也可以承载 IPv6 流，此时的 GRE 隧道称为 IPv6 over IPv4 GRE 隧道。与 IPv6 over IPv4 手动隧道相同，GRE 隧道也是两点之间的链路，每条链路都是一条单独的隧道。GRE 隧道不与特定的乘客或传输协议绑定，只把 IPv6 作为乘客协议，把 GRE 作为承载协议。

GRE 隧道也是在隧道两端的边界路由器上通过人工配置而创建的，也需要静态指定隧道的源 IPv4 地址和目的 IPv4 地址。与手动隧道不同的是，GRE 隧道为了增强隧道的安全性，可以设置对 GRE 报文头进行校验，对隧道的关键字进行验证。

GRE 隧道可用于边界路由器之间，或者用于边界路由器与主机系统之间。隧道两端的主机和路由器均需支持 IPv4 和 IPv6 协议栈。

3. 小王：什么是 OSPFv3 路由协议？

罗工：OSPFv3 是 OSPF 版本 3 的简称，主要提供对 IPv6 的支持。

OSPFv3 和 OSPFv2 在很多方面是相同的，例如：

（1）Router ID、Area ID、LSA Link State ID 仍然是 32 位的。

（2）相同类型的报文：Hello 报文、DD 报文、LSR 报文、LSU 报文和 LSAck 报文。

（3）相同的邻居发现机制和邻接（Adjacency）形成机制。

（4）相同的 LSA 扩散（Flooding）机制和老化（Aging）机制。

（5）相同的 LSA 类型。

4. 小王：OSPFv3 和 OSPFv2 有哪些不同？

罗工：OSPFv3 和 OSPFv2 有多处不同。

（1）OSPFv3 是基于链路（Link）运行；OSPFv2 是基于网段（Network）运行。

（2）OSPFv3 在同一条链路上可以运行多个实例。

（3）OSPFv3 的拓扑关系和 IPv6 地址前缀没有关系。

（4）使用 IPv6 的链路本地（Link-local）地址标识邻接的邻居。

（5）新增的三种不同的 LSA 扩散范围。

5. 小王：什么是 RIPng 路由协议？

罗工：RIPng 协议是基于 D-V（distance vector，距离矢量）算法的路由协议。它通过 UDP 报文交换路由信息，使用的端口号为 521。RIPng 协议用跳数来衡量到达目的主机的距离（也称为度量值或开销）。在 RIPng 协议中，从一个路由器到其直连网络的跳数为 0，而通过另一台路由器到达一个网络的跳数为 1，以此类推。当跳数大于或等于 16 时，目的网络或主机就被定义为不可达。

RIPng 每 30 秒发送一个路由刷新报文。如果在 180 秒内没有收到网络邻居的路由刷新报文，RIPng 将从邻居学到的所有路由标识为不可达。如果在 300 秒内没有收到邻居的路由刷新报文，RIPng 将从路由表中删除这些路由。

为了提高性能并避免形成路由循环，RIPng 既支持水平分割也支持毒性反转。此外，RIPng 也可以从其他路由协议中引入路由。

每台运行 RIPng 的路由器都管理着路由数据库，包括到达网络中所有可达目的地址的路由项。这些路由项包括下列信息：

（1）目的地址：主机或网络的 IPv6 地址。

（2）下一跳地址：要到达目的地址路由器所通过的下一个路由器地址。

（3）接口：转发 IP 报文所通过的接口。

（4）开销：到达目的地址所经过的跳数，为整数，取值范围为 0 ~ 15。

（5）定时器：从上次更改路由项到现在的时长。如果更改路由项，定时器将重置为 0。

（6）路由标记：用来将内部路由协议与外部路由协议区别开来的标签。

任务 1　组建 IPv6 企业网络需求分析

所谓需求分析，就是为本项目的每个需求逐一找到对应的实现方法。

想了解更多详情，请自行扫码观看知识讲解视频。

视频9.1

视频9.2

视频9.3

视频9.4

视频9.5

视频9.6

视频9.7

工作过程 1：逐步分析项目需求

通过前期的学习，可知本项目的网络拓扑为双核心网络。接下来根据上述项目需求逐条进行分析，过程如下：

需求如下：

（1）能够实现集团公司总部和分部跨运营商的互联互通。

（2）总部采用 OSPFv3 动态路由。

（3）分部采用 RIPng 动态路由。

实现方法如下：

➢ 在全网设备配置基本信息。
➢ 在核心及接入层配置 VLAN 及 SVI。
➢ 在出口及核心层配置动态路由。
➢ 在总部和分部之间配置 IPv6 over IPv4 GRE 隧道。

需求如下：

（4）实现总部和分部跨运营商的 IPv6 地址互通。

实现方法如下：

➢ 在全网设备配置 OSPFv3 与 RIPng 路由协议。
➢ 在总部和分部之间部署 IPv6 隧道技术。

工作过程 2：确定项目实施的具体步骤

想了解更多详情，请自行扫码观看知识讲解视频。

视频9.8

将以上需求分析进行整合，可知项目实施步骤如下：

（1）配置设备基本信息。

（2）配置 VLAN 及 IP 地址。

（3）配置总部和分部动态路由。

（4）配置总部和分部间 IPv6 隧道。

配置完成后，还需进行项目联调与测试。

任务 2　组建 IPv6 企业网络规划设计

本项目规划需要完成以下工作：

➢ 规划设备清单。
➢ 规划网络拓扑。
➢ 规划设备主机名。
➢ 规划 VLAN。
➢ 规划 IPv6 地址。
➢ 规划设备互联接口。

下面将按照这个步骤，为本项目进行规划。

工作过程 1：规划设备清单

本项目设备清单见表 9-1。

表 9-1　设备清单

序号	类型	设备	厂商	型号	数量	备注
1	硬件	三层接入交换机	锐捷	RG-S5310-24GT4XS	2 台	核心交换机
2	硬件	出口路由器	锐捷	RG-RSR20-X	2 台	出口设备
3	硬件	双绞线	—	—	若干米	—
4	硬件	计算机	—	—	2 台	配置设备及测试用
5	软件	SecureCRT	—	6.5 版本及以上	1 套	配置设备用

工作过程 2：规划网络拓扑

该项目的网络拓扑图如图 9-2 所示。

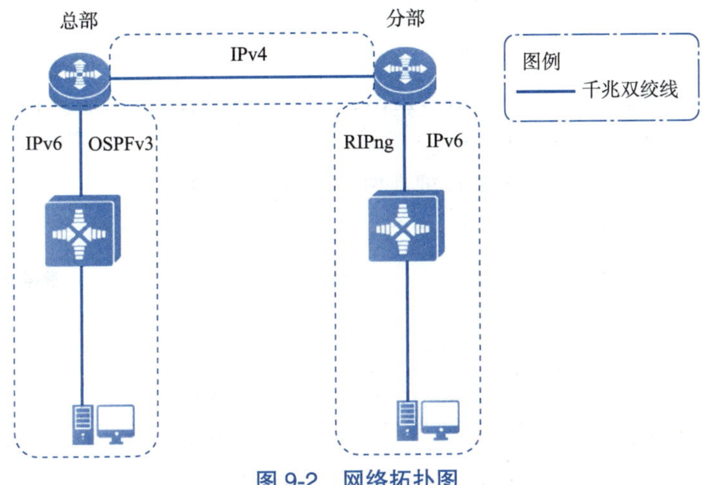

图 9-2　网络拓扑图

工作过程 3：规划设备主机名

设备名称用于标识一台设备的名字，在实际应用过程中可以根据需求进行命名。项目中合理地对设备进行命名，可以便于对设备进行维护和管理。该项目中网络设备命名规范为：AA-BB-CC。其中：

- AA：表示设备的物理位置。ZB 为总部，FB 为分部。
- BB：表示设备的角色。HX 为核心交换机，CK 为出口设备。
- CC：表示设备型号，具体可参见设备清单。
- DD：表示设备序号，如 01。

表 9-2 为本项目所有设备命名。

表 9-2　设备主机名表

序号	设备型号	设备主机名	备注
1	RG-S5310-24GT4XS	ZB-HX-S5310-01	总部核心交换机

续表

序号	设备型号	设备主机名	备注
2	RG-S5310-24GT4XS	FB-HX-S5310-01	分部核心交换机
3	RG-RSR20-X	ZB-CK-RSR20-01	总部出口设备
4	RG-RSR20-X	FB-CK-RSR20-01	分部出口设备

工作过程 4：规划 VLAN

本项目需要为总部和分部的每个用户部门分配各自的 VLAN。VLAN 的规划信息见表 9-3。

表 9-3　VLAN 规划表

序号	VLAN ID	VLAN 名称	备注
1	10	ZongBu_VLAN	总部用户 VLAN
2	20	FenBu_VLAN	分部用户 VLAN

工作过程 5：规划 IP 地址

总部和分部总共有两个业务 VLAN，因此需要规划两个业务网段、分别为 2001:192:10::/64 和 2002:192:10::/64。

综上所述，本项目中 IP 地址详细规划见表 9-4 至表 9-7。

表 9-4　用户业务 IP 地址规划表

序号	区域	IPv6 前缀	前缀长度
1	总部用户	2001:192:10::	/64
2	分部用户	2002:192:10::	/64

表 9-5　出口设备隧道地址规划表

序号	设备名称	接口	IPv6 前缀	前缀长度
1	ZB-CK-RSR20-01	Tunnel1	2001::1	/64
2	FB-CK-RSR20-01	Tunnel1	2001::2	/64

表 9-6　总部设备 Loopback 地址规划表

序号	设备名称	接口	IP 地址
1	ZB-CK-RSR20-01	Loopback 0	1.1.1.1/32
2	ZB-HX-S5310-01	Loopback 0	2.2.2.2/32

表 9-7　设备互联 IP 地址规划表

序号	本端设备名称	本端 IP 地址	对端设备名称	对端 IP 地址
1	ZB-CK-RSR20-01	2010::2/64	ZB-HX-S5310-01	2010::1/64
2	FB-CK-RSR20-01	2011::2/64	FB-HX-S5310-01	2011::1/64
3	ZB-CK-RSR20-01	200.200.200.1/30	FB-CK-RSR20-01	200.200.200.2/30

工作过程 6：规划设备互联接口

该项目中，网络设备之间的互联接口规划的规范为：Con_To_ 对端设备名称 _ 对端接口名，具体规划见表 9-8。

表 9-8　设备互联接口规划表

本端设备	接口	接口描述	对端设备	接口
ZB-CK-RSR20-01	Gi0/1	Con_To_FB-HX-S5310-01_Gi0/0	FB-CK-RSR20-01	Gi0/1
ZB-CK-RSR20-01	Gi0/0	Con_To_ZB-HX-S5310-01_Gi0/1	ZB-HX-S5310-01	Gi0/1
FB-CK-RSR20-01	Gi0/0	Con_To_FB-HX-S5310-01_Gi0/1	FB-HX-S5310-01	Gi0/1
ZB-HX-S5310-01	Gi0/2	—	总部 PC	—
FB-HX-S5310-01	Gi0/2	—	分部 PC	—

为了方便接下来的项目实施，在图 9-2 所示网络拓扑图的基础上进行细化，将主机名称、IP 地址、VLAN、接口编号等信息标注在网络拓扑图中，得到该项目详细的网络拓扑图，如图 9-3 所示。

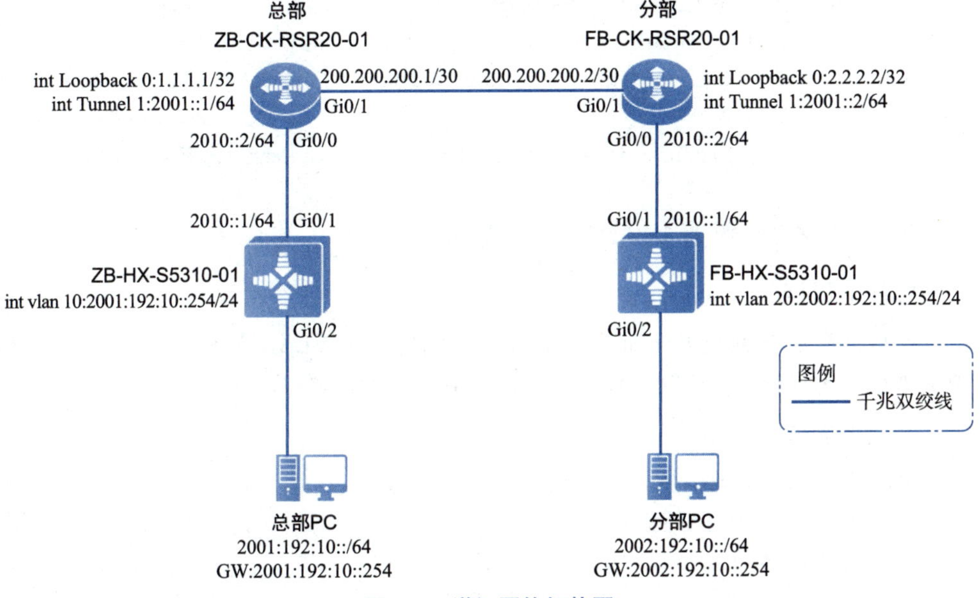

图 9-3　详细网络拓扑图

想了解更多详情，请自行扫码观看知识讲解视频。

视频9.9

任务 3　组建 IPv6 企业网络项目实施

工作过程 1：按照拓扑连接设备

1. 任务目标

按照图 9-3 所示详细网络拓扑图，用双绞线连接本项目的设备，其中总部和分部出口需用光纤连接。

2. 具体操作

这里的操作是物理连接，按照表 9-8 所示设备互联接口规划表进行连线。

工作过程 2：配置设备基本信息

1. 任务目标

在开始功能性配置之前，先完成前期规划表中涉及的所有网络设备的基本配置，包括主机名、端口描述等。

2. 具体操作

由于基本配置已经在前面章节中多次出现，所以此处仅以总部核心交换机 ZB-HX-S5310-01 为例进行说明，配置如下：

```
Ruijie>enable                                                //进入特权模式
Ruijie#configure terminal                                    //进入全局配置模式
Ruijie(config)#hostname ZB-HX-S5310-01                       //配置主机名
ZB-HX-S5310-01(config)#interface GigabitEthernet 0/1         //进入接口配置模式
ZB-HX-S5310-01(config-if-GigabitEthernet 0/1)#description Con_To_
ZB-CK-RSR20-01_Gi0/0                                         //配置接口描述
ZB-HX-S5310-01(config-if-GigabitEthernet 0/1)#exit           //返回全局配置模式
```

工作过程 3：配置 VLAN 及 SVI 地址

1. 任务目标

在总部核心交换机及分部核心交换机上创建相关 VLAN 及 SVI 信息。本项目 IPv6 地址为无状态自动获取，所以仅需配置 IPv6 的 SVI 接口。

2. 具体操作

总部核心交换机 ZB-HX-S5310-01 的主要配置如下：

```
ZB-HX-S5310-01(config)#vlan 10                               //创建总部VLAN
ZB-HX-S5310-01(config-vlan)#interface vlan 10                //进入VLAN接口
ZB-HX-S5310-01(config-if)#ipv6 enable                        //使能IPv6功能
ZB-HX-S5310-01(config-if)#no ipv6 nd suppress-ra
                                                   //关闭对RA报文的抑制功能
ZB-HX-S5310-01(config-if)#ipv6 address 2001:192:10::254/64
                                                   //配置IPv6地址
ZB-HX-S5310-01(config-if)#interface GigabitEthernet 0/2
                                                   //进入交换机下行口
ZB-HX-S5310-01(config-if)#switchport access vlan 10
                                                   //设置交换机模式并允许VLAN
```

分部核心交换机 FB-HX-S5310-01 的主要配置如下：

```
FB-HX-S5310-01(config)#vlan 20//创建总部VLAN
FB-HX-S5310-01(config-vlan)#interface vlan 20                //进入VLAN接口
FB-HX-S5310-01(config-if)#ipv6 enable                        //使能IPv6功能
FB-HX-S5310-01(config-if)#no ipv6 nd suppress-ra
                                                   //关闭对RA报文的抑制功能
```

```
FB-HX-S5310-01(config-if)#ipv6 address 2002:192:10::254/64
                                          //配置IPv6地址
FB-HX-S5310-01(config-if)#interface GigabitEthernet 0/2
                                          //进入交换机下行口
FB-HX-S5310-01(config-if)#switchport access vlan 20
                                          //设置交换机模式并允许VLAN
```

工作过程 4：配置总部 OSPFv3 路由

1. 任务目标

在开始功能性配置之前，先完成设备的基本配置，包括主机名、端口描述等配置，总部和分部要实现互联互通，需要在总部 ZB-CK-RSR20-01 引入静态路由。

2. 具体操作

以总部 ZB-CK-RSR20-01 设备为例（ZB-CK-RSR20-01），配置如下：

```
ZB-CK-RSR20-01(config)#interface Loopback 0            //进入接口配置模式
ZB-CK-RSR20-01(config-if)#ip address 1.1.1.1 255.255.255.255
                                                        //配置IP地址
ZB-CK-RSR20-01(config)#ipv6 router ospf 10             //进入OSPFv3进程
ZB-CK-RSR20-01(config-router)#router-id 1.1.1.1        //配置router-id
ZB-CK-RSR20-01(config-router)#redistribute static metric-type 1
                                                        //引入静态路由
ZB-CK-RSR20-01(config)#interface GigabitEthernet 0/0
                                                        //进入接口配置模式
ZB-CK-RSR20-01(config-if)#ipv6 enable                  //使能IPv6功能
ZB-CK-RSR20-01(config-if)#ipv6 address 2010::1/64 //设置IPv6地址
ZB-CK-RSR20-01(config-if)#no ipv6 nd suppress-ra //关闭对RA报文的抑制功能
ZB-CK-RSR20-01(config-if)#ipv6 ospf 10 area 0 //使能接口OSPFv3功能
```

配置完 OSPFv3 后，进行阶段性测试。在总部出口设备 ZB-CK-RSR20-01 上通过 Show ipv6 ospf neighbor 命令查看 OSPFv3 邻居的状态，如图 9-4 所示，结果显示 Full 正常。

```
OSPFv3 Process (10), 1 Neighbors, 1 is Full:
Neighbor ID   Pri  State      BFD State  Dead Time  Instance ID  Interface
2.2.2.2         1  Full/DR    -          00:00:31   0            GigabitEthernet 0/0
```

图 9-4　邻居状态运行状态正常

工作过程 5：配置分部 RIPng 路由

1. 任务目标

在开始功能性配置之前，先完成设备的基本配置，包括主机名、端口描述等配置，总部和分部要实现互联互通，需要在分部 FB-CK-RSR20-01 引入静态路由。

2. 具体操作

以分部出口设备 FB-CK-RSR20-01 为例，配置如下：

```
FB-CK-RSR20-01(config)#ipv6 router rip        //配置RIPng进程
FB-CK-RSR20-01(config-rip)#redistribute static metric 1
                                              //引入静态路由
FB-CK-RSR20-01(config-rip)#interface GigabitEthernet 0/0 //进入接口
FB-CK-RSR20-01(config-if)#ipv6 enable         //使能IPv6
FB-CK-RSR20-01(config-if)#ipv6 address 2011::1/64 //配置IPv6地址
FB-CK-RSR20-01(config-if)#ipv6 rip enable     //接口使能RIPng
FB-CK-RSR20-01(config-if)#no ipv6 nd suppress-ra //关闭对RA报文的抑制功能
```

配置完 RIPng 后，进行阶段性测试。在分部出口设备 FB-CK-RSR20-01 上通过 show ipv6 rip database 命令查看 RIPng 路由信息，如图 9-5 所示。

```
Codes:   R - RIPng, C - Connected, S - Static, O - OSPF, B - BGP
sub-codes: n - normal, s - static, d - default, r - redistribute,
           i - interface, a/s - aggregated/suppressed
S(r)  2001:192:10::/64, metric 1, tag 0
        Tunnel 1/::
R(n)  2002:192:10::/64, metric 2, tag 0, expires in 171 seconds
        GigabitEthernet 0/0/fe80::eeb9:70ff:fe69:1983
C(i)  2011::/64, metric 1, tag 0
        GigabitEthernet 0/0/::
```

图 9-5　RIPng 信息正常

工作过程 6：配置 IPv6 隧道

1. 任务目标

在开始配置设备基本信息之前，先进行 ZB-CK-RSR20-01 与 FB-CK-RSR20-01 之间连通性测试，由于 ZB-CK-RSR20-01 至 FB-CK-RSR20-01 经 ISP 网络，因此需要进行基本 IP 地址对接测试。

2. 具体操作

两个 IPv6 的网络 IPv6 总部与 IPv6 分部，需要通过 IPv4 公网相连，实现互通。总部 ZB-CK-RSR20-01 与 分部 FB-CK-RSR20-01 支持 IPv4 与 IPv6 双栈，ZB-CK-RSR20-01 与 FB-CK-RSR20-01 之间是通过 IPv4 网络相连。并在这个 IPv4 网络上建立 IPv6 over IPv4 GRE 隧道。

➢ ZB-CK-RSR20-01 中的配置如下：

```
ZB-CK-RSR20-01(config)#interface GigabitEthernet 0/1 //配置IPv4接口
ZB-CK-RSR20-01(config-if)#ip address 200.200.200.1 255.255.255.252
                                                     //设置IP地址
ZB-CK-RSR20-01(config-if)#interface Tunnel 1         //配置Tunnel接口
ZB-CK-RSR20-01(config-Tunnel)#tunnel source GigabitEthernet 0/1
                                                     //配置Tunnel源
```

```
ZB-CK-RSR20-01(config-Tunnel)#tunnel destination 200.200.200.2
                                                    //配置Tunnel目的
ZB-CK-RSR20-01(config-Tunnel)#ipv6 address 2001::1/64 //配置Tunnel地址
ZB-CK-RSR20-01(config-Tunnel)#ipv6 enable           //配置使能IPv6
ZB-CK-RSR20-01(config-Tunnel)#exit                  //退回全局配置模式
ZB-CK-RSR20-01(config)#ipv6 route 2002:192:10::/64 Tunnel 1 2001::2
                                         //配置到FB-CK-RSR20-01静态路由
```

➢ FB-CK-RSR20-01 中的配置如下：

```
FB-CK-RSR20-01(config)#interface GigabitEthernet 0/1  //配置IPv4接口
FB-CK-RSR20-01(config-if)#ip address 200.200.200.2 255.255.255.252
                                                    //设置IP地址
FB-CK-RSR20-01(config-if)#interface Tunnel 1        //配置Tunnel接口
FB-CK-RSR20-01(config-Tunnel)#tunnel source GigabitEthernet 0/1
                                                    //配置Tunnel源
FB-CK-RSR20-01(config-Tunnel)#tunnel destination 200.200.200.1
                                                    //配置Tunnel目的
FB-CK-RSR20-01(config-Tunnel)#ipv6 address 2001::2/64 //配置Tunnel地址
FB-CK-RSR20-01(config-Tunnel)#ipv6 enable           //配置使能IPv6
FB-CK-RSR20-01(config-Tunnel)#exit                  //退回全局配置模式
FB-CK-RSR20-01(config)#ipv6 route 2002:192:20::/64 Tunnel 1 2001::1
                                         //配置到FB-CK-RSR20-01静态路由
```

配置完 IPv6 隧道后，进行阶段性测试。分别在总部及分部出口设备上通过 show interfaces tunnel 1 查看隧道的状态，如图 9-6 和图 9-7 所示，结果显示 Tunnel 正常。

```
Index(dec):37 (hex):25
Tunnel 1 is UP  , line protocol is UP
Hardware is  Tunnel
Interface address is: no ip address
  MTU 1476 bytes, BW 1000000 Kbit
  Encapsulation protocol is Tunnel, loopback not set
  Keepalive interval is no set
  Carrier delay is 2 sec
  Rxload is 1/255, Txload is 1/255
  Tunnel source 200.200.200.1 (VLAN 100), destination 200.200.200.2
  Tunnel TOS/Traffic Class not set, Tunnel TTL 255
  Tunnel config nested limit is 4, current nested number is 0
  Tunnel protocol/transport GRE/IP
```

图 9-6　总部 ZB-CK-RSR20-01 的 Tunnel 运行状态正常

```
Index(dec):37 (hex):25
Tunnel 1 is UP  , line protocol is UP
Hardware is  Tunnel
Interface address is: no ip address
  MTU 1476 bytes, BW 1000000 Kbit
  Encapsulation protocol is Tunnel, loopback not set
  Keepalive interval is no set
  Carrier delay is 2 sec
  Rxload is 1/255, Txload is 1/255
  Tunnel source 200.200.200.2 (VLAN 100), destination 200.200.200.1
  Tunnel TOS/Traffic Class not set, Tunnel TTL 255
  Tunnel config nested limit is 4, current nested number is 0
  Tunnel protocol/transport GRE/IP
```

图 9-7　分部 FB-CK-RSR20-01 Tunnel 运行状态正常

任务 4　组建 IPv6 企业网络联调测试

项目实施完成后，需要对网络的运行状态进行测试。本次测试包括两个方面：基本连通性、路由信息。

工作过程 1：测试基本连通性

1. 任务目标

将总部和分部的 PC 接入网络，并获取 IPv6 地址，测试总部与分部的互 PING。

2. 具体操作

总部 PC 与分部 PC 互相 PING，都能 PING 通，如图 9-8 和图 9-9 所示。

```
C:\Users\Administrator>ping 2001:192:10:0:904e:998:2971:9046
正在 Ping 2001:192:10:0:904e:b998:2971:9046 具有 32 字节的数据:
来自 2001:192:10:0:904e:b998:2971:9046 的回复:时间=3ms
来自 2001:192:10:0:904e:b998:2971:9046 的回复:时间=2ms
来自 2001:192:10:0:904e:b998:2971:9046的回复:时间=1ms
来自 2001:192:10:0:904e:b998:2971:9046的回意:时间=1ms

2001:192:10:0:904e:b998:2971:9046的 Ping 统计信息:
    数据包: 已发送 = 4，已接收 = 4，丢失 = 0 (0% 丢失),
往返行程的估计时间(以毫秒为单位):
    最短 = 0ms，最长 = 3ms，平均 = 1ms
```

图 9-8　总部 PC 可以访问分部 PC

```
C:\Users\Administrator>ping 2002:192:10:0:5867:fad4:f32b:1a02
正在 Ping 2002:192:10:0:5867:fad4:f32b:1a02 具有 32 字节的数据:
来自 2002:192:10:0:5867:fad4:f32b:1a02 的回复:时间=3ms
来自 2002:192:10:0:5867:fad4:f32b:1a02 的回复:时间=2ms
来自 2002:192:10:0:5867:fad4:f32b:1a02的回复:时间=1ms
来自 2002:192:10:0:5867:fad4:f32b:1a02的回意:时间=1ms

2002:192:10:0:5867:fad4:f32b:1a02的 Ping 统计信息:
    数据包: 已发送 = 4，已接收 = 4，丢失 = 0 (0% 丢失),
往返行程的估计时间(以毫秒为单位):
    最短 = 0ms，最长 = 3ms，平均 = 1ms
```

图 9-9　分部 PC 可以访问总部 PC

工作过程 2：查看路由信息

1. 任务目标

在总分部出口路由，查看路由信息。

2. 具体操作

分别在总分部出口路由上通过 show ipv6 route 查看路由信息，路由信息都正常，如图 9-10 和图 9-11 所示。

```
IPv6 routing table name is - Default - 12 entries
Codes: C - Connected, L - Local, S - Static, R - RIP, B - BGP
       I1 - ISIS L1, I2 - ISIS L2, IA - ISIS interarea, IS - ISIS summary
       O - OSPF intra area, OI - OSPF inter area, OE1 - OSPF external type 1, OE2 - OSPF external type 2
       ON1 - OSPF NSSA external type 1, ON2 - OSPF NSSA external type 2
L     ::1/128 via Loopback, local host
C     2001::/64 via Tunnel 1, directly connected
L     2001::1/128 via Tunnel 1, local host
OE1   2001:192:10::/64 [110/21] via FE80::EEB9:70FF:FE69:193F, GigabitEthernet 0/0
S     2002:192:10::/64 [1/0] via 2001::2, Tunnel 1
C     2010::/64 via GigabitEthernet 0/0, directly connected
L     2010::1/128 via GigabitEthernet 0/0, local host
L     FE80::/10 via ::1, Null0
C     FE80::/64 via GigabitEthernet 0/0, directly connected
L     FE80::5616:51FF:FE53:F291/128 via GigabitEthernet 0/0, local host
C     FE80::/64 via Tunnel 1, directly connected
L     FE80::C8C8:C801/128 via Tunnel 1, local host
```

图 9-10　总部出口路由器 ZB-CK-RSR20-01 的 IPv6 路由

```
IPv6 routing table name is - Default - 12 entries
Codes: C - Connected, L - Local, S - Static, R - RIP, B - BGP
       I1 - ISIS L1, I2 - ISIS L2, IA - ISIS interarea, IS - ISIS summary
       O - OSPF intra area, OI - OSPF inter area,  OE1 - OSPF external type 1, OE2 - OSPF external type 2
       ON1 - OSPF NSSA external type 1, ON2 - OSPF NSSA external type 2
L      ::1/128 via Loopback, local host
C      2001::/64 via Tunnel 1, directly connected
L      2001::2/128 via Tunnel 1, local host
S      2001:192:10::/64 [1/0] via 2001::1, Tunnel 1
R      2002:192:10::/64 [120/2] via FE80::EEB9:70FF:FE69:1983, GigabitEthernet 0/0
C      2011::/64 via GigabitEthernet 0/0, directly connected
L      2011::1/128 via GigabitEthernet 0/0, local host
L      FE80::/10 via ::1, Null0
C      FE80::/64 via GigabitEthernet 0/0, directly connected
L      FE80::5616:51FF:FE53:EBF3/128 via GigabitEthernet 0/0, local host
C      FE80::/64 via Tunnel 1, directly connected
L      FE80::C8C8:C802/128 via Tunnel 1, local host
```

图 9-11　分部出口路由器 FB-CK-RSR20-01 的 IPv6 路由

想了解更多详情，请自行扫码观看知识讲解视频。

视频9.10

至此，本项目圆满完成。

单元测试

1. IPv6 的全称是（　　）。

   A. Internet protocol version 6

   B. IP next generation

   C. forwarding information base

   D. stateful address autoconfiguration

2. OSPFv3 报文包括（　　）。（多选）

   A. Hello 报文　　B. DBD 报文

   C. LSR 报文　　D. LSU 报文

3. 如果环境是有状态，那么 RA（路由公告）报文的（　　）。（多选）

   A. M 位为 1　　B. M 位为 0　　C. 0 位为 0　　D. 0 位为 1

4. 下面哪个报文不是 DHCPv6 过程报文？（　　）

   A. Discover　　B. Solicit　　C. Request　　D. Advertise

5. DHCPv6 服务器使用（　　）来识别不同的客户端。

   A. ID　　B. Router-ID　　C. DUID　　D. MAC

6. DHCPv6 地址租约到达 T1 时刻，发送（　　）进行租约更新。

   A. Renew 组播报文　　B. Renew 单播报文

   C. Rebind 组播报文　　D. Rebind 单播报文

7. DHCPv6 地址租约到达 T2 时刻，发送（　　）进行租约更新。

   A. Renew 组播报文　　B. Renew 单播报文

   C. Rebind 组播报文　　D. Rebind 单播报文

8. DHCPv6 Client 在本地链路内发送的第一个报文是（　　）。

   A. Renew　　B. Request　　C. Rebind　　D. Solicit

9. 使用（　　）查看 DHCPv6 的地址池信息。

   A. show ipv6 dhcp pool　　B. show ip dhcp pool

   C. show dhcp pool　　D. show ipv6 dhcp binding

10. 使用（　　）查看 OSPFv3 的邻居状态。

A. show ip ospf neighbor　　B. show ip ospf route

C. show ip ospfv3 neighbor　　D. show ipv6 dhcp binding

11. 使用（　　）查看 RIPng 的路由状态。

A. show ipv6 rip database　　B. show ip ospf route

C. show ip ospfv3 neighbor　　D. show ipv6 route

12. IPv6 将首部长度变为固定的（　　）个字节。

A. 6　　B. 24　　C. 32　　D. 40

13. 下列关于 IPv6 协议与 IPv4 相比的优点的描述中，正确的是（　　）。

A. IPv6 协议支持光纤通信

B. IPv6 协议支持通过卫星链路的 Internet 连接

C. IPv6 协议具有 128 个地址空间，允许全局 IP 地址出现重复

D. IPv6 协议解决了 IP 地址短缺的问题

14. IPv6 协议栈中取消了（　　）协议。

A. DHCP　　B. ARP　　C. ICMP　　D. UDP

15. IPv6 地址中不包括（　　）。

A. 单播地址　　B. 组播地址　　C. 广播地址　　D. 任意播地址

项目10

组建总分型企业网络

随着社会的发展，通信企业对网络的依赖程度日渐加深，保障信息网络的安全性就显得尤为重要。通常通信企业在网络内部都建立了网络安全机制。但除了企业之外，每个人都要建立起通信安全的意识，从而保障自身的合法权益。

本项目为某企业组建总分型企业网络。组建前提是该企业有总公司和分公司，总公司和分公司相隔较远。所以在组网时，先分别组建总公司和分公司的网络，再通过物理专线将总公司和分公司互联。为了总公司与分公司间通信安全，在总公司和分公司间建立虚拟专用网络（virtual private network, VPN）。

项目目标

知识目标

- 理解 IPSec VPN 的应用场景及优势。
- 熟悉 IPSec VPN 的选举原则及启动过程。
- 掌握 IPSec VPN 的配置方法。

技能目标

- 掌握 IPSec VPN 的设计与配置方法。
- 能独立完成 IPSec VPN 的联调测试及常见故障处理。
- 掌握锐捷设备的配置方法。
- 掌握项目文档的编写方法。

素养目标

- 培养日常对网络安全的重视。

接收任务

任务导学

曹溪公司有总公司和南华分公司。目前，曹溪总公司办公环境是一栋二层的写字楼，有市场部、技术研发部两个部门，每个部门各 10 人。公司决定申请了一条专线，其出口 IP 设为 200.1.1.1/30，分公司出口 IP 为 200.1.1.2/30。为了业务保密，目前网络环境不需要让用户访问互联网，只需要实现总公司和分公司间的互联互通。经考察分析，公司决定组建总分型企业网络。

想了解更多详情，请自行扫码观看视频。

项目10

公司安排工程师小王完成本项目。小王与客户沟通后了解到本项目的需求如下：

（1）按照节约的原则组建总部网络。

（2）不需要配置分公司网络，只配置分公司出口设备即可。

（3）为保证通信安全，在总公司和分公司出口配置 IPSec VPN，密码均设为 woaizuguo。

前期知识回顾

在开始本项目前，小王需要回顾一下之前学习过的知识，请扫描下方的二维码观看相关知识的讲解视频进行学习。

1. 什么是广域网？

2. 什么是 PPP 协议？

视频10.0.1

视频10.0.2

项目知识学习

回顾学习过的知识后，要完成本项目，小王还需要学习新知识，为此，他向公司资深的罗工程师（下称罗工）请教后学到了以下知识。

1. 小王：罗工您好，请问什么是 VPN 技术？

罗工：利用公共网络来构建的私人专用网络称为虚拟私有网络（virtual private network, VPN），用于构建 VPN 的公共网络包括 Internet、帧中继、ATM 等。在公共网络上组建的 VPN 就像企业现有的私有网络一样可提供安全性、可靠性和可管理性等。VPN 的应用场景如图 10-1 所示。

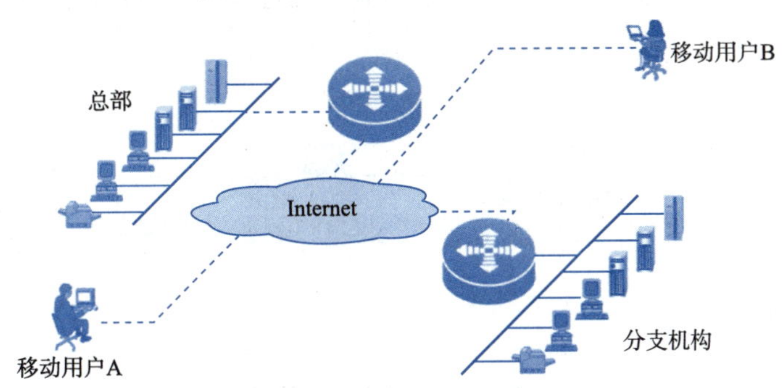

图 10-1　VPN 应用场景

VPN 包括以下功能：

（1）加密：通过网络传输分组之前，发送方可对其进行加密。这样，即使有人窃听，也无法读懂其中的信息。

（2）数据完整性：接收方可检查数据通过 Internet 传输的过程中是否被修改。

（3）来源验证：接收方可验证发送方的身份，确保信息来自正确的地方。

VPN 的具有以下特点：

（1）费用更低。

（2）业务更灵活。

（3）简化了管理工作。

（4）隧道化网络拓扑降低了管理负担。

从应用场景来看，VPN 可分为两种。

（1）Site-Site VPN：也称为站点到站点 VPN，包括企业总部与分支机构和企业与合作伙伴等。

（2）Access VPN：也称为远程访问 VPN，包括出差员工访问企业内部资源和移动用户访问企业内部等。

2. 小王：什么是 GRE 隧道？

罗工：通用路由封装（generic routing encapsulation, GRE）是一种协议，用于将使用一个路由协议的数据包封装在另一协议的数据包中。“封装”是指将一个数据包包装在另一个数据包中，就像将一个盒子放在另一个盒子中一样。GRE 是在网络上建立直接点对点连接的一种方法，目的是简化单独网络之间的连接。它适用于各种网络层协议。

GRE是一种将一种类型的数据包装载到另一种类型的数据包中的方式，以便第一个数据包可以穿越它通常无法穿越的网络。

3. 小王：L2TP VPN和SSL VPN有何不同？

罗工：L2TP（layer two tunneling protocol）VPN是一种虚拟隧道协议，它可以利用公共网络（ISDN或PSTN）的拨号功能接入公共网络，实现虚拟专用网功能。L2TP协议自身不提供加密与可靠性验证的功能。

L2TP只能对PPP数据帧进行封装，将PPP数据帧封装在UDP报文中，然后在IP网络中传输。L2TP协议使用端口UDP 1701。L2TP VPN应用场景如图10-2所示。

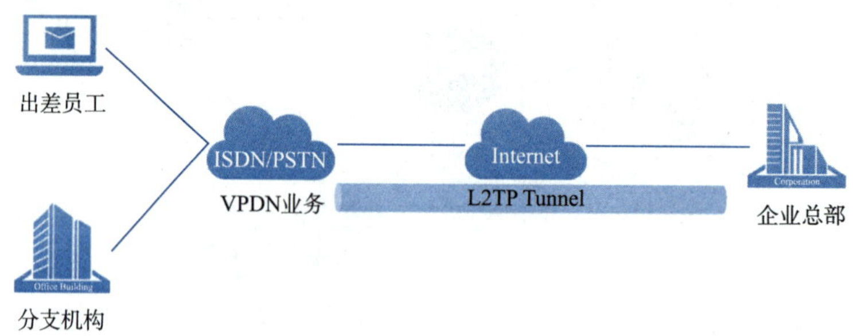

图10-2 L2TP VPN应用场景

SSL VPN内嵌在浏览器中，通过浏览器就可以使用。它简单易用，不需要安装客户端软件。

SSL协议可以分为两类：

（1）SSL记录协议（SSL record protocol）。

（2）SSL握手协议（SSL handshake protocol）。

4. 小王：什么是IPSec VPN？

罗工：IPSec（Internet protocol security）VPN是指采用IPSec协议来实现远程接入的一种VPN技术。它能够在公网上为两个私有网络提供安全通信通道，通过加密通道来保证传输数据的安全。IPSec VPN应用场景如图10-3所示。

图10-3 IPSec VPN应用场景

IPSec有两种安全协议：

（1）AH协议：

➢ 只能进行数据摘要（hash）。

➢ 不能实现数据加密。

➢ 能够保证数据完整性和真实性。

（2）ESP 协议：

➢ 能够进行数据加密和数据摘要（hash）。

➢ 保证数据的机密性、完整性和真实性。

数据传输的过程有两种模式。

（1）传输模式：不改变原有的 IP 包头，通常用于主机与主机之间。AH 和 ESP 在传输模式下的数据封装分别如图 10-4 和图 10-5 所示。

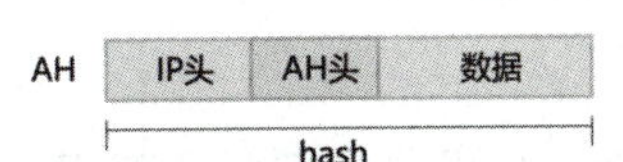

图 10-4　AH 在传输模式下的数据封装

ESP | IP头 | ESP头 | 数据 | ESP 尾 | ESP 校验
加密
hash

图 10-5　ESP 在传输模式下的数据封装

（2）隧道模式：增加新的 IP 头，通常用于私网与私网之间通过公网进行通信。AH 和 ESP 在隧道模式下的数据封装分别如图 10-6 和图 10-7 所示。

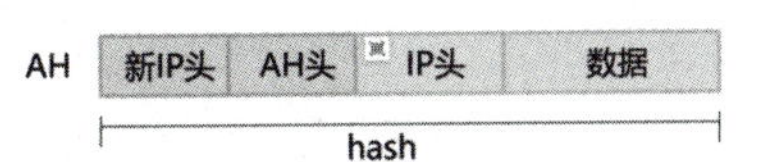

图 10-6　AH 在隧道模式下的数据封装

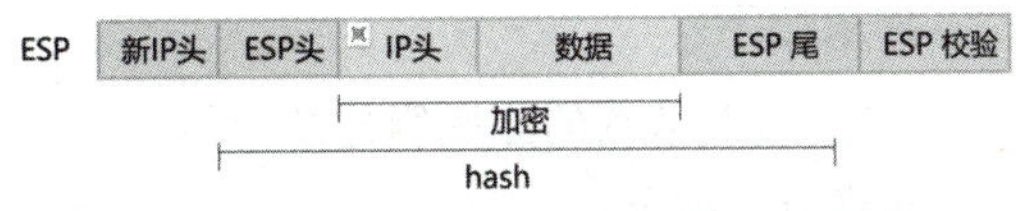

图 10-7　ESP 在传输模式下的数据封装

IPSec VPN 工作过程中会使用到以下协议：

（1）IKE（Internet key exchange）：即互联网密钥交换协议，主要用于动态建立 SA。

（2）ISAKMP（Internet security association key management protocol）：即互联网安全联盟密钥管理协议，定义了协商、建立、修改和删除 SA 的过程和包格式。

IPSec VPN 协商 SA 的过程如图 10-8 所示。

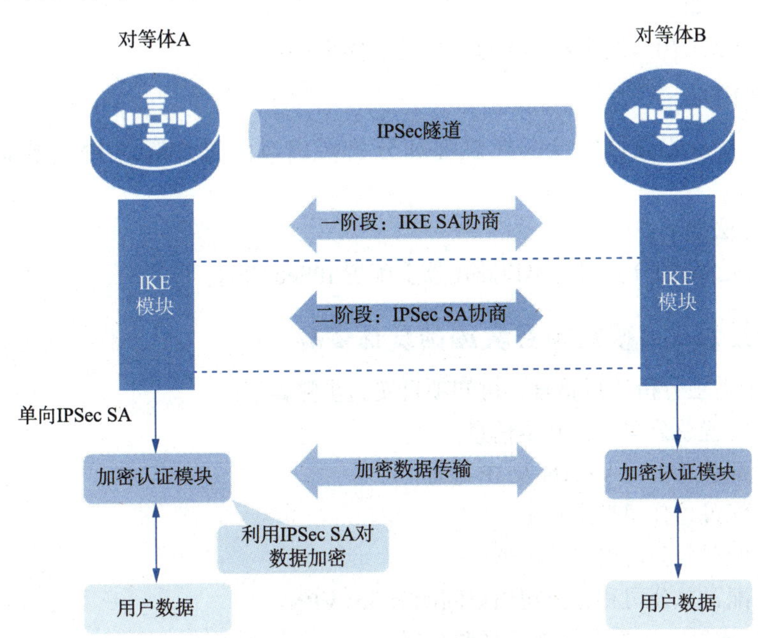

图 10-8　IPSec VPN 协商 SA 过程

想了解更多详情，请自行扫码观看知识讲解视频。

视频10.1

视频10.2

视频10.3

视频10.4

视频10.5

视频10.6

任务 1　组建总分型企业网络需求分析

所谓需求分析，就是为本项目的每个需求逐一找到对应的实现方法。

工作过程 1：逐步分析项目需求

通过前期的学习可知，本项目包含总公司和分公司两部分网络，且需要将两部分网络进行互联。接下来根据上述项目需求逐条进行分析，过程如下：

背景如下：

总公司的办公环境为一栋二层写字楼，有市场部、技术研发部两个部门，每个部门各 10 人。目前申请了一条专线，出口 IP 设为 200.1.1.1/30。分公司出口 IP 为 200.1.1.2/30。为了业务保密，目前不需要让用户访问互联网，只需要实现总公司和分公司互联互通。

需求如下：

（1）按照节约的原则组建总部网络。

实现方法如下：

- 确定总公司网络拓扑为 1 台核心交换机，无须使用汇聚交换机，1 台接入交换机。
- 在总公司设备配置基本信息。
- 在核心及接入层配置 VLAN 及 IP 信息（含 SVI）。
- 在出口及核心层配置静态路由。

需求如下：

（2）不需要配置分公司网络，只要配置分公司出口设备即可。

实现方法如下：

- 在分公司出口路由器配置基本信息、路由等。

需求如下：

（3）为保证通信安全，在总部和分公司出口配置 IPSec VPN，密码均设为 woaizuguo。

实现方法如下：

- 在总公司和分公司的出口路由器上配置 IPSec VPN。

工作过程 2：确定项目实施的具体步骤

将以上需求分析进行整合，可知项目实施步骤如下：

（1）配置总公司设备基本信息。

（2）配置总公司 VLAN 及 IP 地址。

（3）配置总公司静态路由。

（4）配置分公司出口路由器。

（5）配置总公司和分公司出口间的 IPSec VPN。

配置完成后，还需进行项目联调与测试。

想了解更多详情，请自行扫码观看知识讲解视频。

视频10.7

任务 2　组建总分型企业网络规划设计

本项目规划需要完成以下工作：

- 规划设备清单。
- 规划网络拓扑。
- 规划设备主机名。
- 规划 VLAN。
- 规划 IP 地址。
- 规划设备互联接口。

下面将按照这个步骤，为本项目进行规划。

工作过程 1：规划设备清单

本项目设备清单见表 10-1。

表 10-1　设备清单

序号	类型	设备	厂商	型号	数量	备注
1	硬件	二层接入交换机	锐捷	RG-S2910-24GT4XS-E	1 台	接入交换机
2	硬件	三层接入交换机	锐捷	RG-S5310-24GT4XS	1 台	核心交换机
3	硬件	出口路由器	锐捷	RG-RSR20-X	2 台	出口设备
4	硬件	双绞线	—	—	若干米	—
5	硬件	计算机	—	—	3 台	配置设备及测试用
6	软件	SecureCRT	—	6.5 版本及以上	1 套	配置设备用

工作过程 2：规划网络拓扑

该项目的网络拓扑图如图 10-9 所示。

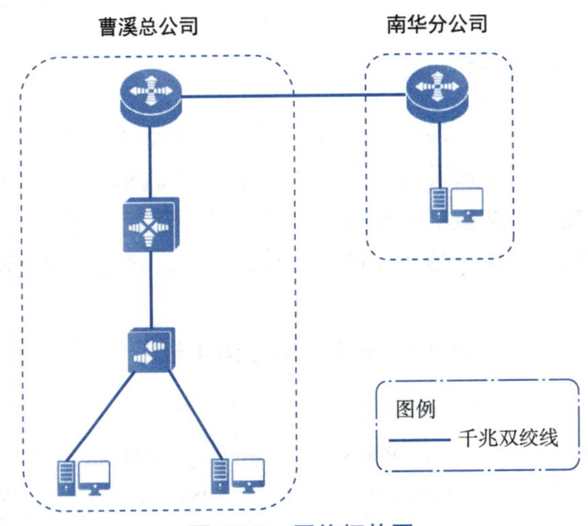

图 10-9　网络拓扑图

工作过程 3：规划设备主机名

设备名称用于标识一台设备的名字，在实际应用过程中可以根据需求进行命名。项目中合理地对设备进行命名，可以便于对设备进行维护和管理。项目中网络设备命名规范为：AA-BB-CC-DD。其中：

- AA：表示设备的物理位置。CX 表示在曹溪公司，NH 表示在南华分公司。
- BB：表示设备的角色。JR 为接入交换机，HX 为核心交换机，CK 为出口设备。
- CC：表示设备型号，具体可参见设备清单。
- DD：表示设备序号，如 01、02 等。

表 10-2 为本项目所有设备命名。

表 10-2　设备主机名表

序号	设备型号	设备主机名	备注
1	RG-S2910-24GT4XS-E	CX-JR-S2910-01	接入交换机
2	RG-5310-24GT4XS	CX-HX-S5310-01	核心交换机
3	RG-RSR20-X	CX-CK-RSR20-01	出口设备
4	RG-RSR20-X	NH-CK-RSR20-01	出口设备

工作过程 4：规划 VLAN

本项目需要为总公司市场部及技术研发部的用户、二层交换机管理各自分配了 VLAN。VLAN 的规划信息见表 10-3。

表 10-3　VLAN 规划表

序号	VLAN ID	VLAN 名称	备注
1	10	ShiChangBu_VLAN	市场部 VLAN
2	20	JiShuYanFaBu_VLAN	技术研发部 VLAN
3	50	Manage_VLAN	二层设备管理 VLAN

工作过程 5：规划 IP 地址

整体上为总公司规划 192.168.0.0/16 的地址，为分公司规划 172.16.0.0/16 的地址。其中，总公司市场部、技术研发部总共有两个业务 VLAN，因此需要规划两个业务网段。同时还要规划接入交换机的管理地址。二层设备管理采用单独的管理网段，业务地址及管理地址的网关都位于核心交换机。另外，还需要规划三层设备之间接口的互联地址。

综上所述，本项目中 IP 地址详细规划见表 10-4 至表 10-6。

表 10-4　用户业务 IP 地址规划表

序号	区域	IP 地址	掩码	网关
1	市场部	192.168.10.0	255.255.255.0	192.168.10.254
2	技术研发部	192.168.20.0	255.255.255.0	192.168.20.254
3	南华分公司	172.16.10.0	255.255.255.0	172.16.10.254

表 10-5　接入交换机管理地址规划表

序号	设备名称	管理接口	IP 地址	掩码	网关
1	CX-JR-S2910-01	SVI50	192.168.50.1	255.255.255.0	192.168.50.254

表 10-6　设备互联 IP 地址规划表

序号	本端设备名称	本端 IP 地址	对端设备名称	对端 IP 地址
1	CX-HX-S5310-01	192.168.255.1/30	CX-CK-RSR20-01	192.168.255.2/30
2	CX-CK-RSR20-01	200.1.1.1/30	NH-CK-RSR20-01	200.1.1.2/30

工作过程 6：规划设备互联接口

该项目中，网络设备之间的互联接口规划的规范为：Con_To_ 对端设备名称 _ 对端接口名，具体规划见表 10-7。

表 10-7　设备互联接口规划表

本端设备	接口	接口描述	对端设备	接口	接口描述
CX-CK-RSR20-01	Gi0/0	Con_To_CX-HX-S5310-01_Gi0/4	CX-HX-S5310-01	Gi0/4	Con_To_CX-CK-RSR20-01_Gi0/0
	Gi0/1	Con_To_NH-CK-RSR20-01_Gi0/1	NH-CK-RSR20-01	Gi0/1	Con_To_CX-CK-RSR20-01_Gi0/1
CX-HX-S5310-01	Gi0/1	Con_To_CX-JR-S2910-01_Gi0/1	CX-JR-S2910-01	Gi0/1	Con_To_CX-HX-S5310-01_Gi0/1
NH-CK-RSR20-01	Gi0/0	Con_To_PC	PC	—	—

为了方便接下来的项目实施，在图 10-9 所示网络拓扑图的基础上进行细化，将主机名称、IP 地址、VLAN、接口编号等信息标注在网络拓扑图中，得到该项目详细的网络拓扑图，如图 10-10 所示。

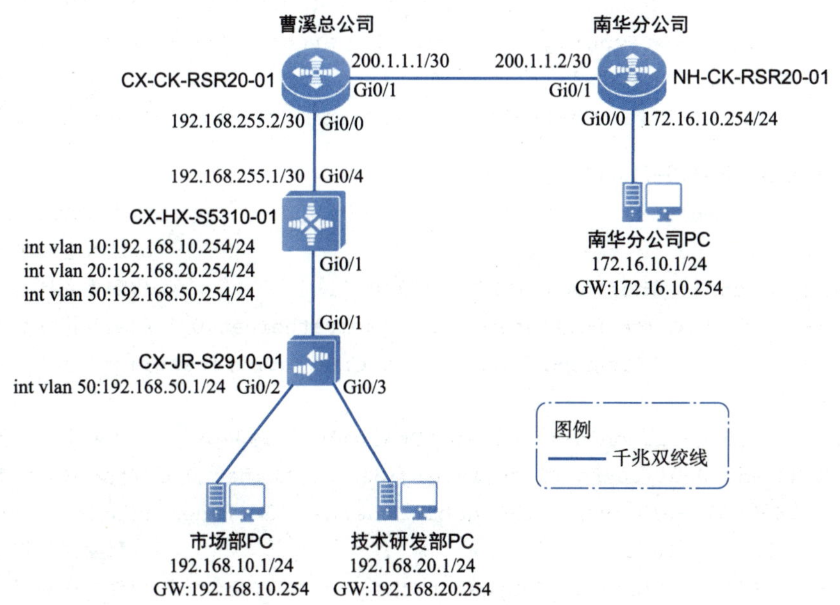

图 10-10　详细网络拓扑图

想了解更多详情，请自行扫码观看知识讲解视频。

视频10.8

任务 3　组建总分型企业网络项目实施

工作过程 1：按照拓扑连接设备

1. 任务目标

按照图 10-10 所示详细网络拓扑图，用双绞线连接本项目的设备。

2. 具体操作

这里的操作是物理连接，按照表 10-7 所示设备互联接口规划表进行连线。

工作过程 2：配置总公司设备基本信息

1. 任务目标

在开始功能性配置之前，先完成前期规划表中涉及的所有网络设备的基本配置，包括主机名、端口描述等。

2. 具体操作

➢ CX-JR-S2910-01 的配置如下：

```
Ruijie>enable                                                //进入特权模式
Ruijie#configure terminal                                    //进入全局配置模式
Ruijie(config)#hostname CX-JR-S2910-01                       //配置主机名
CX-JR-S2910-01(config)#interface gigabitethernet 0/1 //进入接口配置模式
CX-JR-S2910-01(config-if-GigabitEthernet 0/1)#description Con_
To_ CX-HX-S5310-01_Gi0/1                                     //配置接口描述
CX-JR-S2910-01(config-if-GigabitEthernet 0/1)#exit //返回全局配置模式
CX-JR-S2910-01(config)#interface gigabitethernet 0/2  //进入接口配置模式
CX-JR-S2910-01(config-if-GigabitEthernet 0/2)#description Con_
To_ CX-HX-S5310-02_Gi0/1                                     //配置接口描述
CX-JR-S2910-01(config-if-GigabitEthernet 0/2)#exit //返回全局模式
```

➢ CX-HX-S5310-01 的配置如下：

```
Ruijie>enable                                                //进入特权模式
Ruijie#configure terminal                                    //进入全局配置模式
Ruijie(config)#hostname CX-HX-S5310-01                       //配置主机名
CX-HX-S5310-01(config)#interface gigabitethernet 0/1 //进入接口配置模式
CX-HX-S5310-01(config-if-GigabitEthernet 0/1)#description Con_To_
CX-JR-S2910-01_Gi0/1                                         //配置接口描述
CX-HX-S5310-01(config-if-GigabitEthernet 0/1)#exit  //返回全局配置模式
CX-HX-S5310-01(config)#interface gigabitethernet 0/4//进入接口配置模式
CX-HX-S5310-01(config-if-GigabitEthernet 0/4)#description Con_To_
CX-CK-RSR20-01_Gi0/0                                         //配置接口描述
CX-HX-S5310-01(config-if-GigabitEthernet 0/4)#exit  //返回全局模式
```

➤ CX-CK-RSR20-01 的配置如下：

```
Ruijie>enable                                                    //进入特权模式
Ruijie#configure terminal                                        //进入全局配置模式
Ruijie(config)#hostname CX-CK-RSR20-01                          //配置主机名
CX-CK-RSR20-01(config)#interface gigabitethernet 0/0 //进入接口配置模式
CX-CK-RSR20-01(config-if-GigabitEthernet 0/0)#description Con_To_
CX-HX-S5310-01_Gi0/4                                             //配置接口描述
CX-CK-RSR20-01(config-if-GigabitEthernet 0/0)#exit//返回全局配置模式
CX-CK-RSR20-01(config)#interface gigabitethernet 0/1 //进入接口配置模式
CX-CK-RSR20-01(config-if-GigabitEthernet 0/1)#description Con_To_
NH-CK-RSR20-01_Gi0/1                                             //配置接口描述
CX-CK-RSR20-01(config-if-GigabitEthernet 0/1)#exit  //返回全局模式
```

工作过程 3：配置总公司 VLAN 及 IP（含 SVI）

1. 任务目标

在接入交换机、核心交换机及出口设备上创建相关 VLAN 及 IP 信息。

2. 具体操作

➤ CX-JR-S2910-01 的配置如下：

```
CX-JR-S2910-01(config)#vlan 10                              //创建用户VLAN
CX-JR-S2910-01(config-vlan)#name ShiChangBu_VLAN            //VLAN命名
CX-JR-S2910-01(config-vlan)#vlan 20                         //创建用户VLAN
CX-JR-S2910-01(config-vlan)#name JiShuYanFaBu_VLAN          //VLAN命名
CX-JR-S2910-01(config-vlan)#vlan 50                         //创建管理VLAN
CX-JR-S2910-01(config-vlan)#name Manage_VLAN                //VLAN命名
CX-JR-S2910-01(config-vlan)#exit                            //退回全局模式
CX-JR-S2910-01(config)#interface gigabitethernet 0/1 //进入接口
CX-JR-S2910-01(config-if-GigabitEthernet 0/1)#switchport mode trunk
                                                            //配置接口为TRUNK
CX-JR-S2910-01(config-if-GigabitEthernet 0/1)#exit //退回全局模式
CX-JR-S2910-01(config)#interface gigabitethernet 0/2 //进入接口
CX-JR-S2910-01(config-if-GigabitEthernet 0/2)#switchport access vlan 10
                                                            //划分VLAN
CX-JR-S2910-01(config-if-GigabitEthernet 0/2)#exit  //退回全局模式
CX-JR-S2910-01(config)#interface gigabitethernet 0/3 //进入接口
CX-JR-S2910-01(config-if-GigabitEthernet 0/3)#switchport access vlan 20
                                                            //划分VLAN
CX-JR-S2910-01(config-if-GigabitEthernet 0/3)#exit  //退回全局模式
CX-JR-S2910-01(config)#interface vlan 50                    //配置市场部用户网关
CX-JR-S2910-01(config-if-vlan 50)#description Manage //SVI接口配置描述
CX-JR-S2910-01(config-if-vlan 50)#ip address 192.168.50.1
255.255.255.0                                               //配置SVI接口地址
```

```
CX-JR-S2910-01(config-if-vlan 50)#exit                       //退回全局模式
CX-JR-S2910-01(config)#ip route 0.0.0.0 0.0.0.0 192.168.50.254
                                                             //配置网关
```

➤ CX-HX-S5310-01 的配置如下：

```
CX-HX-S5310-01(config)#vlan 10                               //创建用户VLAN
CX-HX-S5310-01(config-vlan)#name ShiChangBu_VLAN             //VLAN命名
CX-HX-S5310-01(config-vlan)#vlan 20                          //创建用户VLAN
CX-HX-S5310-01(config-vlan)#name JiShuYanFaBu_VLAN           //VLAN命名
CX-HX-S5310-01(config-vlan)#vlan 50                          //创建管理VLAN
CX-HX-S5310-01(config-vlan)#name Manage_VLAN                 //VLAN命名
CX-HX-S5310-01(config-vlan)#exit                             //退回全局模式
CX-HX-S5310-01(config)#interface gigabitethernet 0/1 //进入接口
CX-HX-S5310-01(config-if-GigabitEthernet 0/1)#switchport mode trunk
                                                             //配置接口为TRUNK
CX-HX-S5310-01(config-if-GigabitEthernet 0/1)#exit //退回全局模式
CX-HX-S5310-01(config)#interface gigabitethernet 0/4 //进入接口
CX-HX-S5310-01(config-if-GigabitEthernet 0/4)#no switchport
                                                             //配置路由接口
CX-HX-S5310-01(config-if-GigabitEthernet 0/4)#ip address
192.168.255.1 255.255.255.252                                //配置IP地址
CX-HX-S5310-01(config-if-GigabitEthernet 0/4)#exit  //退回全局模式
CX-HX-S5310-01(config)#interface vlan 10    //配置市场部用户网关
CX-HX-S5310-01(config-if-vlan 10)#description GW_ShiChangBu
                                                             //SVI接口配置描述
CX-HX-S5310-01(config-if-vlan 10)#ip address 192.168.10.254
255.255.255.0                                                //配置SVI接口地址
CX-HX-S5310-01(config-if-vlan 10)#interface vlan 20
                                                             //配置技术部用户网关
CX-HX-S5310-01(config-if-vlan 20)#description GW_JiShuYanFaBu
                                                             //SVI接口配置描述
CX-HX-S5310-01(config-if-vlan 20)#ip address 192.168.20.254
255.255.255.0                                                //配置SVI接口地址
CX-HX-S5310-01(config-if-vlan 20)#interface vlan 50
                                                             //配置二层设备管理网关
CX-HX-S5310-01(config-if-vlan 50)#description GW_Manage
                                                             //SVI接口配置描述
CX-HX-S5310-01(config-if-vlan 50)#ip address 192.168.50.254
255.255.255.0                                                //配置SVI接口地址
CX-HX-S5310-01(config-if-vlan 50)#exit                       //退回全局模式
```

➤ CX-CK-RSR20-01 的配置如下：

```
CX-CK-RSR20-01(config)#interface gigabitethernet 0/0  /进入接口
```

```
    CX-CK-RSR20-01(config-if-GigabitEthernet 0/0)#ip address
192.168.255.2 255.255.255.252                       //配置IP地址
    CX-CK-RSR20-01(config-if-GigabitEthernet 0/0)#exit   //退回全局模式
    CX-CK-RSR20-01(config)#interface gigabitethernet 0/1 //进入接口
    CX-CK-RSR20-01(config-if-GigabitEthernet 0/1)#ip address
200.1.1.1 255.255.255.252                           //配置IP地址
    CX-CK-RSR20-01(config-if-GigabitEthernet 0/0)#exit   //退回全局模式
```

工作过程 4：配置总公司静态路由

1. 任务目标

在核心交换机及出口设备配置静态路由。

2. 具体操作

➢ CX-HX-S5310-01 的配置如下：

```
    CX-HX-S5310-01(config)#ip route 0.0.0.0 0.0.0.0 192.168.255.2
                                                    //配置默认路由
```

➢ CX-CK-RSR20-01 的配置如下：

```
    CX-CK-RSR20-01(config)#ip route 172.16.0.0 255.255.0.0 200.1.1.2
                                                    //配置静态路由
    CX-CK-RSR20-01(config)#ip route 192.168.0.0 255.255.0.0
192.168.255.1                                       //配置静态路由
```

工作过程 5：配置分公司出口设备

1. 任务目标

配置分公司出口路由器的基本信息、接口 IP 及静态路由等。

2. 具体操作

➢ NH-CK-RSR20-01 的配置如下：

```
    Ruijie>enable                                   //进入特权模式
    Ruijie#configure terminal                       //进入全局配置模式
    Ruijie(config)#hostname NH-CK-RSR20-01          //配置主机名
    NH-CK-RSR20-01(config)#interface gigabitethernet 0/0 //进入接口配置模式
    NH-CK-RSR20-01(config-if-GigabitEthernet 0/0)#description Con_To_PC
                                                    //配置接口描述
    NH-CK-RSR20-01(config-if-GigabitEthernet 0/0)#ip address
172.16.10.254 255.255.255.0                         //配置IP地址
    NH-CK-RSR20-01(config-if-GigabitEthernet 0/0)#exit  //返回全局配置模式
    NH-CK-RSR20-01(config)#interface gigabitethernet 0/1 //进入接口配置模式
    NH-CK-RSR20-01(config-if-GigabitEthernet 0/1)#description Con_To_
CX-CK-RSR20-01_Gi0/1                                //配置接口描述
```

```
    NH-CK-RSR20-01(config-if-GigabitEthernet 0/1)#ip address
200.1.1.2 255.255.255.252                               //配置IP地址
    NH-CK-RSR20-01(config-if-GigabitEthernet 0/1)#exit  //返回全局模式
    NH-CK-RSR20-01(config)#ip route 192.168.0.0 255.255.0.0 200.1.1.1
                                                        //配置静态路由
```

工作过程 6：配置 IPSec VPN

1. 任务目标

在总公司和分公司出口设备配置 IPSec VPN。

2. 具体操作

➢ CX-CK-RSR20-01 的配置如下：

```
    CX-CK-RSR20-01(config)#access-list 101 permit ip 192.168.0.0
0.0.255.255 172.16.0.0 0.0.255.255                      //创建ACL
    CX-CK-RSR20-01(config)#crypto isakmp policy 1       //创建策略
    CX-CK-RSR20-01(isakmp-policy)#authentication pre-share
                                                        //指定认证方式
    CX-CK-RSR20-01(isakmp-policy)#encryption 3des       //指定3des算法
    CX-CK-RSR20-01(isakmp-policy)#exit                  //退回全局模式
    CX-CK-RSR20-01(config)#crypto isakmp key 0 woaizuguo address 200.1.1.2
                                                        //制定密钥
    CX-CK-RSR20-01(config)#crypto ipsec transform-set myset esp-des
esp-md5-hmac                                            //创建转换集
    CX-CK-RSR20-01(cfg-crypto-trans)#crypto map mymap 5 ipsec-isakmp
                                                        //创建策略
    CX-CK-RSR20-01(config-crypto-map)#set peer 200.1.1.2 //指定对端IP
    CX-CK-RSR20-01(config-crypto-map)#set transform-set myset //调用转换机
    CX-CK-RSR20-01(config-crypto-map)#match address 101 //调用ACL
    CX-CK-RSR20-01(config-crypto-map)#interface gigabitethernet 0/1
                                                        //进入接口
    CX-CK-RSR20-01(config-if-GigabitEthernet 0/1)#crypto map mymap
                                                        //调用策略
    CX-CK-RSR20-01(config-if-GigabitEthernet 0/1)#exit  //退回全局模式
```

➢ NH-CK-RSR20-01 的配置如下：

```
    NH-CK-RSR20-01(config)#access-list 101 permit ip 172.16.0.0
0.0.255.255 192.168.0.0 0.0.255.255                     //创建ACL
    NH-CK-RSR20-01(config)#crypto isakmp policy 1       //创建策略
    NH-CK-RSR20-01(isakmp-policy)#authentication pre-share
                                                        //指定认证方式
    NH-CK-RSR20-01(isakmp-policy)#encryption 3des       //指定3des算法
    NH-CK-RSR20-01(isakmp-policy)#exit                  //退回全局模式
```

```
    NH-CK-RSR20-01(config)#crypto isakmp key 0 woaizuguo address
200.1.1.1                                          //制定密钥
    NH-CK-RSR20-01(config)#crypto ipsec transform-set myset esp-des
esp-md5-hmac                                       //创建转换集
    NH-CK-RSR20-01(cfg-crypto-trans)#crypto map mymap 5 ipsec-isakmp
                                                   //创建策略
    NH-CK-RSR20-01(config-crypto-map)#set peer 200.1.1.1 //指定对端IP
    NH-CK-RSR20-01(config-crypto-map)#set transform-set myset
                                                   //调用转换机
    NH-CK-RSR20-01(config-crypto-map)#match address 101  //调用ACL
    NH-CK-RSR20-01(config-crypto-map)#interface gigabitethernet 0/1
                                                   //进入接口
    NH-CK-RSR20-01(config-if-GigabitEthernet 0/1)#crypto map mymap
                                                   //调用策略
    NH-CK-RSR20-01(config-if-GigabitEthernet 0/1)#exit//退回全局模式
```

任务 4　组建总分型企业网络联调测试

项目实施完成后，需要对网络的运行状态进行测试。本次测试 VPN 的两个方面：总公司与分公司间基本连通性、IPSec VPN 状态。

工作过程 1：测试基本连通性

1. 任务目标

将总公司与分公司的 PC 接入网络，并配置相应 IP 地址，测试总公司的 PC 是否能 PING 通分公司的 PC。

2. 具体操作

（1）将总公司市场部 PC 连接到 CX-JR-S2910-01 的 Gi0/2 口，IP 配置为 192.168.10.1/24，网关为 192.168.10.254。

（2）将分公司 PC 连接到 NH-CK-RSR20-01 的 Gi0/0 口，IP 配置为 172.16.10.1/24，网关为 172.16.10.254。

（3）用总公司市场部 PC PING 分公司 PC，能 PING 通，如图 10-11 所示。

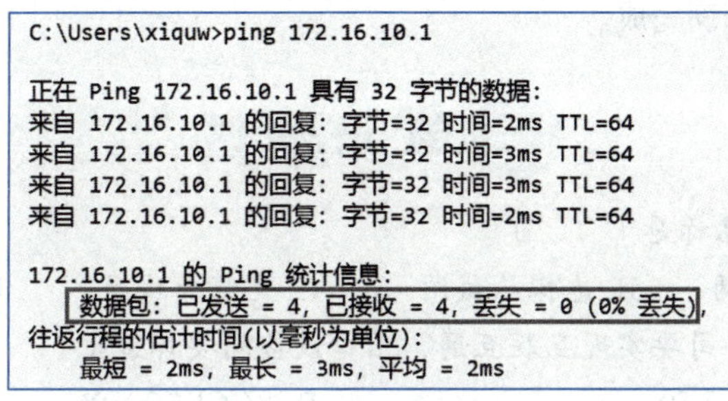

```
C:\Users\xiquw>ping 172.16.10.1

正在 Ping 172.16.10.1 具有 32 字节的数据:
来自 172.16.10.1 的回复: 字节=32 时间=2ms TTL=64
来自 172.16.10.1 的回复: 字节=32 时间=3ms TTL=64
来自 172.16.10.1 的回复: 字节=32 时间=3ms TTL=64
来自 172.16.10.1 的回复: 字节=32 时间=2ms TTL=64

172.16.10.1 的 Ping 统计信息:
    数据包: 已发送 = 4，已接收 = 4，丢失 = 0 (0% 丢失)，
往返行程的估计时间(以毫秒为单位):
    最短 = 2ms，最长 = 3ms，平均 = 2ms
```

图 10-11　总公司 PC 能 PING 通分公司 PC

工作过程 2：查看 IPSec VPN 状态

1. 任务目标

在 CX-CK-RSR20-01 查看 IPSec VPN 状态。

2. 具体操作

在总公司出口设备查看 IPSec VPN 运行状态，结果正常，如图 10-12 和图 10-13 所示。

```
CX-CK-RSR20-01(config)#show crypto isa sa
 destination       source         state                  conn-id         lifetime(second)
 200.1.1.2         200.1.1.1      IKE_IDLE               0               86357
```

图 10-12　ISKMP 状态正常

```
CX-CK-RSR20-01(config)#show crypto ipsec sa

Interface: GigabitEthernet 0/1
        Crypto map tag:1
        local ipv4 addr 200.1.1.1
        media mtu 1500

        ==================================
        sub_map type:static, seqno:1, id=0
        local  ident (addr/mask/prot/port): (192.168.0.0/0.0.255.255/0/0))
        remote  ident (addr/mask/prot/port): (172.16.0.0/0.0.255.255/0/0))
        PERMIT
        #pkts encaps: 742, #pkts encrypt: 742, #pkts digest 0
        #pkts decaps: 742, #pkts decrypt: 742, #pkts verify 0
        #send errors 0, #recv errors 0

        Inbound esp sas:
             spi:0x243aa2da (607822554)
              transform: esp-3des
              in use settings={Tunnel Encaps,}
              crypto map 1 1
              sa timing: remaining key lifetime (k/sec): (4606750/3545)
              IV size: 8 bytes
              Replay detection support:N


        Outbound esp sas:
             spi:0x9aedfaee (2599287534)
              transform: esp-3des
              in use settings={Tunnel Encaps,}
              crypto map 1 1
              sa timing: remaining key lifetime (k/sec): (4606750/3545)
              IV size: 8 bytes
              Replay detection support:N
```

图 10-13　IPSec 状态正常

想了解更多详情，请自行扫码观看知识讲解视频。

视频10.9

至此，本项目圆满完成。

单元测试

1. VPN 的中文名称是（　　）。

A. 虚拟专用网　　B. 虚拟局域网　　C. 无线局域网　　D. 无线专用网

2. 总公司和分公司要实现互联互通，出口设备间要部署（　　）。

A. Site-to-Site VPN　　B. ACCESS VPN

C. 以上都是　　D. 以上都不是

3. 出差员工需要访问公司内网，要部署的是（　　）。

A. Site-to-Site VPN　　B. ACCESS VPN

C. 以上都是　　D. 以上都不是

4. 以下属于二层 VPN 的是（　　）。

A. L2TP VPN　　B. IPSec VPN　　C. SSL VPN　　D. 以上都是

5. 以下属于三层 VPN 的是（　　）。

A. L2TP VPN　　B. IPSec VPN　　C. SSL VPN　　D. 以上都是

6. GRE 隧道的协议号是（　　）。

A. 47　　B. 48　　C. 50　　D. 51

7. IPSec VPN 的安全协议是（　　）。

A. AH　　B. ESP　　C. 以上都是　　D. 以上都不是

8.AH 的协议号是（　　）。

A. 47　　B. 48　　C. 50　　D. 51

9.ESP 的协议号是（　　）。

A. 47　　B. 48　　C. 50　　D. 51

10. IPSec VPN 需要为数据包打上新 IP 头部的是（　　）。

A. 隧道模式　　B. 传输模式　　C. 以上都是　　D. 以上都不是

11. 针对不同的用户要求，VPN 的解决方案有（　　）。（多选）

A. 远程访问虚拟网（Access VPN）　　B. 互联网虚拟网（Internet VPN）

C. 企业内部虚拟网（Internet VPN）　　D. 企业扩展虚拟网（Extranet VPN）

12. 以下属于对称加密算法的是（　　）。

A. DES　　B. RSA　　C. MD5　　D. CHAP

13. 以下属于对称非加密算法的是（　　）。

A. DES　　B. RSA　　C. MD5　　D. CHAP

14. 以下属于哈希函数的是（　　）。

A. DES　　B. RSA　　C. MD5　　D. CHAP

15. 以下 VPN 可以通过网页进行认证的是（　　）。

A. L2TP VPN　　B. IPSec VPN　　C. SSL VPN　　D. 以上都是

项目 11

组建多厂商融合企业网络

“海纳百川，有容乃大”，中华民族上下五千年，因为包容，因为不断融合，所以不断成长，源远流长。在人们的工作生活中，无处不在见证着多元文化的交汇融合，东西方文明的交流互鉴。

在许多企业网络中，往往同时存在多个厂商的网络设备。这些设备因共同遵循互联网公共协议，所以相互之间可以无障碍通信，这就是常说的多厂商融合。本项目组建多厂商融合企业网络。

项目目标

知识目标

- 熟悉多厂商设备融合应用的场景、特点及注意事项。
- 了解华为交换路由的产品特性。
- 掌握华为交换路由设备中常见视图的作用。
- 掌握华为交换路由设备中常见命令的配置方法。
- 掌握华为常见命令与锐捷命令的对应关系。

技能目标

- 能独立规划、设计多厂商融合网络。
- 能独立配置、部署多厂商融合网络。
- 能独立处理多厂商融合网络中的常见故障。

素养目标

- 培养多元文化融合的意识。
- 通过学习锐捷和华为等国产品牌的技术，培养民族自豪感。

接收任务

任务导学

妙觉集团是广东省企业，目前有总部和憨山分公司。企业总部全网使用锐捷设备，公司决定为憨山分公司组建网络。为实现多厂商融合，使用国产品牌，公司决定分公司网络全部使用华为设备，组建总部和分公司厂商融合企业网络。

憨山分公司的办公环境是一栋二层办公楼，有市场部和技术部两个部门，每个部门各 20 人。分公司目前申请了一条出口线路，公网 IP 为 200.1.100.0/29，网关为 200.1.100.1。

公司安排工程师小王完成本项目。小王与客户沟通后了解到本项目的需求如下：

（1）因分公司仅作为日常办公使用，故采购设备要本着节约的原则，采用单核心结构，并且省略汇聚层交换机。

（2）能够实现内外网的互联互通。

（3）全网采用静态路由。

（4）所有用户通过 DHCP 获取 IP 地址。

（5）实现设备远程管理，所有用户名和密码都设置为 woaizuguo。

想了解更多详情，请自行扫码观看视频。

项目11

前期知识回顾

在开始本项目前，小王需要回顾一下之前学习过的知识，请扫描下方的二维码观看相关知识的讲解视频进行学习。

二层交换机和三层交换机是如何工作的？

视频11.0

项目知识学习

回顾学习过的知识后，要完成本项目，小王还需要学习新知识，为此，他向公司资深的罗工程师（下称罗工）请教后学到了以下知识。

1. 小王：罗工您好，请问华为交换机的外观及登录方法是什么样的？

罗工：华为交换机外观与锐捷交换机类似，如图 11-1 所示。接口包含用于管理的 Console 口等接口，以及用户通信的以太网接口。

图 11-1　华为交换机外观

华为交换机的登录方法也与锐捷交换机类似，包括通过 Console 口、Telnet、SSH 等管理方式。通过 Console 口管理时，计算机的设置也与锐捷交换机一致。所以在此就不再重复说明华为交换机和路由器的登录。

2. 小王：配置华为交换机时所说的视图 view 是一张图表吗？

小王：华为设备的视图 view 不是一张图表，而是类似于锐捷设备中的各种配置模式。不同命令要在不同的视图中配置。目前常用的视图三种：用户视图、系统视图、接口视图。

（1）用户视图：是华为设备的默认视图，也就是说，用户从终端成功登录至设备即进入用户视图。用户视图可用于查看交换机简单运行状态和统计信息。其提示符为 <HUAWEI>，可使用 quit 命令退出视图。

（2）系统视图：在用户视图下输入 system-view 命令，可进入系统视图。系统视图可以配置各种常见的系统参数，例如，可通过 sysname 命令为设备命名。其提示符为 [Huawei]，可使用 quit 命令或【Ctrl+Z】组合键返回用户视图。

（3）接口视图：配置接口参数的视图称为接口视图。在该视图下可以配置接口相关的物理属性、链路层特性及 IP 地址等重要参数。使用 interface 命令并指定接口类型及接口编号可以进入相应的接口视图。具体配置命令如下：

```
[Huawei] interface gigabitethernet X/Y/Z
[Huawei-GigabitEthernetX/Y/Z]
```

其中，X/Y/Z 为需要配置的接口的编号，分别对应“槽位号 / 子卡号 / 接口序号”。GigabitEthernet 表示千兆接口，如果是其他类型接口，可根据实际情况进行修改。可使用 quit 命令退回系统视图。

3. 小王：华为设备有哪些常见命令？华为命令和锐捷命令是否有对应关系？

罗工：华为设备常用命令有很多。

（1）设备命名。

华为设备命名的方法与锐捷类似。假设将设备命名为 ABC，其命令和效果如下：

```
[Huawei]sysname ABC
[ABC]
```

（2）配置 VLAN 及交换接口信息。

对于创建 VLAN，华为设备在创建单个 VLAN 时的命令与锐捷是一样的。如果要创建多个 VLAN，如创建 VLAN 10-20，华为设备使用以下命令：

```
[Huawei]vlan batch 10 to 20
```

将交换机接口 Gi0/0/1 设为 ACCESS 接口并划分到 VLAN 10，华为设备使用以下命令：

```
[Huawei]interface gigabitethernet 0/0/1
[Huawei-GigabitEthernet0/0/1]port link-type access
[Huawei-GigabitEthernet0/0/1]port default vlan 10
```

将交换机 Gi0/0/2 接口设为 trunk 接口的命令如下：

```
[Huawei]interface gigabitethernet 0/0/2
[Huawei-GigabitEthernet0/0/2]port link-type trunk
```

（3）Telnet 密码验证配置。

本次实现的是只需输入 password 即可登录交换机。首先，进入用户界面视图，命令如下：

```
[Huawei]user-interface vty 0 4
```

接下来，设置认证方式为密码验证方式，命令如下：

```
[Huawei-ui-vty0-4]authentication-mode password
```

下面再设置登录验证的 password 为明文密码“woaizuguo”，命令如下：

```
[Huawei-ui-vty0-4]set authentication password simple woaizuguo
```

最后，配置登录用户的级别为最高级别 3。默认为级别 1，无法对设备进行配置操作。必须要将用户的权限设置为最高级别 3，才可以进入系统视图并进行配置操作。命令如下：

```
[Huawei-ui-vty0-4]user privilege level 3
```

4. 小王：如何查看华为设备的相关信息？

罗工：华为设备主要是通过 display 命令查看相关信息。

例如：

查看设备当前正在运行的配置的命令：display current-configuration。

查看交换机基本信息的命令：display device、display version。

查看交换机端口信息的命令：display interface、display interface brief。

想了解更多详情，请自行扫码观看知识讲解视频。

视频11.1

查看交换机ARP表信息的命令：display arp。

查看接口的VLAN信息的命令：display port vlan。

查看接口的IP信息的命令：display ip interface brief。

查看交换机路由信息的命令：display ip routing-table、display ip route。

任务1　组建多厂商融合企业网络需求分析

所谓需求分析，就是为本项目的每个需求逐一找到对应的实现方法。

工作过程1：逐步分析项目需求

根据上述项目需求逐条进行分析，过程如下：

背景如下：

（1）憨山分公司的办公环境是一栋二层办公楼。

（2）有市场部和技术部两个部门，每个部门各20人。

（3）分公司目前申请了一条出口线路。

需求如下：

（1）因分公司仅作为日常办公使用，故采购设备要本着节约的原则，采用单核心结构，并且省略汇聚层交换机。

实现方法如下：

➢ 全网拓扑为单出口设备及线路，单核心交换机，两台接入交换机，不需要汇聚交换机。

需求如下：

（2）能够实现内外网的互联互通。

（3）全网采用静态路由。

实现方法如下：

➢ 在全网设备配置基本信息。

➢ 配置VLAN、IP地址（含SVI）。

➢ 在出口及核心层配置静态路由。

➢ 出口设备配置NAT。

需求如下：

（4）所有用户通过DHCP获取IP地址。

实现方法如下：

➢ 在核心交换机上部署DHCP SERVER功能。

需求如下：

（5）实现设备远程管理，所有用户名和密码都设置为woaizuguo。

实现方法如下：

➢ 在全网设备配置 Telnet 功能。

工作过程 2：确定项目实施的具体步骤

将以上需求分析进行整合，可知项目实施步骤如下：

（1）配置设备基本信息。

（2）配置 VLAN、IP 地址（含 SVI）。

（3）配置静态路由。

（4）配置 NAT。

（5）配置 DHCP 服务器。

（6）配置设备远程登录。

配置完成后，还需进行项目联调与测试。

想了解更多详情，请自行扫码观看知识讲解视频。

视频11.2

任务 2　组建多厂商融合企业网络规划设计

将以上需求分析及实现方法进行整合，可知项目实施工作过程如下：

➢ 规划设备清单。

➢ 规划网络拓扑。

➢ 规划设备主机名。

➢ 规划 VLAN。

➢ 规划 IP 地址。

➢ 规划设备互联接口。

下面将按照这个步骤，为本项目进行规划。

工作过程 1：规划设备清单

本项目设备清单见表 11-1。

表 11-1　设备清单

序号	类型	设备	厂商	型号	数量	备注
1	硬件	二层接入交换机	华为	S3700	2 台	接入交换机
2	硬件	三层接入交换机	华为	S5700	1 台	核心交换机
3	硬件	出口路由器	华为	AR2220	1 台	出口设备
4	硬件	双绞线	—	—	若干米	—
5	硬件	计算机	—	—	3 台	配置设备及测试用
6	软件	SecureCRT	—	6.5 版本及以上	1 套	配置设备用

工作过程 2：规划网络拓扑

该项目的网络拓扑图如图 11-2 所示。

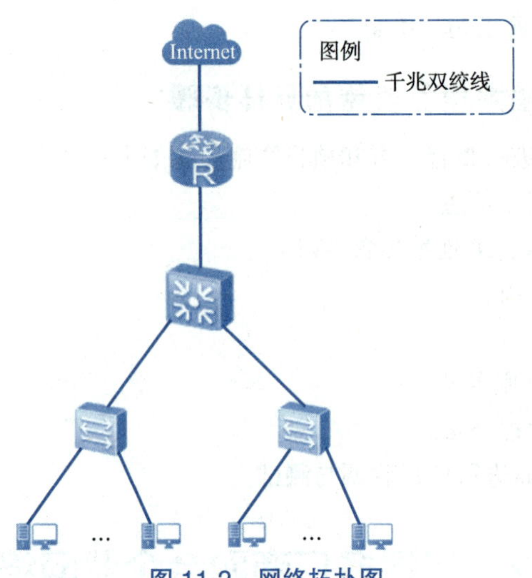

图 11-2　网络拓扑图

工作过程 3：规划设备主机名

设备名称用于标识一台设备的名字，在实际应用过程中可以根据需求进行命名。项目中合理地对设备进行命名，可以便于对设备进行维护和管理。该项目中网络设备命名规范为：AA-BB-CC-DD。其中：

- AA：表示设备的物理位置。HS 表示在憨山分公司。
- BB：表示设备的角色。JR 为接入交换机，HX 为核心交换机，CK 为出口设备。
- CC：表示设备型号，具体可参见设备清单。
- DD：表示设备序号，如 01、02 等。

表 11-2 为本项目所有设备命名。

表 11-2　设备主机名表

序号	设备型号	设备主机名	备注
1	S3700	HS-JR-S3700-01	接入交换机 1
2	S3700	HS-JR-S3700-02	接入交换机 2
3	S5700	HS-HX-S5700-01	核心交换机
4	AR2220	HS-CK-AR2220-01	出口路由器

工作过程 4：规划 VLAN

本项目需要为市场部和技术部的用户、二层交换机管理、核心交换机互联都分配了 VLAN。VLAN 的规划信息见表 11-3。

表 11-3　VLAN 规划表

序号	VLAN ID	VLAN 名称	备注
1	10	ShiChangBu_VLAN	市场部 VLAN
2	20	JiShuBu_VLAN	技术部 VLAN
3	50	Manage_VLAN	二层设备管理 VLAN
4	255	TO_HS-CK-AR2220-01	核心交换机与出口设备互联 VLAN

工作过程 5：规划 IP 地址

市场部、技术部总共有两个业务 VLAN，因此需要规划两个业务网段。同时还要规划接入交换机的管理地址。二层设备管理采用单独的管理网段，业务地址及管理地址的网关都位于核心交换机。另外，还需要规划三层设备之间接口的互联地址。

综上所述，本项目中 IP 地址的详细规划见表 11-4 至表 11-6。

表 11-4　用户业务 IP 地址规划表

序号	区域	IP 地址	掩码	网关
1	市场部	192.168.10.0	255.255.255.0	192.168.10.254
2	技术部	192.168.20.0	255.255.255.0	192.168.20.254

表 11-5　接入交换机管理地址规划表

序号	设备名称	管理接口	IP 地址	掩码	网关
1	HS-JR-S3700-01	SVI50	192.168.50.1	255.255.255.0	192.168.50.254
2	HS-JR-S3700-02	SVI50	192.168.50.2	255.255.255.0	192.168.50.254

表 11-6　设备互联 IP 地址规划表

序号	本端设备名称	本端 IP 地址	对端设备名称	对端 IP 地址
1	HS-HX-S5700-01	192.168.255.1/30	HS-CK-AR2220-01	192.168.255.2/30
2	HS-CK-AR2220-01	200.1.100.2/30	ISP	200.1.100.1/30

工作过程 6：规划设备互联接口

该项目中，网络设备之间的互联接口规划的规范为：Con_To_ 对端设备名称 _ 对端接口名，具体规划见表 11-7。

表 11-7　设备互联接口规划表

本端设备	接口	接口描述	对端设备	接口	接口描述
HS-CK-AR2220-01	GE0/0/0	Con_To_HS-HX-S5700-01_GE0/0/4	HS-HX-S5700-01	GE0/0/4	Con_To_HS-CK-AR2220-01_GE0/0/0
	GE0/0/1	Con_To_ISP	ISP	—	—
HS-HX-S5700-01	GE0/0/1	Con_To_HS-JR-S3700-01_GE0/0/1	HS-JR-S3700-01	GE0/0/1	Con_To_HS-HX-S5700-01_GE0/0/1
	GE0/0/2	Con_To_HS-JR-S3700-02_GE0/0/1	HS-JR-S3700-02	GE0/0/1	Con_To_HS-HX-S5700-01_GE0/0/2

为了方便接下来的项目实施，在图 11-2 所示网络拓扑图的基础上进行细化，将主机名称、IP 地址、VLAN、接口编号等信息标注在网络拓扑图中，得到该项目详细的网络拓扑图，如图 11-3 所示。

想了解更多详情，请自行扫码观看知识讲解视频。

视频11.3

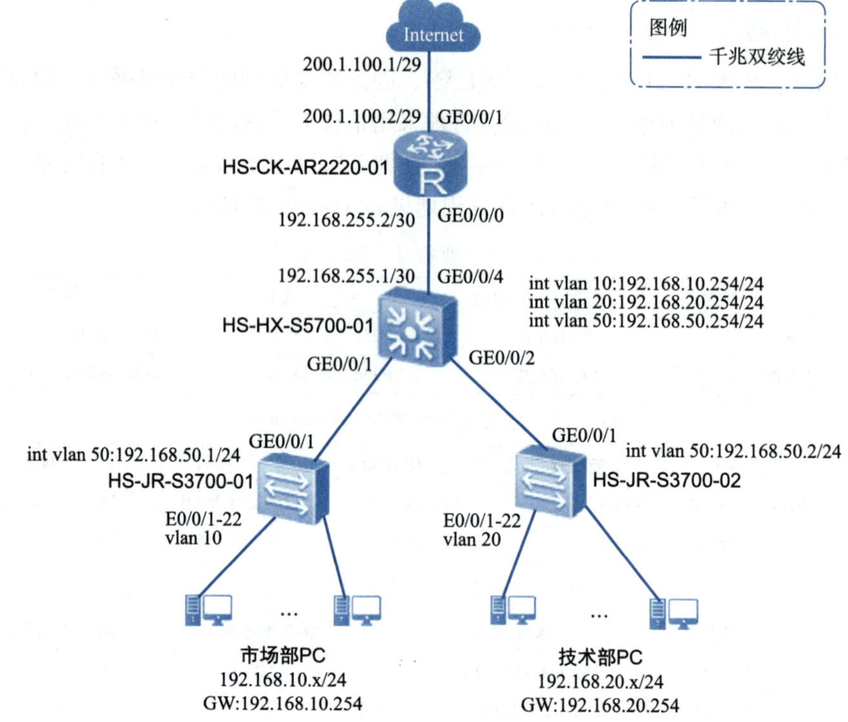

图 11-3　详细网络拓扑图

任务 3　组建多厂商融合企业网络项目实施

工作过程 1：按照拓扑连接设备

1. 任务目标

按照图 11-3 所示详细网络拓扑图，用双绞线连接本项目的设备。

2. 具体操作

这里的操作是物理连接，按照表 11-7 所示设备互联接口规划表进行连线。

工作过程 2：配置设备基本信息

1. 任务目标

在开始功能性配置之前，先完成前期规划表中涉及的所有网络设备的基本配置，包括主机名、端口描述等。

2. 具体操作

➢ HS-JR-S3700-01 的配置如下：

```
<Huawei>system-view                                  //进入系统视图
[Huawei]sysname HS-JR-S3700-01                       //设备命名
```

```
[HS-JR-S3700-01]interface gigabitethernet 0/0/1   //进入接口
[HS-JR-S3700-01-GigabitEthernet0/0/1]description Con_To_HS-
HX-S5700-01_GE0/0/1                               //端口描述
[HS-JR-S3700-01-GigabitEthernet0/0/1]quit         //退回系统视图
```

➢ HS-JR-S3700-02 的配置如下：

```
<Huawei>system-view                               //进入系统视图
[Huawei]sysname HS-JR-S3700-02                    //设备命名
[HS-JR-S3700-02]interface gigabitethernet 0/0/1   //进入接口
[HS-JR-S3700-02-GigabitEthernet0/0/1]description Con_To_HS-
HX-S5700-01_GE0/0/2                               //端口描述
[HS-JR-S3700-01-GigabitEthernet0/0/1]quit         //退回系统视图
```

➢ HS-HX-S5700-01 的配置如下：

```
<Huawei>system-view                               //进入系统视图
[Huawei]sysname HS-HX-S5700-01                    //设备命名
[HS-HX-S5700-01]interface gigabitethernet 0/0/1   //进入接口
[HS-HX-S5700-01-GigabitEthernet0/0/1]description Con_To_HS-
JR-S3700-01_GE0/0/1                               //端口描述
[HS-HX-S5700-01-GigabitEthernet0/0/1]quit         //退回系统视图
[HS-HX-S5700-01]interface gigabitethernet 0/0/2   //进入接口
[HS-HX-S5700-01-GigabitEthernet0/0/2]description Con_To_HS-
JR-S3700-02_GE0/0/1                               //端口描述
[HS-HX-S5700-01-GigabitEthernet0/0/2]quit         //退回系统视图
[HS-HX-S5700-01]interface gigabitethernet 0/0/4   //进入接口
[HS-HX-S5700-01-GigabitEthernet0/0/4]description Con_To_HS-CK-
AR2220-01_GE0/0/0                                 //端口描述
[HS-HX-S5700-01-GigabitEthernet0/0/4]quit         //退回系统视图
```

➢ HS-CK-AR2220-01 的配置如下：

```
<Huawei>system-view                               //进入系统视图
[Huawei]sysname HS-CK-AR2220-01                   //设备命名
[HS-CK-AR2220-01]interface gigabitethernet 0/0/0 //进入接口
[HS-CK-AR2220-01-GigabitEthernet0/0/0]description Con_To_HS-
HX-S5700-01_GE0/0/4                               //端口描述
[HS-CK-AR2220-01-GigabitEthernet0/0/0]quit        //退回系统视图
[HS-CK-AR2220-01]interface gigabitethernet 0/0/1 //进入接口
[HS-CK-AR2220-01-GigabitEthernet0/0/1]description Con_To_ISP
                                                  //端口描述
[HS-CK-AR2220-01-GigabitEthernet0/0/1]quit        //退回系统视图
```

工作过程 3：配置 VLAN 和 IP 地址

1. 任务目标

在核心交换机及接入交换机上创建相关 VLAN 及 SVI 等接口的 IP 信息。

2. 具体操作

（1）配置相关信息。

➢ HS-JR-S3700-01 的配置如下：

```
[HS-JR-S3700-01]vlan 10                                    //创建VLAN
[HS-JR-S3700-01-vlan10]description ShiChangBu_VLAN         //VLAN描述
[HS-JR-S3700-01-vlan10]quit                                //退回系统视图
[HS-JR-S3700-01]vlan 50                                    //创建VLAN
[HS-JR-S3700-01-vlan50]description Manage_VLAN             //VLAN描述
[HS-JR-S3700-01-vlan50]quit                                //退回系统视图
[HS-JR-S3700-01]port-group group-member Ethernet 0/0/1 to
Ethernet 0/0/22                                            //批量配置多个接口
[HS-JR-S3700-01-port-group]port link-type access           //接口设为ACCESS
[HS-JR-S3700-01-port-group]port default vlan 10            //接口加入VLAN
[HS-JR-S3700-01-port-group]quit                            //退回系统视图
[HS-JR-S3700-01]interface GigabitEthernet 0/0/1            //进入接口
[HS-JR-S3700-01-GigabitEthernet0/0/1]port link-type trunk
                                                           //接口设为TRUNK
[HS-JR-S3700-01-GigabitEthernet0/0/1]port trunk allow-pass vlan 10 50
                                                           //VLAN修剪
[HS-JR-S3700-01-GigabitEthernet0/0/1]quit                  //退回系统视图
[HS-JR-S3700-01]interface vlanif 50                        //创建SVI接口
[HS-JR-S3700-01-Vlanif50]ip address 192.168.50.1 24        //配置IP地址
[HS-JR-S3700-01-Vlanif50]quit                              //退回系统视图
[HS-JR-S3700-01]ip route-static 0.0.0.0 0.0.0.0 192.168.50.254
                                                           //配置网关
```

➢ HS-JR-S3700-02 的配置如下：

```
[HS-JR-S3700-02]vlan 20                                    //创建VLAN
[HS-JR-S3700-02-vlan20]description JiShuBu_VLAN            //VLAN描述
[HS-JR-S3700-02-vlan20]quit                                //退回系统视图
[HS-JR-S3700-02]vlan 50                                    //创建VLAN
[HS-JR-S3700-02-vlan50]description Manage_VLAN             //VLAN描述
[HS-JR-S3700-02-vlan50]quit                                //退回系统视图
[HS-JR-S3700-02]port-group group-member Ethernet 0/0/1 to
Ethernet 0/0/22                                            //批量配置多个接口
[HS-JR-S3700-02-port-group]port link-type access           //接口设为ACCESS
[HS-JR-S3700-02-port-group]port default vlan 20            //接口加入VLAN
```

```
[HS-JR-S3700-02-port-group]quit                    //退回系统视图
[HS-JR-S3700-02]interface GigabitEthernet 0/0/1    //进入接口
[HS-JR-S3700-02-GigabitEthernet0/0/1]port link-type trunk
                                                   //接口设为TRUNK
[HS-JR-S3700-02-GigabitEthernet0/0/1]port trunk allow-pass vlan 20 50
                                                   //VLAN修剪
[HS-JR-S3700-02-GigabitEthernet0/0/1]quit          //退回系统视图
[HS-JR-S3700-02]interface vlanif 50                //创建SVI接口
[HS-JR-S3700-02-Vlanif50]ip address 192.168.50.2 24  //配置IP地址
[HS-JR-S3700-02-Vlanif50]quit                      //退回系统视图
[HS-JR-S3700-02]ip route-static 0.0.0.0 0.0.0.0 192.168.50.254
                                                   //配置网关
```

➢ HS-HX-S5700-01 的配置如下：

```
[HS-HX-S5700-01]vlan 10                            //创建VLAN
[HS-HX-S5700-01-vlan10]description ShiChangBu_VLAN //VLAN描述
[HS-HX-S5700-01-vlan10]vlan 20                     //创建VLAN
[HS-HX-S5700-01-vlan20]description JiShuBu_VLAN    //VLAN描述
[HS-HX-S5700-01-vlan20]quit                        //退回系统视图
[HS-HX-S5700-01]vlan 50                            //创建VLAN
[HS-HX-S5700-01-vlan50]description Manage_VLAN     //VLAN描述
[HS-HX-S5700-01-vlan50]quit                        //退回系统视图
[HS-HX-S5700-01]vlan 255                           //创建VLAN
[HS-HX-S5700-01-vlan255]description TO_HS-CK-AR2220-01
                                                   //VLAN描述
[HS-HX-S5700-01-vlan255]quit                       //退回系统视图
[HS-HX-S5700-01]interface GigabitEthernet 0/0/1    //进入接口
[HS-HX-S5700-01-GigabitEthernet0/0/1]port link-type trunk
                                                   //接口设为TRUNK
[HS-HX-S5700-01-GigabitEthernet0/0/1]port trunk allow-pass vlan 10 50
                                                   //VLAN修剪
[HS-HX-S5700-01-GigabitEthernet0/0/1]quit          //创建SVI接口
[HS-HX-S5700-01]interface GigabitEthernet 0/0/2    //进入接口
[HS-HX-S5700-01-GigabitEthernet0/0/2]port link-type trunk
                                                   //接口设为TRUNK
[HS-HX-S5700-01-GigabitEthernet0/0/2]port trunk allow-pass vlan 20 50
                                                   //VLAN修剪
[HS-HX-S5700-01-GigabitEthernet0/0/2]quit          //退回系统视图
[HS-HX-S5700-01]interface GigabitEthernet 0/0/4    //进入接口
[HS-HX-S5700-01-GigabitEthernet0/0/4]port link-type access
                                                   //接口设为ACCESS
[HS-HX-S5700-01-GigabitEthernet0/0/4]port default vlan 255
                                                   //接口加入VLAN
```

```
[HS-HX-S5700-01-GigabitEthernet0/0/4]quit                //退回系统视图
[HS-HX-S5700-01]interface vlanif 10                      //创建SVI接口
[HS-HX-S5700-01-Vlanif10]ip address 192.168.10.254 24    //配置IP地址
[HS-HX-S5700-01-Vlanif10]quit                            //退回系统视图
[HS-HX-S5700-01]interface vlanif 20                      //创建SVI接口
[HS-HX-S5700-01-Vlanif20]ip address 192.168.20.254 24    //配置IP地址
[HS-HX-S5700-01-Vlanif20]quit                            //退回系统视图
[HS-HX-S5700-01]interface vlanif 50                      //创建SVI接口
[HS-HX-S5700-01-Vlanif50]ip address 192.168.50.254 24    //配置IP地址
[HS-HX-S5700-01-Vlanif50]quit                            //退回系统视图
[HS-HX-S5700-01]interface vlanif 255                     //创建SVI接口
[HS-HX-S5700-01-Vlanif255]ip address 192.168.255.1 30    //配置IP地址
[HS-HX-S5700-01-Vlanif255]quit                           //退回系统视图
```

➢ HS-CK-AR2220-01 的配置如下：

```
[HS-CK-AR2220-01]interface GigabitEthernet 0/0/0 //进入接口
[HS-CK-AR2220-01-GigabitEthernet0/0/0]ip address 192.168.255.2 30
                                                         //配置IP地址
[HS-CK-AR2220-01-GigabitEthernet0/0/0]quit               //退回系统视图
[HS-CK-AR2220-01]interface GigabitEthernet 0/0/1 //进入接口
[HS-CK-AR2220-01-GigabitEthernet0/0/1]ip address 200.1.100.2 29
                                                         //配置IP地址
[HS-CK-AR2220-01-GigabitEthernet0/0/1]quit               //退回系统视图
```

说明：如果实际环境中无 ISP，可使用 1 台路由器（本次使用 AR2220）充当 ISP 进行测试。

➢ ISP 的配置如下：

```
<Huawei>system-view                                      //进入系统视图
[Huawei]sysname ISP                                      //设备命名
[ISP]interface GigabitEthernet 0/0/0                     //进入接口
[ISP-GigabitEthernet0/0/0]ip address 200.1.100.1 29      //配置IP地址
[ISP-GigabitEthernet0/0/0]quit                           //退回系统视图
[ISP]interface Loopback 0                         //创建Loopback0接口
[ISP-Loopback0]ip address 12.34.56.78 32                 //配置IP地址
[ISP-Loopback0]quit                                      //退回系统视图
```

（2）阶段性测试：查看 VLAN 信息及 IP 信息。

➢ HS-JR-S3700-01 的配置如下：

接口的 VLAN 信息如图 11-4 所示，GE0/0/1 接口为 TRUNK 接口且进行了 VLAN 修剪，Ethernet0/0/1-Ethernet0/0/22 为 ACCESS 接口且加入 VLAN 10。

IP 信息如图 11-5 所示，接入交换机只配置了管理地址。

HS-JR-S3700-02 的信息与之类似，在此就不列举了。

```
[HS-JR-S3700-01]display port vlan
Port                    Link Type    PVID  Trunk VLAN List
-------------------------------------------------------------------------------
--
Ethernet0/0/1           access       10    -
Ethernet0/0/2           access       10    -
Ethernet0/0/3           access       10    -
Ethernet0/0/4           access       10    -
Ethernet0/0/5           access       10    -
Ethernet0/0/6           access       10    -
Ethernet0/0/7           access       10    -
Ethernet0/0/8           access       10    -
Ethernet0/0/9           access       10    -
Ethernet0/0/10          access       10    -
Ethernet0/0/11          access       10    -
Ethernet0/0/12          access       10    -
Ethernet0/0/13          access       10    -
Ethernet0/0/14          access       10    -
Ethernet0/0/15          access       10    -
Ethernet0/0/16          access       10    -
Ethernet0/0/17          access       10    -
Ethernet0/0/18          access       10    -
Ethernet0/0/19          access       10    -
Ethernet0/0/20          access       10    -
Ethernet0/0/21          access       10    -
Ethernet0/0/22          access       10    -
GigabitEthernet0/0/1    trunk        1     1 10 50
GigabitEthernet0/0/2    hybrid       1     -
```

图 11-4　HS-JR-S3700-01 的接口 VLAN 信息

```
<HS-JR-S3700-01>display ip interface brief
*down: administratively down
^down: standby
(l): loopback
(s): spoofing
The number of interface that is UP in Physical is 3
The number of interface that is DOWN in Physical is 1
The number of interface that is UP in Protocol is 2
The number of interface that is DOWN in Protocol is 2

Interface                         IP Address/Mask      Physical   Protocol
MEth0/0/1                         unassigned           down       down
NULL0                             unassigned           up         up(s)
Vlanif1                           unassigned           up         down
Vlanif50                          192.168.50.1/24      up         up
```

图 11-5　HS-JR-S3700-01 的 IP 信息

➢ HS-HX-S5700-01 的配置如下：

接口的 VLAN 信息如图 11-6 所示，GE0/0/1 和 GE0/0/2 接口为 TRUNK 接口且进行了 VLAN 修剪，GE0/0/4 为 ACCESS 接口且加入 VLAN 255。

IP 信息如图 11-7 所示，核心交换机配置了 SVI 地址作为用户和接入交换机网关，以及互联地址。

```
[HS-HX-S5700-01]display port vlan
Port                    Link Type    PVID  Trunk VLAN List
-------------------------------------------------------------------------------
--
GigabitEthernet0/0/1    trunk        1     1 10 50
GigabitEthernet0/0/2    trunk        1     1 20 50
GigabitEthernet0/0/3    hybrid       1     -
GigabitEthernet0/0/4    access       255   -
GigabitEthernet0/0/5    hybrid       1     -
GigabitEthernet0/0/6    hybrid       1     -
GigabitEthernet0/0/7    hybrid       1     -
GigabitEthernet0/0/8    hybrid       1     -
GigabitEthernet0/0/9    hybrid       1     -
GigabitEthernet0/0/10   hybrid       1     -
GigabitEthernet0/0/11   hybrid       1     -
GigabitEthernet0/0/12   hybrid       1     -
GigabitEthernet0/0/13   hybrid       1     -
GigabitEthernet0/0/14   hybrid       1     -
GigabitEthernet0/0/15   hybrid       1     -
GigabitEthernet0/0/16   hybrid       1     -
GigabitEthernet0/0/17   hybrid       1     -
GigabitEthernet0/0/18   hybrid       1     -
GigabitEthernet0/0/19   hybrid       1     -
GigabitEthernet0/0/20   hybrid       1     -
GigabitEthernet0/0/21   hybrid       1     -
GigabitEthernet0/0/22   hybrid       1     -
GigabitEthernet0/0/23   hybrid       1     -
GigabitEthernet0/0/24   hybrid       1     -
```

图 11-6　HS-HX-S5700-01 的接口 VLAN 信息

```
[HS-HX-S5700-01]display ip interface brief
*down: administratively down
^down: standby
(l): loopback
(s): spoofing
The number of interface that is UP in Physical is 6
The number of interface that is DOWN in Physical is 1
The number of interface that is UP in Protocol is 5
The number of interface that is DOWN in Protocol is 2

Interface                   IP Address/Mask      Physical   Protocol
MEth0/0/1                   unassigned           down       down
NULL0                       unassigned           up         up(s)
Vlanif1                     unassigned           up         down
Vlanif10                    192.168.10.254/24    up         up
Vlanif20                    192.168.20.254/24    up         up
Vlanif50                    192.168.50.254/24    up         up
Vlanif255                   192.168.255.1/30     up         up
```

图 11-7　HS-HX-S5700-01 的 IP 信息

➢ HS-CK-AR2220-01 的配置如下：

出口路由器的 IP 信息如图 11-8 所示。

```
[HS-CK-AR2220-01]display ip interface brief
*down: administratively down
^down: standby
(l): loopback
(s): spoofing
The number of interface that is UP in Physical is 2
The number of interface that is DOWN in Physical is 2
The number of interface that is UP in Protocol is 2
The number of interface that is DOWN in Protocol is 2

Interface                   IP Address/Mask      Physical   Protocol
GigabitEthernet0/0/0        192.168.255.2/30     up         up
GigabitEthernet0/0/1        200.1.100.2/29       up         up
GigabitEthernet0/0/2        unassigned           down       down
NULL0                       unassigned           up         up(s)
```

图 11-8　HS-CK-AR2220-01 的 IP 信息

工作过程 4：配置静态路由

1. 任务目标

在核心交换机及出口设备配置静态路由。

2. 具体操作

（1）配置静态路由。

➢ HS-HX-S5700-01 的配置如下：

```
[HS-HX-S5700-01]ip route-static 0.0.0.0 0 192.168.255.2
                                        //在核心交换机配置默认路由
```

➢ HS-CK-AR2220-01 的配置如下：

```
[HS-CK-AR2220-01]ip route-static 0.0.0.0 0 200.1.100.1
                                        //在出口配置默认路由
[HS-CK-AR2220-01]ip route-static 192.168.0.0 16 192.168.255.1
                                        //在出口配置静态路由
```

（2）查看路由信息。

查看核心交换机和出口路由器的路由信息，结果与预期一致，如图 11-9 和图 11-10 所示。

```
[HS-HX-S5700-01]display ip routing-table
Route Flags: R - relay, D - download to fib
------------------------------------------------------------------------------
-
Routing Tables: Public
         Destinations : 9        Routes : 9

Destination/Mask    Proto   Pre  Cost      Flags NextHop         Interface

        0.0.0.0/0   Static  60   0           RD  192.168.255.2   Vlanif255
      127.0.0.0/8   Direct  0    0            D  127.0.0.1       InLoopBack0
      127.0.0.1/32  Direct  0    0            D  127.0.0.1       InLoopBack0
   192.168.10.0/24  Direct  0    0            D  192.168.10.254  Vlanif10
 192.168.10.254/32  Direct  0    0            D  127.0.0.1       Vlanif10
   192.168.50.0/24  Direct  0    0            D  192.168.50.254  Vlanif50
 192.168.50.254/32  Direct  0    0            D  127.0.0.1       Vlanif50
  192.168.255.0/30  Direct  0    0            D  192.168.255.1   Vlanif255
  192.168.255.1/32  Direct  0    0            D  127.0.0.1       Vlanif255
```

图 11-9　HS-HX-S5700-01 的路由信息

```
[HS-CK-AR2220-01]display ip routing-table
Route Flags: R - relay, D - download to fib
------------------------------------------------------------------------------
Routing Tables: Public
         Destinations : 12       Routes : 12

Destination/Mask    Proto   Pre  Cost      Flags NextHop         Interface

        0.0.0.0/0   Static  60   0           RD  200.1.100.1     GigabitEthernet0/0/1
      127.0.0.0/8   Direct  0    0            D  127.0.0.1       InLoopBack0
      127.0.0.1/32  Direct  0    0            D  127.0.0.1       InLoopBack0
127.255.255.255/32  Direct  0    0            D  127.0.0.1       InLoopBack0
    192.168.0.0/16  Static  60   0           RD  192.168.255.1   GigabitEthernet0/0/0
  192.168.255.0/30  Direct  0    0            D  192.168.255.2   GigabitEthernet0/0/0
  192.168.255.2/32  Direct  0    0            D  127.0.0.1       GigabitEthernet0/0/0
  192.168.255.3/32  Direct  0    0            D  127.0.0.1       GigabitEthernet0/0/0
    200.1.100.0/30  Direct  0    0            D  200.1.100.1     GigabitEthernet0/0/1
    200.1.100.1/32  Direct  0    0            D  127.0.0.1       GigabitEthernet0/0/1
    200.1.100.3/32  Direct  0    0            D  127.0.0.1       GigabitEthernet0/0/1
255.255.255.255/32  Direct  0    0            D  127.0.0.1       InLoopBack0
```

图 11-10　HS-CK-AR2220-01 的路由信息

工作过程 5：配置 NAT

1. 任务目标

在出口设备配置 NAT。

2. 具体操作

➢ HS-CK-AR2220-01 的配置如下：

```
[HS-CK-AR2220-01]acl 2000                                    //创建ACL
[HS-CK-AR2220-01-acl-basic-2000]rule permit source 192.168.0.0
0.0.255.255                                                  //创建规则
[HS-CK-AR2220-01-acl-basic-2000]quit                         //退回系统视图
[HS-CK-AR2220-01]nat address-group 1 200.1.100.3 200.1.100.4
                                                             //创建NAT地址池
[HS-CK-AR2220-01]interface GigabitEthernet 0/0/1             //进入外网口
[HS-CK-AR2220-01-GigabitEthernet0/0/1]nat outbound 2000 address-group 1
                                                             //创建NAPT规则
[HS-CK-AR2220-01-GigabitEthernet0/0/1]quit                   //退回系统视图
```

工作过程 6：配置 DHCP 服务器

1. 任务目标

在核心交换机配置 DHCP 服务器。

2. 具体操作

➢ HS-HX-S5700-01 的配置如下：

```
[HS-HX-S5700-01]dhcp enable                                  //启动DHCP服务
[HS-HX-S5700-01]interface vlanif 10                          //进入用户网关接口
[HS-HX-S5700-01-Vlanif10]dhcp select global                  //设置接口DHCP
[HS-HX-S5700-01-Vlanif10]quit                                //退回系统视图
[HS-HX-S5700-01]interface vlanif 20                          //进入用户网关接口
[HS-HX-S5700-01-Vlanif20]dhcp select global                  //设置接口DHCP
[HS-HX-S5700-01-Vlanif20]quit                                //退回系统视图
[HS-HX-S5700-01]ip pool VLAN10                               //创建地址池
[HS-HX-S5700-01-ip-pool-vlan10]network 192.168.10.0 mask 24
                                                             //设置网段及掩码
[HS-HX-S5700-01-ip-pool-vlan10]gateway-list 192.168.10.254
                                                             //设置用户网关
[HS-HX-S5700-01-ip-pool-vlan10]quit                          //退回系统视图
[HS-HX-S5700-01]ip pool VLAN20                               //创建地址池
[HS-HX-S5700-01-ip-pool-vlan20]network 192.168.20.0 mask 24
                                                             //设置网段及掩码
[HS-HX-S5700-01-ip-pool-vlan20]gateway-list 192.168.20.254
                                                             //设置用户网关
```

```
[HS-HX-S5700-01-ip-pool-vlan20]quit                       //退回系统视图
```

工作过程 7：配置设备 Telnet

1. 任务目标

在全网设备上开启 Telnet，实现远程管理。

2. 具体操作

以 HS-JR-S3700-01 为例，配置如下：

```
[HS-JR-S3700-01]user-interface vty 0 4                    //进入用户界面视图
[HS-JR-S3700-01-ui-vty0-4]authentication-mode password //设置认证方式
[HS-JR-S3700-01-ui-vty0-4]set authentication password simple woaizuguo
                                                          //设置密码
[HS-JR-S3700-01-ui-vty0-4]user privilege level 3 //设置登录用户级别
[HS-JR-S3700-01-ui-vty0-4]quit                            //退回系统视图
```

任务 4　组建多厂商融合企业网络联调测试

项目实施完成后，需要对网络的运行状态进行测试。本次测试包括三个方面：DHCP 获取情况、基本连通性及设备远程管理。

工作过程 1：测试用户 DHCP 获取情况

1. 任务目标

测试用户 DHCP 获取情况。

2. 具体操作

将两部门的 PC 接入网络，并将 IP 地址设为自动获取，查看两个部门 PC 的 IP 地址，市场部 PC 获取 192.168.10.0/24 地址，网关为 192.168.10.254。技术部 PC 获取 192.168.20.0/24 地址，网关为 192.168.20.254，如图 11-11 和图 11-12 所示，说明两部门用户 DHCP 获取正常。

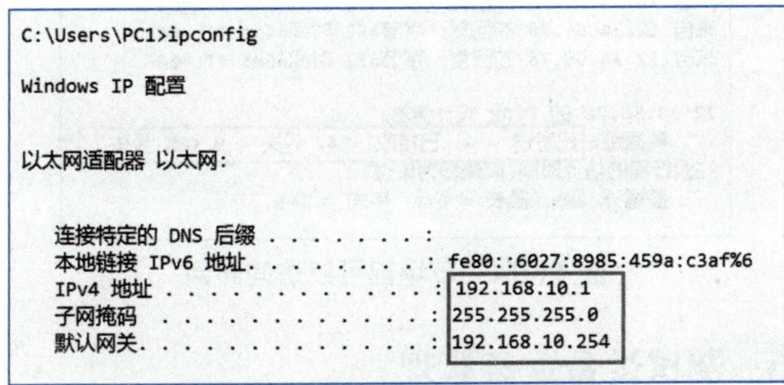

```
C:\Users\PC1>ipconfig

Windows IP 配置


以太网适配器 以太网:

   连接特定的 DNS 后缀 . . . . . . . :
   本地链接 IPv6 地址. . . . . . . . : fe80::6027:8985:459a:c3af%6
   IPv4 地址 . . . . . . . . . . . . : 192.168.10.1
   子网掩码  . . . . . . . . . . . . : 255.255.255.0
   默认网关. . . . . . . . . . . . . : 192.168.10.254
```

图 11-11　市场部获取到 IP 地址

```
C:\Users\PC2>ipconfig

Windows IP 配置


以太网适配器 以太网:


   连接特定的 DNS 后缀 . . . . . . . :
   本地链接 IPv6 地址. . . . . . . . : fe80::8765:deb3:72e0:8c6a%12
   IPv4 地址 . . . . . . . . . . . . : 192.168.20.1
   子网掩码  . . . . . . . . . . . . : 255.255.255.0
   默认网关. . . . . . . . . . . . . : 192.168.20.254
```

图 11-12　技术部获取到 IP 地址

工作过程 2：测试基本连通性

1. 任务目标

将两部门的 PC 接入网络，并配置相应 IP 地址，测试是否能 PING 通内外网。

2. 具体操作

市场部 PC 分别 PING 技术部 PC 和外网地址，都能 PING 通，如图 11-13 和图 11-14 所示。

```
C:\Users\PC1>ping 192.168.20.1

正在 Ping 192.168.20.1 具有 32 字节的数据:
来自 192.168.20.1 的回复: 字节=32 时间=2ms TTL=64
来自 192.168.20.1 的回复: 字节=32 时间=3ms TTL=64
来自 192.168.20.1 的回复: 字节=32 时间=5ms TTL=64
来自 192.168.20.1 的回复: 字节=32 时间=2ms TTL=64

192.168.20.1 的 Ping 统计信息:
    数据包: 已发送 = 4，已接收 = 4，丢失 = 0 (0% 丢失)，
往返行程的估计时间(以毫秒为单位):
    最短 = 2ms，最长 = 5ms，平均 = 3ms
```

图 11-13　市场部可以访问技术部

```
C:\Users\PC1>ping 12.34.56.78

正在 Ping 12.34.56.78 具有 32 字节的数据:
来自 12.34.56.78 的回复: 字节=32 时间=2ms TTL=64
来自 12.34.56.78 的回复: 字节=32 时间=2ms TTL=64
来自 12.34.56.78 的回复: 字节=32 时间=4ms TTL=64
来自 12.34.56.78 的回复: 字节=32 时间=6ms TTL=64

12.34.56.78 的 Ping 统计信息:
    数据包: 已发送 = 4，已接收 = 4，丢失 = 0 (0% 丢失)，
往返行程的估计时间(以毫秒为单位):
    最短 = 2ms，最长 = 6ms，平均 = 3ms
```

图 11-14　市场部可以访问外网

工作过程 3：测试设备远程管理

1. 任务目标

测试 Telnet 功能是否正常。

2. 具体操作

用市场部 PC 远程登录接入交换机 1，分别输入对应的用户名和密码（woaizuguo），顺利进入接入交换机 1，如图 11-15 至图 11-16 所示。

想了解更多详情，请自行扫码观看知识讲解视频。

视频11.4

```
C:\Users\PC1>telnet 192.168.50.1
```

图 11-15　在用户 PC 上远程访问接入交换机 1

```
Login authentication

Password: woaizuguo
Info: The max number of VTY users is 5, and the number
      of current VTY users on line is 1.
      The current login time is 2023-06-14 09:52:12.

<HS-JR-S3700-01>system-view
Enter system view, return user view with Ctrl+Z.
[HS-JR-S3700-01]
```

图 11-16　按照提示输入密码，进入接入交换机 1

至此，本项目圆满完成。

单元测试

1. 目前（　　）不属于是国产品牌。

   A. 中锐　　B. 锐捷　　C. 华为　　D. 思科

2. <Huawei> 属于（　　）。

   A. 用户视图　　B. 系统视图　　C. 接口视图　　D. 以上都不对

3. [Huawei] 属于（　　）。

   A. 用户视图　　B. 系统视图　　C. 接口视图　　D. 路由视图

4. [Huawei-GigabitEthernet0/0/1] 属于（　　）。

   A. 用户视图　　B. 系统视图　　C. 接口视图　　D. 路由视图

5. GigabitEthernet0/0/1 属于（　　）接口。

   A. 千兆　　B. 百兆　　C. 光口　　D. 电口

6. Ethernet0/0/1 属于（　　）接口。

   A. 千兆　　B. 百兆　　C. 光口　　D. 电口

7. 从用户视图进入系统视图的命令是（　　）。

   A. enable　　B. configure terminal
   C. system-view　　D. exit

8. 从系统视图退回用户视图的命令是（　　）。

   A. exit　　B. end　　C. quit　　D. enable

9. 华为交换机设备命名的命令是（　　）。

   A. hostname　　B. sysname　　C. description　　D. name

10. 华为交换机接口描述的命令是（　　）。

A. hostname　　B. sysname　　C. description　　D. name

11. 将接口设置为 TRUNK 的命令为（　　）。

A. port link-type trunk　　B. switchport mode trunk

C. port link-type access　　D. port mode access

12. 以下说法正确的是（　　）。

A. 华为设备不支持静态路由　　B. 华为设备不支持 OSPF

C. 华为设备不支持 EIGRP　　D. 以上说法都不对

13. 查看接口 VLAN 信息的命令是（　　）。

A. display port vlan　　B. display current-configure

C. display ip routing-table　　D. display version

14. 查看路由信息的命令是（　　）。

A. display port vlan　　B. display current-configure

C. display ip routing-table　　D. display version

15. 查看正在运行的配置的命令是（　　）。

A. display port vlan　　B. display current-configure

C. display ip routing-table　　D. display version

附录 A

网络拓扑中图标使用说明

本书各项目网络拓扑图中使用的设备包括交换机和路由器等网络设备、个人计算机（PC）、传输介质（双绞线和光纤等传输介质）。其中传输介质每个拓扑的图例中都有介绍，这里就不再说明了。对于网络设备来说，本书前十个项目使用的是锐捷设备，最后一个项目使用的是华为设备，各设备图标如下：

序号	设备厂商	设备类型	设备型号	图标
1	锐捷	三层交换机	RG-S5310-24GT4XS	
2		二层（弱三层）交换机	RG-S2910-24GT4XS-E	
3		路由器	RG-RSR20-X	
4	华为	三层交换机	S5700	
5		二层交换机	S3700	
6		路由器	AR2220	
7	—	PC	—	
8	—	运营商网络	—	 Internet

附录 B

锐捷与华为常见命令对照表

不同网络设备厂商的命令都是独立开发的，所以语法上可能有很大的区别。但整体来看，由于各厂商的网络设备的工作原理及配置思路都是类似的。为了更高效地学习多厂商的命令，此次将锐捷和华为常见的命令进行对照，具体内容如下：

类别	描述	锐捷	华为
基础配置命令	取消、关闭当前设置	no	undo
	显示查看	show	display
	退回上级	exit	quit
	设置主机名	hostname	sysname
	进入全局模式	en, config terminal	system-view
	删除文件	delete	delete
	重启	reload	reboot
	保存当前配置	write	save
	创建用户	username	local-user
	禁止、关闭端口	shutdown	shutdown
	显示当前系统版本	show version	display version
	查看已保存过的配置	show startup-config	dispaly saved-configuration
	查看当前配置	show running-config	display current-configuration
	取消所有 debug 命令	no debug all	Ctrl+D
	删除配置	erase startup-config	reset saved-configuration
	退到用户视图	end	return
	退出登录	exit	logout
	指定信息中心配置信息	logging	info-center
	进入线路配置（用户接口模式）	line	user-interface
	启动配置	start-config	saved-configuration
	当前配置	running-config	current-configuration
	host 名字和 ip 地址对应	host	ip host
交换技术配置命令	配置明文密码	enable password	set authentication password simple
	进入接口	interface type/number	interface type/number
	进入 vlan 配置 vlan 管理地址	interface vlan 1	interface vlan 1
	定义多个端口的组	interface range ethID to ID	port-group 1 group-member ethID to ID
	设置特权口令	enable secret	super password
	配置接口状态	duplex (half/full/auto)	duplex (half/full/auto)
	配置端口速率	speed (10/100/1000)	speed (10/100/1000)
	配置 trunk	switchport mode trunk	port link-type trunk
	添加、删除 vlan	vlan ID / no vlan ID	vlan batch ID / undo vlan batch ID
	将端口接入 vlan	switchport access vlan	port default vlan ID
	查看接口	show interface	display interface
	查看 vlan	show vlan ID	display vlan ID
	封装协议	encapsulation	link-protocol

续表

类别	描述	锐捷	华为
交换技术配置命令	链路聚合	channel-group 1 mode on	port link-aggregation group 1
	开启三层交换的路由功能	ip routing	默认开启
	开启接口三层功能	no switchport	undo portswitch
	对跨以太网交换机的 VLAN 进行动态注册和删除	vtp domain	GVRP
	stp 配置根网桥	spannning-tree vlan ID root primary	stp instance id root primary
	配置网桥优先	spanning-tree vlan ID priority	stp primary vlaue
	查看 STP 配置	show spanning-tree	display stp brief
路由技术配置命令	配置默认路由	ip route 0.0.0.0 0.0.0.0	ip route-static 0.0.0.0 0.0.0.0
	配置静态路由	ip route 目标网段 掩码 下一跳	ip route-static 目标网段 掩码 下一跳
	查看路由表	show ip route	display ip routing-table
	启用 rip、并宣告网段	router rip / network 网段	rip / network 网段
	启用 ospf	router ospf	ospf
	配置 ospf 区域	network ip 反码 area	area
	配置 RIP V2 水平分割	no auto-summary	rip split-hotizon
	查看路由协议	show ip protocal	display ip protocol
	标准访问控制列表	access-list 1-99 permit / deny IP	rule id permit source IP
	拓展访问控制列表	access-list 100-199 permit / deny protocol source IP + 反码 destination IP + 反码 operator operan	rule {normal|special} {permit|deny} {tcp|udp} source {|any} destination {|any}[operate]
	配置 HSRP 组	vrrp group-number ip virtual-ip	vrrp vrid number virtual-ip
	配置 HSRP 优先级	vrrp group-number priority	vrrp vrid number priority
	配置 HSRP 占先权	vrrp group-number preempt	vrrp vrid number preempt-mode
	配置端口跟踪	vrrp group-number track	无
	配置静态地址转换	ip nat inside source static	nat server global[port] insideport [protocol]